普通高等教育"十一五"国家级规划教材

信息安全专业系列教材

信息安全概论

（第3版）

牛少彰　崔宝江　李　剑　编著

U0291071

北京邮电大学出版社
www.buptpress.com

内 容 简 介

本书在第 2 版的基础上进行了修改和完善,并补充了一些信息安全近几年的研究成果,全书内容更加翔实和新颖。本书全面介绍了信息安全的基本概念、原理和知识体系,主要内容包括信息保密技术、信息认证技术、PKI 与 PMI 认证技术、密钥管理技术、访问控制技术、网络的攻击与防范、系统安全、网络安全技术和信息安全管理等内容。

本书内容全面,既有信息安全的理论知识,又有信息安全的实用技术。文字流畅,表述严谨,并包括信息安全方面的一些最新成果。本书可作为高等院校信息安全相关专业的本科生、研究生的教材或参考书,也可供从事信息处理、通信保密及与信息安全有关的科研人员、工程技术人员和技术管理人员参考。

图书在版编目(CIP)数据

信息安全概论/牛少彰,崔宝江,李剑编著. --3 版. --北京:北京邮电大学出版社,2016.8(2023.3 重印)
ISBN 978-7-5635-4873-6

Ⅰ.信…　Ⅱ.①牛…②崔…③李…　Ⅲ.信息安全—教材　Ⅳ.TP309

中国版本图书馆 CIP 数据核字(2016)第 180201 号

书　　　名:信息安全概论(第 3 版)
著作责任者:牛少彰　崔宝江　李　剑　编著
责 任 编 辑:张珊珊
出 版 发 行:北京邮电大学出版社
社　　　址:北京市海淀区西土城路 10 号(邮编:100876)
发　行　部:电话:010-62282185　传真:010-62283578
E-mail:publish@bupt.edu.cn
经　　　销:各地新华书店
印　　　刷:保定市中画美凯印刷有限公司
开　　　本:787 mm×1 092 mm　1/16
印　　　张:15.75
字　　　数:387 千字
版　　　次:2004 年 4 月第 1 版　2007 年 9 月第 2 版　2016 年 8 月第 3 版　2023 年 3 月第 9 次印刷

ISBN 978-7-5635-4873-6　　　　　　　　　　　　　　　　定　价:34.00 元

· 如有印装质量问题,请与北京邮电大学出版社发行部联系 ·

第 3 版前言

本书第 1 版,第 2 版在使用过程中得到了多方肯定,取得了较好的教学效果。结合近几年的教学实践,我们在第 1,2 版的基础上进行了修改和完善,并根据信息安全近几年的研究成果进行了补充,使全书内容更加翔实和新颖。全书进一步梳理了信息安全的基础理论部分,增加了对信息安全实际工作的指导,尽可能全面地反映信息安全近几年来的最新理论和技术成果。

与第 1 版的内容相比,增加了以下内容和特色:

(1) 除全面介绍了信息安全的基本概念、原理和知识体系外,从信息安全技术、安全管理和政策法规 3 个方面论述了信息安全,并增加信息安全的实施指导,介绍了信息安全的防范原理和主要模型。

(2) 除详细论述了信息安全的核心技术,包括密码技术、信息认证技术、密钥管理技术以及信息安全研究的新领域——信息隐藏——外,对身份认证技术进行了较为详细的介绍,将 PKI 认证技术独立成为一章。

(3) 在网络安全技术部分,除修改原有的访问控制技术、防火墙技术、虚拟专用网技术、入侵检测技术、计算机病毒防治和内网安全技术外,还介绍了目前普遍关心的无线通信网络安全技术方面的内容。

(4) 将原来的数据库安全技术改为系统安全,除修改原有的数据库安全外,对整个的系统安全进行了论述。

(5) 为了更好地做好信息安全的防范工作,做到知己知彼,增加了对网络攻击内容的介绍。

(6) 对整个信息安全管理部分进行整合,将原来的信息安全标准合并到信息安全管理部分,介绍了信息安全管理的标准和整个流程。

通过补充和完善,使本书在同类教材中具有内容全面、题材新颖、全面反映近年来的最新成果、理论联系实际等特色。

在本书第 3 版中,第 8 章由崔宝江编写,第 10 章由牛少彰和李剑共同编写,其余各章由牛少彰编写,全书最后由牛少彰统稿。

信息安全概论第 3 版在新版的信息安全专业系列教材中将继续起到承上启下的作用,对读者继续了解密码学在信息安全中的作用以及进入后续专题的学习进行衔接。同时,本书又自成体系,非信息安全专业可单独使用,用于全面了解信息安全领域的有关理论、概念、技术原理、实际工作指导和最新研究成果。

　　虽然我们尽力进行修订和创新,但是由于编者水平有限,时间仓促,书中难免有疏漏和错误之处,恳请使用和关心该教材的广大读者批评指正。

作　者

第 1 版前言

随着信息社会的到来,人们在享受信息资源所带来的巨大的利益的同时,也面临着信息安全的严峻考验。信息安全已经成为世界性的现实问题,信息安全问题已威胁到国家的政治、经济、军事、文化、意识形态等领域,同时,信息安全问题也是人们能否保护自己个人隐私的关键。信息安全是社会稳定安全的必要前提条件。本书全面介绍了信息安全的基本概念、原理和知识体系,主要内容包括信息保密技术、信息认证技术、访问控制技术、密钥管理技术、数据库安全、网络安全技术、信息安全标准和信息安全管理等内容。

本书内容全面,既有信息安全的理论知识,又有信息安全的实用技术,并包括信息安全方面的一些最新成果。本书可作为高等院校信息安全相关专业的本科生、研究生的教材或参考书,也可供从事信息处理、通信保密及与信息安全有关的科研人员、工程技术人员和技术管理人员参考。本书的教学时数约为 34 学时,每章后面均有小结并配有习题。

在本书编写的过程中,赵义斌参加了第 2 章和第 3 章初稿的编写,李志虎参加了第 7 章的编写,刘歆编写了第 9 章,郭春碌参加了第 6 章的编写,翟军华参加了第 8 章的编写,张晓芬、邓雁城、郭延龄、谢正程参加了书稿的讨论。此外,刘歆还在本书的整理和校对方面做了许多工作。

在本书的编写过程中,还得到了很多老师同学的关心和帮助。北京邮电大学出版社为本书的出版付出了大量的工作,借此表示衷心感谢。

限于编者水平有限,书中难免有疏漏和错误之处,恳请读者批评指正。

作　者

目　　录

第 1 章

概　　述

随着现代通信技术的迅速发展和普及,特别是随着通信与计算机相结合而诞生的计算机互联网络全面进入千家万户,信息的应用与共享日益广泛,且更为深入。世界范围的信息革命激发了人类历史上最活跃的生产力,人类开始从主要依赖物质和能源的社会步入物质、能源和信息三位一体的社会。各种信息系统已成为国家基础设施,支撑着电子政务、电子商务、电子金融、科学研究、网络教育、能源、通信、交通和社会保障等方方面面,信息成为人类社会必需的重要资源。

与此同时,信息的安全问题日渐突出,情况也越来越复杂。从大的方面来说,信息安全问题已威胁到国家的政治、经济、军事、文化、意识形态等领域,因此很早就有人提出了"信息战"的概念并将信息武器列为继原子武器、生物武器、化学武器之后的第四大武器。从小的方面来说,信息安全问题也涉及人们能否保护个人的隐私。

信息安全已成为社会稳定安全的必要前提条件。

信息安全,即关注信息本身的安全,以防止偶然的或未授权者对信息的恶意泄露、修改和破坏,从而导致信息的不可靠或无法处理等问题,使得我们在最大限度地利用信息为我们服务的同时而不招致损失或使损失最小。

1.1　信息的定义、性质和分类

在人类社会的早期,人们对信息的认识比较肤浅和模糊,对信息的含义没有明确的定义。到了 20 世纪特别是中期以后,科学技术的发展,特别是信息科学技术的发展,对人类社会产生了深刻的影响,迫使人们开始探讨信息的准确含义。

1.1.1　信息的概念

1928 年,哈特莱(L. V. R. Hartley)在《贝尔系统技术杂志》(BSTJ)上发表了一篇题为"信息传输"的论文。在这篇论文中,他把信息理解为选择通信符号的方式,且用选择的自由度来计量这种信息的大小。哈特莱认为,任何通信系统的发信端总有一个字母表(或符号表),发信者所发出的信息,就是他在通信符号表中选择符号的具体方式。假设这个符号表中一共有 S 个不同的符号,发送信息选定的符号序列包含 N 个符号,则从这个符号表中共有 S^N 种不同的选择方式,因而可以形成 S^N 个长度为 N 的序列。因此,就可以把发信者产生信息的过程看成是从 S^N 个不同的序列中选定一个特定序列的过程,或者说是排除其他序列的过程。

哈特莱的这种理解能够在一定程度上解释通信工程中的一些信息问题,但也存在一些严重的局限性,主要表现在:一方面,他所定义的信息不涉及内容和价值,只考虑选择的方式,也没有考虑到信息的统计性质;另一方面,将信息理解为选择的方式,就必须有一个选择的主题作为限制条件。这些缺点使它的适用范围受到很大的限制。

1948 年,美国数学家香农(C. E. Shannon)在《贝尔系统技术杂志》上发表了一篇题为《通信的数学理论》的论文,在对信息的认识方面取得了重大突破,堪称信息论的创始人。这篇论文以概率论为基础,深刻阐述了通信工程的一系列基本理论问题,给出了计算信源信息量和信道容量的方法和一般公式,得到了著名的编码三大定理,为现代通信技术的发展奠定了理论基础。

香农发现,通信系统所处理的信息在本质上都是随机的,可以用统计方法进行处理。香农在进行信息的定量计算的时候,明确地把信息量定义为随机不定性程度的减少。这就表明了他对信息的理解:信息是用来减少随机不定性的东西。

虽然香农的信息概念比以往的认识有了巨大的进步,但仍存在局限性。这一概念同样没有包含信息的内容和价值,只考虑了随机型的不定性,没有从根本上回答"信息是什么"的问题。

1948 年,就在香农创立信息论的同时,维纳(N. Wiener)出版了专著《控制论:动物和机器中的通信与控制问题》,创建了控制论。后来人们常常将信息论、控制论和系统论合称为"三论",或统称为"系统科学"或"信息科学"。

维纳从控制论的角度出发,认为"信息是人们在适应外部世界,并且这种适应反作用于外部世界的过程中,同外部世界进行互相交换的内容的名称"。维纳关于信息的定义包含了信息的内容与价值,从动态的角度揭示了信息的功能与范围,但也有局限性。由于人们在与外部世界的相互作用过程中,同时也存在着物质与能量的交换,维纳关于信息的定义没有将信息与物质、能量区别开来。

1975 年,意大利学者朗高(G. Longo)在《信息论:新的趋势与未决问题》一书的序言中认为"信息是反映事物的形式、关系和差别的东西,它包含在事物的差异之中,而不在事物本身"。当然,"有差别就是信息"的观点是正确的,但是反过来说"没有差异就没有信息"就不够确切。所以,"信息就是差异"的定义也有其局限性。

据不完全统计,有关信息的定义有一百多种,它们都从不同的侧面、不同的层次揭示了信息的特征与性质,但同时也都有这样或那样的局限性。

1988 年,我国信息论专家钟义信教授在《信息科学原理》一书中把信息定义为:事物运动的状态和状态变化的方式。并通过引入约束条件推导了信息的概念体系,对信息进行了完整和准确的描述。信息的这个定义具有最大的普遍性,不仅涵盖所有其他的信息定义,而且通过引入约束条件还能转化为所有其他的信息定义。

为了进一步加深对信息概念的理解,下面讨论一些与信息概念关系特别密切、但又很容易混淆的相关概念。

- 信息不同于消息,消息是信息的外壳,信息则是消息的内核,也可以说:消息是信息的笼统概念,信息则是消息的精确概念。
- 信息不同于信号,信号是信息的载体,信息则是信号所载荷的内容。
- 信息不同于数据,数据是记录信息的一种形式,同样的信息也可以用文字或图像来表述,当然,在计算机里,所有的多媒体文件都是用数据表示的,计算机和网络上信息的传递都是以数据的形式进行,此时信息等同于数据。
- 信息不同于情报,情报通常是指秘密的、专门的、新颖的一类信息,可以说所有的情报都是信息,但不能说所有的信息都是情报。
- 信息也不同于知识,知识是由信息抽象出来的产物,是一种具有普遍和概括性的信息,是信息的一个特殊的子集。也就是说:知识就是信息,但并非所有的信息都是知识。

综上所述,一般意义上的信息定义为:信息是事物运动的状态和状态变化的方式。如果引入必要的约束条件,则可形成信息的概念体系。信息有许多独特的性质与功能,它是可以测度的,正因为如此,才导致信息论的出现。

1.1.2 信息的特征

信息有许多重要的特征。最基本的特征有以下几点。

信息来源于物质,又不是物质本身;它从物质的运动中产生出来,又可以脱离源物质而寄生于媒体之中,相对独立地存在。信息是"事物运动的状态与状态变化的方式",但"事物运动的状态与状态变化的方式"并不是物质本身,信息不等于物质。

信息也来源于精神世界。既然信息是事物运动的状态与状态变化的方式,那么精神领域的事物运动(思维的过程)当然可以成为信息的一个来源。同客观物体所产生的信息一样,精神领域的信息也具有相对独立性,可以被记录下来加以保存。

信息与能量息息相关,传输信息或处理信息总需要一定的能量来支持,而控制和利用能量总需要有信息来引导。但是信息与能量又有本质的区别,即信息是事物运动的状态和状态变化的方式,能量是事物做功的本领,提供的是动力。

信息是具体的并可以被人(生物、机器等)所感知、提取、识别,可以被传递、储存、变换、处理、显示、检索、复制和共享。

正是由于信息可以脱离源物质而载荷于媒体物质,可以被无限制地进行复制和传播,因此信息可为众多用户所共享。

1.1.3 信息的性质

信息具有下面一些重要的性质。

(1) 普遍性:信息是事物运动的状态和状态变化的方式,因此,只要有事物的存在,只要事物在不断地运动,就会有它们运动的状态和状态变化的方式,也就存在着信息,所以信息是普遍存在的,即信息具有普遍性。

（2）无限性：在整个宇宙时空中，信息是无限的，即使是在有限的空间中，信息也是无限的。由于一切事物运动的状态和方式都是信息，而事物是无限多样的，事物的发展变化更是无限的，因而信息是无限的。

（3）相对性：对于同一个事物，不同的观察者所能获得的信息量可能不同。

（4）传递性：信息可以在时间上或在空间中从一点传递到另一点。

（5）变换性：信息是可变换的，它可以由不同载体用不同的方法来载荷。

（6）有序性：信息可以用来消除系统的不定性，增加系统的有序性。获得了信息，就可以消除认识主体对于事物运动状态和状态变化方式的不定性。信息的这一性质使信息对人类具有特别重要的价值。

（7）动态性：信息具有动态性，一切活的信息都随时间而变化，因此，信息是有时效的。由于事物本身在不断发展变化，因而信息也会随之变化。脱离了母体的信息因为不再能够反映母体的新的运动状态和状态变化方式而使其效用降低，以致完全失去效用，这就是信息的时效性。所以人们在获得信息之后，并不能就此满足，要不断补充和更新。

（8）转化性：在一定的条件下，信息可以转化为物质、能量。

上面的这些性质是信息的主要性质。了解信息的性质，一方面有助于对信息概念的进一步理解，另一方面也有助于人们更有效地掌握和利用信息，一旦被人们有效而正确地利用时，就可能在同样的条件下创造更多的物质财富和能量。

1.1.4 信息的功能

信息的基本功能在于维持和强化世界的有序性，可以说，缺少物质的世界是空虚的世界，缺少能量的世界是死寂的世界，缺少信息的世界是混乱的世界。信息的社会功能则表现在维系社会的生存，促进人类文明的进步和人类自身的发展。

信息具有许多有用的功能，主要表现在以下几个方面。

- 信息是一切生物进化的导向资源。生物生存于自然环境之中，而外部自然环境经常发生变化，如果生物不能得到这些变化的信息，生物就不能及时采取必要的措施来适应环境的变化，就可能被变化了的环境所淘汰。
- 信息是知识的来源。知识是人类长期实践的结晶，知识一方面是人们认识世界的结果，另一方面又是人们改造世界的方法，信息具有知识的秉性，可以通过一定的归纳算法被加工成知识。
- 信息是决策的依据。决策就是选择，而选择意味着消除不确定性，意味着需要大量、准确、全面与及时的信息。
- 信息是控制的灵魂。这是因为，控制是依据策略信息来干预和调节被控对象的运动状态和状态变化的方式。没有策略信息，控制系统便会不知所措。
- 信息是思维的材料。思维的材料只能是"事物运动的状态和状态变化的方式"，而不可能是事物的本身。
- 信息是管理的基础，是一切系统实现自组织的保证。
- 信息是一种重要的社会资源，虽然人类社会在漫长的进化过程中一直没有离开信息，但是只有到了信息时代的今天，人类对信息资源的认识、开发和利用才可以达到高度发展的水平。现代社会将信息、材料和能源看成支持社会发展的三大支柱,充分说明了信息在现代社会中的重要性。信息安全的任务是确保信息功能的正确实现。

1.1.5 信息的分类

信息是一种十分复杂的研究对象,为了有效地描述信息,一定要对信息进行分类,分门别类地进行研究,由于目的和出发点的不同,信息的分类也不同,比如:

- 从信息的性质出发,信息可以分为语法信息、语义信息和语用信息;
- 从信息的过程出发,信息可以分为实在信息、先验信息和实得信息;
- 从信息的地位出发,信息可以分为客观信息和主观信息;
- 从信息的作用出发,信息可以分为有用信息、无用信息和干扰信息;
- 从信息的逻辑意义出发,信息可以分为真实信息、虚假信息和不定信息;
- 从信息的传递方向出发,信息可以分为前馈信息和反馈信息;
- 从信息的生成领域出发,信息可以分为宇宙信息、自然信息、社会信息和思维信息等;
- 从信息的应用部门出发,信息可以分为工业信息、农业信息、军事信息、政治信息、科技信息、经济信息、管理信息等;
- 从信息源的性质出发,信息可以分为语音信息、图像信息、文字信息、数据信息、计算信息等;
- 从信息的载体性质出发,信息可以分为电子信息、光学信息和生物信息等;
- 从携带信息的信号的形式出发,信息可以分为连续信息、离散信息、半连续信息等。

还可以有其他的分类原则和方法,这里不再赘述。

从上面的讨论可以看到描述信息的一般原则是:要抓住"事物的运动状态"和"状态变化的方式"这两个基本的环节来描述。事物的运动状态和状态变化的方式描述清楚了,它的信息也就描述清楚了。

1.2 信息技术

1.2.1 信息技术的产生

任何一门科学技术的发生发展都不是偶然的,而是源于人类社会实践活动的实际需要。"科学"是扩展人类各种器官功能的原理和规律,而"技术"则是扩展人类各种器官功能的具体方法和手段。从历史上看,在很长的一段时间里,人类为了维持生存而一直采用优先发展自身体力功能的战略,因此材料科学与技术和能源科学与技术就相继发展起来。与此同时,人类的体力功能也日益加强。虽然信息也很重要,但在生产力和生产社会化程度不高的时候,一方面,人们仅凭自身的信息器官的能力,就足以基本上满足当时认识世界和改造世界的需要了;另一方面,从发展过程来说,在物质资源、能量资源、信息资源之间,相对而言,物质资源比较直观,信息资源比较抽象,而能量资源则介于两者之间。由于人类的认识过程必然是从简单到复杂,从直观到抽象,因而必然是材料科学与技术的发展在前,接着是能源科学与技术的发展,而后才是信息科学与技术的发展。

人类的一切活动都可以归结为认识世界和改造世界。从信息的观点来看,人类认识世界和改造世界的过程,就是一个不断从外部世界的客体中获取信息,并对这些信息进行变换、传递、存储、处理、比较、分析、识别、判断、提取和输出等,最终把大脑中产生的决策信息反作用于外部世界的过程。这个过程如图1.2.1所示。

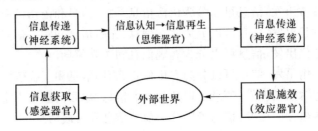

图 1.2.1 生理的信息过程模型

但是随着材料科学与技术和能源科学与技术的迅速发展,人们对客观世界的认识取得了长足的进步,不断地向客观世界的深度和广度发展,这时,人类的信息器官功能已明显滞后于行为器官的功能了。例如,人类要"上天"、"入地"、"下海"、"探微",但与生俱来的视力、听力、大脑存储信息的容量、处理信息的速度和精度,越来越不能满足人类认识世界和改造世界的实际需要了。这时人类迫切需要扩展和延伸自己信息器官的功能。从20世纪40年代起,人类在信息的获取、传输、存储、处理和检索等方面的技术与手段,以及利用信息进行决策、控制、指挥、组织和协调等方面的原理与方法,都取得了突破性的进展,而且是综合的。这些事实说明现代(大体从20世纪中叶算起)人类所利用的表征性资源是信息资源,表征性的科学技术是信息科学技术,表征性的工具是智能工具。

1.2.2 信息技术的内涵

对于信息技术(Information Technology,IT),目前还没有一个准确而又通用的定义。估计有数十种之多。笼统地说:信息技术是能够延长或扩展人的信息能力的手段和方法。但在本节后面的讨论中将信息技术的内涵限定在下面定义的范围内,即信息技术是指在计算机和通信技术支持下,用以获取、加工、存储、变换、显示和传输文字、数值、图像、视频、音频以及语音信息,并且包括提供设备和信息服务两大方面的方法与设备的总称。其过程如图1.2.2所示。

由于在信息技术中信息的传递是通过现代的通信技术来完成的,处理信息是通过各种类型的计算机(智能工具)来完成的,而信息要为人类所利用,必须是可以控制的,因此也有人认为信息技术简单地说就是3C:Computer(计算机)、Communication(通信)和Control(控制),即

$$IT = Computer + Communication + Control$$

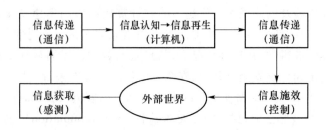

图 1.2.2　信息技术的信息过程模型

上面的表述给出了信息技术的最主要的技术特征。

随着信息技术的迅速发展,随之而来的是信息在传递、储存和处理中的安全问题,并越来越受到广泛的关注。

1.3　信息安全概述

1.3.1　信息安全概念

"安全"一词的基本含义为:"远离危险的状态或特性",或"主观上不存在威胁,主观上不存在恐惧"。在各个领域都存在安全问题,安全是一个普遍存在的问题。随着计算机网络的迅速发展,人们对信息在储存、处理和传递过程中涉及的安全问题越来越关注,信息领域的安全问题变得非常突出。

信息安全是一个广泛而抽象的概念。所谓信息安全就是关注信息本身的安全,而不管是否应用了计算机作为信息处理的手段。信息安全的任务是保护信息财产,以防止偶然的或未授权者对信息的恶意泄露、修改和破坏,从而导致信息的不可靠或无法处理等。这样可以使得我们在最大限度地利用信息的同时而不招致损失或使损失最小。

信息技术的应用,引起了人们生产方式、生活方式和思想观念的巨大变化,极大地推动了人类社会的发展和人类文明的进步,把人类带入了崭新的时代——信息时代。信息已成为信息发展的重要资源。然而,人们在享受信息资源所带来的巨大的利益的同时,也面临着信息安全的严峻考验。信息安全已经成为世界性的问题。

信息安全之所以引起人们的普遍关注,是由于信息安全问题目前已经涉及人们日常生活的各个方面。以网上交易为例,传统的商务运作模式经历了漫长的社会实践,在社会的意识、道德、素质、政策、法规和技术等各个方面,都已经完善,然而对于电子商务来说,这一切却处于刚刚起步阶段,其发展和完善将是一个漫长的过程。假设你作为交易人,无论你从事何种形式的电子商务,都必须清楚以下事实:你的交易方是谁? 信息在传输过程中是否被篡改(即信息的完整性)? 信息在传送途中是否会被外人看到(即信息的保密性)? 网上支付后,对方是否会不认账(即不可抵赖性)? 如此等等。因此,无论是商家、银行还是个人对电子交易安全的担忧是必然的,电子商务的安全问题已经成为阻碍电子商务发展的"瓶颈",如何改进电子商务的现状,让用户不必为安全担心,是推动安全技术不断发展的动力。

信息安全研究所涉及的领域相当广泛。随着计算机网络的迅速发展,人们越来越依赖网络,人们对信息财产的使用主要是通过计算机网络来实现的。在计算机和网络上信息的处理是以数据的形式进行的,在这种情况下,信息就是数据。因而从这个角度来说,信息安全可以分为数据安全和系统安全,即信息安全可以从两个层次来看。从消息的层次来看,包括信息的完整性(Integrity),即保证消息的来源、去向、内容真实无误;保密性(Confidentiality),即保证消息不会被非法泄露扩散;不可否认性(Non-repudiation),也称为不可抵赖性,即保证消息的发送和接受者无法否认自己所做过的操作行为等。从网络层次来看,包括可用性(Availability),即保证网络和信息系统随时可用,运行过程中不出现故障,若遇意外打击能够尽量减少损失并尽早恢复正常;可控性(Controllability),即对网络信息的传播及内容具有控制能力的特性。

1.3.2　信息安全属性

信息安全的基本属性主要表现在以下 5 个方面。

(1) 完整性

完整性是指信息在存储或传输的过程中保持未经授权不能改变的特性,即对抗主动攻击,保证数据的一致性,防止数据被非法用户修改和破坏。对信息安全发动攻击的最终目的是破坏信息的完整性。

(2) 保密性

保密性是指信息不被泄露给未经授权者的特性,即对抗被动攻击,以保证机密信息不会泄露给非法用户。

(3) 可用性

可用性是指信息可被授权者访问并按需求使用的特性,即保证合法用户对信息和资源的使用不会被不合理地拒绝。对可用性的攻击就是阻断信息的合理使用,例如破坏系统的正常运行就属于这种类型的攻击。

(4) 不可否认性

不可否认性也称为不可抵赖性,即所有参与者都不可能否认或抵赖曾经完成的操作和承诺。发送方不能否认已发送的信息,接收方也不能否认已收到的信息。

(5) 可控性

可控性是指对信息的传播及内容具有控制能力的特性。授权机构可以随时控制信息的机密性,能够对信息实施安全监控。

信息安全的任务就是要实现信息的上述 5 种安全属性。对于攻击者来说,就是要通过一切可能的方法和手段破坏信息的安全属性。

信息安全可以说是一门既古老又年轻的学科,内涵极其丰富。信息安全不仅涉及计算机和网络本身的技术问题、管理问题而且还涉及法律学、犯罪学、心理学、经济学、应用数学、计算机基础科学、计算机病毒学、密码学、审计学等学科。

从信息安全的发展过程来看,在计算机出现以前,通信安全以保密为主,密码学是信息安全的核心和基础。随着计算机的出现,计算机系统安全保密成为现代信息安全的重要内容。网络的出现使得大范围的信息系统的安全保密成为信息安全的主要内容。信息安全的宗旨是向合法的服务对象提供准、正确、及时、可靠的信息服务;而对其他任何人员和组织,包括内部、外部乃至于敌对方,保持最大限度的信息的不透明性、不可获取性、不可接触性、不可干扰性、不可破坏性,而且不论信息所处的状态是静态的、动态的还是传输过程中的。

1.4 信息安全威胁

1.4.1 基本概念

随着计算机网络的迅速发展,使得信息的交换和传播变得非常容易。由于信息在存储、共享和传输中,会被非法窃听、截取、篡改和破坏,从而导致不可估量的损失。特别是一些重要的部门,如银行系统、证券系统、商业系统、政府部门和军事系统对在公共通信网络中进行信息的存储和传输中的安全问题就更为重视。所谓的信息安全威胁就是指某个人、物、事件或概念对信息资源的保密性、完整性、可用性或合法使用所造成的危险。攻击就是对安全威胁的具体体现。虽然人为因素和非人为因素都可以对通信安全构成威胁,但是精心设计的人为攻击威胁最大。

安全威胁有时可以被分为故意的和偶然的,故意的威胁如假冒、篡改等,偶然的威胁如信息被发往错误的地址、误操作等。故意的威胁又可以进一步分为主动攻击和被动攻击。被动攻击不会导致对系统中所含信息的任何改动,如搭线窃听、业务流分析等,而且系统的操作主动和状态也不会改变,因此被动攻击主要威胁信息的保密性;主动攻击则意在篡改系统中所含信息,或者改变系统的状态和操作,因此主动攻击主要威胁信息的完整性、可用性和真实性。

目前还没有统一的方法来对各种威胁进行分类,也没有统一的方法来对各种威胁加以区别。信息安全所面临的威胁与环境密切相关,不同威胁的存在及程度是随环境的变化而变化的。

1.4.2 安全威胁

下面给出一些常见的安全威胁。

(1)信息泄露:信息被泄露或透露给某个非授权的实体。

(2)破坏信息的完整性:数据被非授权地进行增删、修改或破坏而受到损失。

(3)拒绝服务:对信息或其他资源的合法访问被无条件地阻止。

(4)非法使用(非授权访问):某一资源被某个非授权的人,或以非授权的方式使用。

(5)窃听:用各种可能的合法或非法的手段窃取系统中的信息资源和敏感信息。例如,对通信线路中传输的信号进行搭线监听,或者利用通信设备在工作过程中产生的电磁泄漏截取有用信息等。

(6)业务流分析:通过对系统进行长期监听,利用统计分析方法对诸如通信频度、通信的信息流向、通信总量的变化等参数进行研究,从而发现有价值的信息和规律。

(7)假冒:通过欺骗通信系统(或用户)达到使非法用户冒充成为合法用户,或者使特权小的用户冒充成为特权大的用户的目的。黑客大多是采用假冒攻击。

(8)旁路控制:攻击者利用系统的安全缺陷或安全性上的脆弱之处获得非授权的权利或特权。例如,攻击者通过各种攻击手段发现原本应保密,但是却又暴露出来的一些系统"特性",利用这些"特性",攻击者可以绕过防线守卫者侵入系统的内部。

(9)授权侵犯:被授权以某一目的使用某一系统或资源的某个人,却将此权限用于其他非授权的目的,也称作"内部攻击"。

(10)特洛伊木马:软件中含有一个察觉不出的或者无害的程序段,当它被执行时,会破坏用户的安全。这种应用程序称为特洛伊木马(Trojan Horse)。

(11)陷阱门:在某个系统或某个部件中设置的"机关",使得在特定的数据输入时,允许违反安全策略。

(12)抵赖:这是一种来自用户的攻击,比如:否认自己曾经发布过的某条消息、伪造一份对方来信等。

(13)重放:出于非法目的,将所截获的某次合法的通信数据进行复制,而重新发送。

(14)计算机病毒:所谓计算机病毒,是一种在计算机系统运行过程中能够实现传染和侵害的功能程序。一种病毒通常含有两个功能:一种功能是对其他程序产生"感染";另外一种或者是引发损坏功能,或者是一种植入攻击的能力。计算机病毒造成的危害主要表现在以下几个方面:

① 格式化磁盘,致使信息丢失;

② 删除可执行文件或者数据文件;

③ 破坏文件分配表,使得无法读取磁盘上的信息;

④ 修改或破坏文件中的数据;

⑤ 改变磁盘分配,造成数据写入错误;

⑥ 病毒本身迅速复制或磁盘出现假"坏"扇区,使磁盘可用空间减少;

⑦ 影响内存常驻程序的正常运行;

⑧ 在系统中产生新的文件;

⑨ 更改或重写磁盘的卷标等。

计算机病毒是对软件、计算机和网络系统的最大威胁。计算机病毒对计算机系统所产生的破坏效应,使人们清醒地认识到其所带来的危害性。现在,每年的新病毒数量都以指数级在增长,而且由于近几年传输媒质的改变和 Internet 的大面积普及,导致计算机病毒感染的对象开始由工作站(终端)向网络部件(代理、防护和服务器设置等)转变,病毒类型也由文件型向网络蠕虫型改变。蠕虫具有病毒和入侵者双重特点:像病毒那样,它可以进行自我复制,并可能被当成假指令去执行;像入侵者那样,它以穿透网络系统为目标。蠕虫利用网络系统中的缺陷或系统管理中的不当之处进行复制,将其自身通过网络复制传播到其他计算机上,造成网络的瘫痪。

由于木马程序像间谍一样潜入用户的电脑,并开启后门,为远程计算机的控制提供方便,与古罗马战争中的"木马"十分相似,因而得名特洛伊木马。通常木马并不被当成病毒,因为它们通常不包括感染程序,因而并不自我复制,只是靠欺骗获得传播。现在,随着网络的普及,木马程序的危害变得十分强大,如今它常被用作在远程计算机之间建立连接,像间谍一样潜入用户的计算机,使远程计算机通过网络控制本地计算机。从 2000 年开始,计算机病毒与木马技术相结合成为病毒新时尚,使病毒的危害更大,防范的难度也更大。

计算机病毒的潜在破坏力极大,正在成为信息战中的一种新式进攻武器。

(15)人员不慎:一个授权的人为了钱或利益,或由于粗心,将信息泄露给一个非授权的人。

(16)媒体废弃:信息被从废弃的磁盘或打印过的存储介质中获得。

(17)物理侵入:侵入者通过绕过物理控制而获得对系统的访问。

(18)窃取:重要的安全物品(如令牌或身份卡)被盗。

(19)业务欺骗:某一伪系统或系统部件欺骗合法的用户或系统自愿地放弃敏感信息等。

上面给出的是一些常见的安全威胁,各种威胁之间是相互联系的,如窃听、业务流分析、人员不慎、媒体废弃物等可造成信息泄露,而信息泄露、窃取、重放等可造成假冒,而假冒等又可造成信息泄露……

对于信息系统来说威胁可以是针对物理环境、通信链路、网络系统、操作系统、应用系统以及管理系统等方面。

物理安全威胁是指对系统所用设备的威胁。物理安全是信息系统安全的最重要方面。物理安全的威胁主要有自然灾害(如地震、水灾、火灾等)造成整个系统毁灭,电源故障造成设备断电以致操作系统引导失败或数据库信息丢失,设备被盗、被毁造成数据丢失或信息泄露。通常,计算机里存储的数据价值远远超过计算机本身,必须采取很严格的防范措施以确保不会被入侵者偷去。媒体废弃物威胁,如废弃磁盘或一些打印错误的文件都不能随便丢弃,媒体废弃物必须经过安全处理,对于废弃磁盘仅删除是不够的,必须销毁。电磁辐射可能造成数据信息被窃取或偷阅等。

通信链路安全威胁。网络入侵者可能在传输线路上安装窃听装置,窃取网上传输的信号,再通过一些技术手段读出数据信息,造成信息泄露;或对通信链路进行干扰,破坏数据的完整性。

网络安全威胁。计算机网络的使用对数据造成了新的安全威胁,由于在网络上存在着电子窃听,分布式计算机的特征使各分立的计算机通过一些媒介相互通信。局域网一般为广播式的,每个用户都可以收到发向任何用户的信息。当内部网络与国际互联网相接时,由于国际互联网的开放性、国际性与无安全管理性,对内部网络形成严重的安全威胁。如果系统内部局域网络与系统外部网络之间不采取一定的安全防护措施,内部网络容易受到来自外部网络入侵者的攻击。例如,攻击者可以通过网络监听等先进手段获得内部网络用户的用户名、口令等信息,进而假冒内部合法用户进行非法登录,窃取内部网重要信息。

操作系统安全威胁。操作系统是信息系统的工作平台,其功能和性能必须绝对可靠。由于系统的复杂性,不存在绝对安全的系统平台。对系统平台最危险的威胁是在系统软件或硬件芯片中的植入威胁,如"木马"和"陷阱门"。操作系统的安全漏洞通常是由操作系统开发者有意设置的,这样他们就能在用户失去了对系统的所有访问权时仍能进入系统。例如,一些 BIOS 有万能密码,维护人员用这个口令可以进入计算机。

应用系统安全威胁是指对于网络服务或用户业务系统安全的威胁。应用系统对应用安全的需求应有足够的保障能力。应用系统安全也受到"木马"和"陷阱门"的威胁。

管理系统安全威胁。不管是什么样的网络系统都离不开人的管理,必须从人员管理上杜绝安全漏洞。再先进的安全技术也不可能完全防范由于人员不慎造成的信息泄露,管理安全是信息安全有效的前提。

1.4.3 网络攻击

网络攻击就是对网络安全威胁的具体体现。Internet 目前已经成为全球信息基础设施的骨干网络,Internet 本身所具有的开放性和共享性对信息的安全问题提出了严峻的挑战。由于系统脆弱性的客观存在,操作系统、应用软件、硬件设备不可避免地存在一些安全漏洞,网络协议本身的设计也存在一些安全隐患,这些都为攻击者采用非正常手段入侵系统提供了可乘之机。

十几年前,网络攻击还仅限于破解口令和利用操作系统已知漏洞等有限的几种方法,然而目前网络攻击技术已经随着计算机和网络技术的发展逐步成为一门完整的科学,它囊括了攻击目标系统信息收集、弱点信息挖掘分析、目标使用权限获取、攻击行为隐蔽、攻击实施、开辟后门以及攻击痕迹清除等各项技术。

常见的网络攻击工具有安全扫描工具、监听工具、口令破译工具等。

围绕计算机网络和系统安全问题进行的网络攻击与防范也受到了人们的广泛重视。但是近年来网络攻击技术和攻击工具发展很快,使得一般的计算机爱好者要想成为一名准黑客非常容易,网络攻击技术和攻击工具的迅速发展使得各个单位的网络信息安全面临越来越大的风险。

要保证网络信息安全就必须想办法在一定程度上克服以上的种种威胁,加深对网络攻击技术发展趋势的了解,尽早采取相应的防护措施。需要指出的是无论采取何种防范措施都不能保证网络信息的绝对安全。安全是相对的,不安全才是绝对的。在具体使用过程中,经济因素和时间因素是判别安全性的重要指标。换句话说,过时的"成功"和"赔本"的攻击都被认为是无效的。

1.5 信息安全的实现

保护信息安全所采用的手段也称作安全机制。所有的安全机制都是针对某些安全攻击威胁而设计的,可以按不同的方式单独或组合使用。合理地使用安全机制会在有限的投入下最大地降低安全风险。

信息安全并非局限于对信息加密等技术问题,它涉及许多方面。一个完整的信息安全系统至少包含 3 类措施:技术方面的安全措施,管理方面的安全措施和相应的政策法律。信息安全的政策、法律、法规是安全的基石,它是建立安全管理的标准和方法。信息安全技术涉及信息传输的安全、信息存储的安全以及对网络传输信息内容的审计 3 方面,当然也包括对用户的鉴别和授权。为保障数据传输的安全,需采用数据传输加密技术、数据完整性鉴别技术;为保证信息存储的安全,需进行数据备份以及灾难恢复和终端安全;信息内容审计,则是实时地对进出内部网络的信息进行内容审计,以防止或追查可能的泄密行为。

根据国家标准《信息处理系统开放系统互连基本参考模型——第二部分:安全体系结构》(GB/T 9387.2-1995),适合于数据通信环境的安全机制有加密机制、数字签名机制、访问控制机制、数据完整性机制、鉴别交换机制、业务流填充机制、抗抵赖机制、公证机制、安全标记、安全审计跟踪和安全恢复等。

1.5.1 信息安全技术

信息安全的技术措施主要有以下几种。

1. 信息加密

信息加密是指使有用的信息变为看上去似为无用的乱码,使攻击者无法读懂信息的内容从而保护信息。信息加密是保障信息安全的最基本、最核心的技术措施和理论基础,它也是现代密码学的主要组成部分。信息加密过程由形形色色的加密算法来具体实施,它以很小的代价提供很大的安全保护。在多数情况下,信息加密是保证信息机密性的唯一方法,到目前为止,据不完全统计,已经公开发表的各种加密算法多达数百种。如果按照收发双方密钥是否相同来分类,可以将这些加密算法分为单钥密码算法和公钥密码算法。

当然在实际应用中,人们通常是将单钥密码和公钥密码结合在一起使用,比如:利用DES或者IDEA来加密信息,采用RSA来传递会话密钥。如果按照每次加密所处理的比特数来分类,可以将加密算法分为序列密码和分组密码。前者每次只加密一个比特,而后者则先将信息序列分组,每次处理一个组。

2. 数字签名

数字签名机制决定于两个过程。

(1)签名过程

签名过程是利用签名者的私有信息作为密钥,或对数据单元进行加密,或产生该数据单元的密码校验值。

(2)验证过程

验证过程是利用公开的规程和信息来确定签名是否是利用该签名者的私有信息产生的。

数字签名是在数据单元上附加数据,或对数据单元进行密码变换。通过这一附加数据或密码变换,使数据单元的接受者证实数据单元的来源和完整性,同时对数据进行保护。

验证过程是利用公之于众的规程和信息,但并不能推出签名者的私有信息,数字签名与日常的手写签名效果一样,可以为仲裁者提供发信者对消息签名的证据,而且能使消息接收者确认消息是否来自合法方。

3. 数据完整性保护

数据完整性保护用于防止非法篡改,利用密码理论的完整性保护能够很好地对付非法篡改。完整性的另一用途是提供不可抵赖服务,当信息源的完整性可以被验证却无法模仿时,收到信息的一方可以认定信息的发送者,数字签名就可以提供这种手段。

4. 身份鉴别

鉴别是信息安全的基本机制,通信的双方之间应互相认证对方的身份,以保证赋予正确的操作权力和数据的存取控制。网络也必须认证用户的身份,以保证合法的用户进行正确的操作并进行正确的审计。通常有3种方法验证主体身份:一是只有该主体了解的秘密,如口令、密钥;二是主体携带的物品,如智能卡和令牌卡;三是只有该主体具有的独一无二的特征或能力,如指纹、声音、视网膜或签字等。

5. 访问控制

访问控制的目的是防止对信息资源的非授权访问和非授权使用。它允许用户对其常用的信息库进行一定权限的访问,限制他随意删除、修改或复制信息文件。访问控制技术还可以使系统管理员跟踪用户在网络中的活动,及时发现并拒绝"黑客"的入侵。访问控制采用最小特权原则:即在给用户分配权限时,根据每个用户的任务特点使其获得完成自身任务的最低权限,不给用户赋予其工作范围之外的任何权力。权利控制和存取控制是主机系统必备的安全手段,系统根据正确的认证,赋予某用户适当的操作权力,使其不能进行越权的操作。该机制一般采用角色管理办法,针对不同的用户,系统需要定义各种角色,然后赋予他们不同的执行权利。Kerberos存取控制是访问控制技术的一个代表,它由数据库、验证服务器和票据授权服务器3部分组成。其中,数据库包括用户名称、口令和授权进行存取的区域;验证服务器验证要存取的人是否有此资格;票据授权服务器在验证之后发给票据允许用户进行存取。

6. 数据备份和灾难恢复

只要发生数据传输、数据存储和数据交换,就有可能产生数据故障,如果没有采取数据备份和灾难恢复手段与措施,就会导致数据的丢失。有时造成的损失是无法弥补和无法估量的。数据备份不仅仅是简单的文件复制,在多数情况下是指数据库备份。所谓数据库备份是指制作数据库结构和数据的复制,以便在数据库遭到破坏时能够恢复数据库。备份的内容不但包括用户的数据库内容,而且还包括系统的数据库内容。灾难恢复指的是在发生灾难性事故的时候,利用已备份的数据或其他手段,及时对原系统进行恢复,以保证数据安全性以及业务的连续性。

7. 网络控制技术

网络控制技术种类繁多而且还相互交叉。虽然没有完整统一的理论基础,但是在不同的场合下,为了不同的目的,许多网络控制技术确实能够发挥出色的功效。

(1) 防火墙技术

防火墙技术是一种允许接入外部网络,但同时又能够识别和抵抗非授权访问的安全技术。防火墙扮演的是网络中"交通警察"的角色,指挥网上信息合理有序地安全流动,同时也处理网上的各类"交通事故"。防火墙可分为外部防火墙和内部防火墙。前者在内部网络和外部网络之间建立起一个保护层,从而防止"黑客"的侵袭,其方法是监听和限制所有进出通信,挡住外来非法信息并控制敏感信息被泄露;后者将内部网络分隔成多个局域网,从而限制外部攻击造成的损失。

(2) 入侵检测技术

入侵检测系统作为一种积极主动的安全防护手段,在保护计算机网络和信息安全方面发挥着重要的作用。入侵检测是监测计算机网络和系统以发现违反安全策略事件的过程。入侵检测系统工作在计算机网络系统中的关键节点上,通过实时地收集和分析计算机网络或系统中的信息,来检查是否出现违反安全策略的行为和遭到袭击的迹象,进而达到防止攻击、预防攻击的目的。

（3）内网安全技术

商业间谍、黑客、不良员工对网络信息安全形成了巨大的威胁，而网络的普及和 USB 接口的大量使用在给各单位获取和交换信息带来巨大方便的同时，也给这些威胁大开方便之门。要保证计算机信息网络的安全，不能仅仅防范外部对计算机信息网络的入侵，还要防范计算机信息网络内部自身的安全。在内网的安全解决方案中，以数据安全为核心，以身份认证为基础，从信息的源头开始抓安全，对信息的交换通道进行全面保护，从而达到信息的全程安全。

（4）安全协议

整个网络系统的安全强度实际上取决于所使用的安全协议的安全性。安全协议的设计和改进有两种方式：一是对现有网络协议（如 TCP/IP）进行修改和补充；二是在网络应用层和传输层之间增加安全子层，如安全协议套接子层（SSL）、安全超文本传输协议（SHTTP）和专用通信协议（PCP）。安全协议实现身份鉴别、密钥分配、数据加密、防止信息重传和不可否认等安全机制。

8. 反病毒技术

由于计算机病毒具有传染的泛滥性、病毒侵害的主动性、病毒程序外形检测的难以确定性和病毒行为判定的难以确定性、非法性与隐蔽性、衍生性、衍生体的不等性和可激发性等特性，所以必须花大力气认真加以对付。实际上计算机病毒研究已经成为计算机安全学的一个极具挑战性的重要课题，作为普通的计算机用户，虽然没有必要去全面研究病毒和防止措施，但是养成"卫生"的工作习惯并在身边随时配备新近的杀毒工具软件是完全必要的。

9. 安全审计

安全审计是防止内部犯罪和事故后调查取证的基础，通过对一些重要的事件进行记录，从而在系统发现错误或受到攻击时能定位错误和找到攻击成功的原因。安全审计是一种很有价值的安全机制，可以通过事后的安全审计来检测和调查安全策略执行的情况以及安全遭到破坏的情况。安全审计需要记录与安全有关的信息，通过明确所记录的与安全有关的事件的类别，安全审计跟踪信息的收集可以适应各种安全需要。审计技术是信息系统自动记录下机器的使用时间、敏感操作和违纪操作等，所以审计类似于飞机上的"黑匣子"，为系统进行事故原因查询、定位、事故发生前的预测、报警以及为事故发生后的实时处理提供详细可靠的依据或支持。审计对用户的正常操作也有记载，因为往往有些"正常"操作（如修改数据等）恰恰是攻击系统的非法操作。安全审计信息应具有防止非法删除和修改的措施。安全审计跟踪对潜在的安全攻击源的攻击起到威慑作用。

10. 业务填充

所谓的业务填充是指在业务闲时发送无用的随机数据，增加攻击者通过通信流量获得信息的困难。它是一种制造假的通信、产生欺骗性数据单元或在数据单元中填充假数据的安全机制。该机制可用于应对各种等级的保护，用来防止对业务进行分析，同时也增加了密码通信的破译难度。发送的随机数据应具有良好的模拟性能，能够以假乱真。该机制只有在业务填充受到保密性服务时才有效。

11. 路由控制机制

路由控制机制可使信息发送者选择特殊的路由，以保证连接、传输的安全。其基本功能如下所示。

（1）路由选择

路由可以动态选择，也可以预定义，选择物理上安全的子网、中继或链路进行连接和/或传输。

（2）路由连接

在监测到持续的操作攻击时，端系统可能同意网络服务提供者另选路由，建立连接。

（3）安全策略

携带某些安全标签的数据可能被安全策略禁止通过某些子网、中继或链路。连接的发起者可以提出有关路由选择的警告，要求回避某些特定的子网、中继或链路进行连接和/或传输。

12. 公证机制

公证机制是对两个或多个实体间进行通信的数据的性能，如完整性、来源、时间和目的地等，由公证机构加以保证，这种保证由第三方公证者提供。公证者能够得到通信实体的信任并掌握必要的信息，用可以证实的方式提供所需要的保证。通信实体可以采用数字签名、加密和完整性机制以适应公证者提供的服务。在用到这样一个公证机制时，数据便经由受保护的通信实体和公证者，在各通信实体之间进行通信。公证机制主要支持抗抵赖服务。

1.5.2　信息安全管理

信息安全问题不单是依靠安全技术就可以解决的，专家指出信息安全是"三分技术，七分管理"。所谓管理，就是在群体的活动中为了完成某一任务，实现既定的目标，针对特定的对象，遵循确定的原则，按照规定的程序，运用恰当的方法进行有计划、有组织、有指挥的协调和控制等活动。信息安全管理是信息安全中具有能动性的组成部分，大多数安全事件和安全隐患的发生，并非完全是技术上的原因，而往往是由于管理不善造成的。为实现安全管理，应有专门的安全管理机构，有专门的安全管理人员，有逐步完善的管理制度，有逐步提供的安全技术设施。

信息安全管理主要涉及以下几个方面：人事管理、设备管理、场地管理、存储媒体管理、软件管理、网络管理、密码和密钥管理。

信息安全管理应遵循的原则为：规范原则、预防原则、立足国内原则、选用成熟技术原则、重视实效原则、系统化原则、均衡防护原则、分权制衡原则、应急原则和灾难恢复原则。

信息安全管理贯穿于信息系统规划、设计、建设、运行、维护等各个阶段，内容十分广泛。信息系统的安全管理目标是管好信息资源安全，信息安全管理是信息系统安全的重要组成部分，是保障信息安全的重要环节。

1.5.3　信息安全与法律

在实施信息安全的过程中，一方面，应用先进的安全技术及执行严格的管理制度建立的安全系统，不仅需要大量的资金，而且还会给使用带来不便。安全性和效率是一对矛盾，增加安全性，必然要损失一定的效率。因此，要正确评估所面临的安全风险，在安全性与经济性、安全性与方便性、安全性与工作效率之间选取折中的方案。另一方面,没有绝对的安全,安全总是相对的。即使相当完善的安全机制也不可能完全杜绝非法攻击,由于破坏者的攻击手段在不断变化,而安全技术与安全管理又总是滞后于攻击手段的发展,信息系统存在一定的安全隐患是不可避免的。因此,为了保证信息的安全,除了运用技术手段和管理手段外,还要运用法律手段。对于发生的违法行为,只能依靠法律进行惩处,法律是保护信息安全的最终手段。同时,通过法律的威慑力,还可以使攻击者产生畏惧心理,达到惩一儆百、遏制犯罪的效果。

法律可以使人们了解在信息安全的管理和应用中什么是违法行为,自觉遵守法律而不进行违法活动。法律在保护信息安全中具有重要作用,可以说,法律是信息安全的第一道防线。信息安全的保护工作不仅包括加强行政管理、法律法规的制定和技术开发工作,还必须进行信息安全的法律、法规教育,提高人们的安全意识,创造一个良好的社会环境,保护信息安全。

1.5.4　网络的安全防范

由于"黑客"活动日益猖獗、病毒泛滥、Windows 系统漏洞百出以及技术手段不完备,使得人们将更多的精力放在网络的安全防范上。网络安全防范的重点主要有两个方面:一是计算机病毒,二是黑客犯罪。一个安全的计算机网络应该具有可靠性、可用性、完整性、保密性和真实性等特点。网络安全的体系架构不仅要保护计算机网络设备安全和计算机网络系统安全,还要保护数据安全等。

网络安全的技术措施总体来说就是建立从外到里、从上到下、分层和多点的深度防御技术体系。分层防护:从网络基础设施、边界、本地计算环境 3 个层面实现从外到里分层防御。多点防御:在每个防御点,综合多项技术措施进行综合互补、互助和从上到下的多点防御;建立密钥管理基础设施和检测响应基础设施。

网络安全的体系构建应该从以下几个方面进行。

1. 物理安全

物理安全的目的是保护计算机系统、网络服务器、打印机等硬件实体和通信链路免受自然灾害、人为破坏和搭线攻击,包括安全地区的确定、物理安全边界、物理接口控制、设备安全、防电磁辐射等。

2. 网络安全

网络安全的目的是控制对特定信息的访问,保证网络资源不被非法使用和非法访问。通过网络安全产品(如防火墙、入侵检测、防病毒等)的部署,维护网络系统安全、保护网络资源。随着移动互联网和云计算的迅速发展,也使得网络安全面临新的挑战。

3. 操作系统安全

获得对操作系统的控制权是攻击者攻击的一个重要目的。而通过身份认证缺陷、系统漏洞等途径对操作系统的攻击是攻击者获得系统控制权常用的攻击手段。没有一个安全的操作系统,就难以保证网络安全。

4. 数据安全

数据安全是要保护信息的机密性、真实性和完整性。因此,应对敏感或机密数据进行加密,对数据的完整性进行鉴别和防抵赖,对数据进行备份和灾难恢复。大数据时代的到来,更加凸显了数据安全的重要性。

5. 管理安全

确定安全管理等级和安全管理范围;制定有关网络操作使用规程和人员出入机房管理制度;制定网络系统的维护制度和应急措施等。

网络防范的目的就是实现网络安全目标,网络安全的工作目标通俗地说就是下面的"六不":

(1)"进不来"——访问控制机制;

(2)"拿不走"——授权机制;

(3)"看不懂"——加密机制;

(4)"改不了"——数据完整性机制;

(5)"逃不掉"——审计、监控、签名机制、法律、法规;

(6)"打不垮"——数据备份与灾难恢复机制。

随着信息技术的应用与发展,信息技术已经应用到政治、经济、军事、科学、教育、文化等社会的各个领域,并取得了显著的社会和经济效益。随着信息高速公路的建设、国际互联网的形成,使得国与国的信息交流更加便捷,由于计算机系统内的数据很容易受到非授权的更改、删除、销毁、外泄等有意或无意的攻击,因此,犯罪分子企图通过各种手段窃取和破坏计算机系统内的重要信息和资源。重要信息的泄露和被破坏将威胁到国家的政治、经济、军事等领域。信息安全问题不仅是一个技术问题,它对社会各方面可能产生重大影响,信息安全是社会稳定安全的必要前提条件。信息安全对维护社会的稳定与发展具有深远的意义,因此要学习安全知识,加强安全管理,确保国民经济的高速发展。

小　结

信息是事物的运动状态和状态变化的方式。信息来源于物质,又不是物质本身。信息可以被人感知、提取、识别,可以被传递、储存、变换、处理、显示检索、利用、复制和共享。一般将信息论、控制论和系统论合称为"三论",或统称为"系统科学"或"信息科学"。

信息的主要性质有:普遍性、无限性、相对性、传递性、变换性、有序性、动态性和转化性。信息的基本功能在于维持和强化世界的有序性;信息的社会功能则表现在维系社会的生存,促进人类文明的进步和人类自身的发展。

信息技术主要是指在计算机和通信技术支持下用以获取、加工、存储、变换、显示和传输文字、数值、图像、视频、音频以及语音信息,并且包括提供设备和信息服务两大方面的方法与设备的总称。由于在信息技术中信息的传递是通过现代的通信技术来完成的,处理信息是通过各种类型的计算机(智能工具)来完成的,而信息要为人类所利用,必须可以控制。

信息安全的基本属性主要表现为信息的完整性、保密性、可用性、不可否认性、可控性。信息安全的任务就是要实现信息的上述"五性"。对于攻击者来说,就是要通过一切可能的方法和手段破坏信息的安全属性。

所谓的信息安全威胁就是指某个人、物、事件或概念对信息资源的保密性、完整性、可用性或合法使用所造成的危险。网络攻击就是对网络安全威胁的具体体现。对于信息系统来说威胁可以是针对物理环境、通信链路、网络系统、操作系统、应用系统以及管理系统等方面。

信息安全主要包括 3 个方面：技术安全、管理安全和相应的政策法律。管理安全是信息安全中具有能动性的组成部分。大多数安全事件和安全隐患的发生，并非完全是技术上的原因，而往往是由于管理不善造成的。法律是保护信息安全的最终手段。从这 3 个方面出发讨论网络安全防范的体系构建。

一种安全服务的实施可以使用不同的安全机制，可单独使用，或组合使用，取决于安全服务的目的以及使用的安全机制。无论采取何种防范措施都不能保证信息系统的绝对安全，安全是相对的，不安全才是绝对的。但在具体应用中，经济因素和时间因素是判别安全性的重要指标。应正确评估可能的安全风险，制定正确的安全策略和采用适当的安全机制。

思 考 题

1. 谈谈你对信息的理解。
2. 什么是信息技术？
3. 信息安全的基本属性主要表现在哪几个方面？
4. 信息安全威胁主要有哪些？
5. 怎样实现信息安全？

第 **2** 章

信息保密技术

数据的加密变换是目前实现安全信息系统的主要手段。利用不同的加密技术对信息进行变换，实现信息的隐藏，从而保护信息的安全。对信息加密进行研究的学科被称为密码学，密码学是一门古老、历史悠久的学科。在密码学发展的历史上，出现了多种加密方法。有很早以前的古典密码、后来出现的更成熟的分组密码、公钥密码及流密码等，下面分别作介绍。

2.1 古典密码

古典密码是密码学的渊源。历史上曾经被广泛使用的各种古典密码大多比较简单，可用手工和机械操作来实现加解密，现在已很少采用了。为了帮助读者建立一个初步的认识，下面介绍几种常见的、具有代表性的古典密码。

1. 代换密码

令 Θ 表示明文字母表，内有 q 个"字母"或"字符"。例如可以是普通的英文字母 A～Z，也可以是数字、空格、标点符号或任意可以表示明文消息的符号。如前所述可以将 Θ 抽象地表示为一个整数集：

$$Z_q = \{0, 1, \cdots, q-1\}$$

加密时，通常将明文消息划分成长为 L 的消息单元，称为明文组，以 m 表示，即 $m = (m_0, m_1, \cdots, m_{L-1}), m_l \in Z_q, 0 \leqslant l \leqslant L-1$。$m$ 也称作 L-报文，它可以看作是定义在 Z_q^L 上的随机变量：

$$Z_q^L = Z_q \times Z_q \times \cdots \times Z_q (L \text{ 个}) = \{m = (m_0, m_1, \cdots, m_{L-1}) \mid m_l \in Z_q, 0 \leqslant l \leqslant L-1\}$$

$L=1$ 为单字母报（gram），$L=2$ 为双字母报（digrams），$L=3$ 为三字母报（trigrams）。这时明文空间 $P = Z_q^L$。

令 Ξ 表示 q' 个"字母"或"字符"的密文字母表，抽象地可用整数集 $Z_{q'} = \{0, 1, \cdots, q'-1\}$ 表示。密文单元或组为 $c = (c_0, c_1, \cdots, c_{L'-1}) (L' \text{ 个}), c_{l'} \in Z_{q'}, 0 \leqslant l' \leqslant L'-1$。$c$ 是定义在 $Z_{q'}^{L'}$ 上的随机变量。密文空间 $C = Z_{q'}^{L'}$。

通常，明文和密文由同一字母表构成，即 $\Theta = \Xi$。

代换密码可以看作是从 Z_q^L 到 $Z_{q'}^{L'}$ 的映射。$L=1$ 时，称作单字母代换，也称作流密码（Stream Cipher）。$L>1$ 时，称作多码代换，亦称分组密码（Block Cipher）。

一般地，选择相同的明文和密文字母表。此时，若 $L=L'$，则代换映射是一一映射，密码无数据扩展。若 $L<L'$，则有数据扩展，可将加密函数设计成一对多的映射，即明文组可以找到多于一个密文组来代换，这称之为多名（或同音）代换密码（Homophonic Substitution Cipher）。若 $L>L'$，则明文数据被压缩，此时代换映射不可能构成可逆映射，从而密文有时也就无法完全恢复出原明文消息，因此保密通信中必须要求 $L\leqslant L'$。但 $L>L'$ 的映射可以用在认证系统中。

在 $\Theta=\Xi,q=q',L=1$ 时，若对所有明文字母都用一种固定的代换进行加密，则称这种密码为单表代换（Monoalphabetic Substitute）。若用一个以上的代换表进行加密，称作多表代换（Polyalphabetic Substitute）。这是古典密码中的两种重要体制，曾被广泛地使用过。还有一个常见的方式是多字母代换密码。

其中单表代换密码是对明文的所有字母都用一个固定的明文字母表到密文字母表的映射，即 $f:Z_q\rightarrow Z_{q'}$。令明文 $m=m_0m_1\cdots$，则相应的密文为

$$c=e(m)=c_0c_1\cdots=f(m_0)f(m_1)\cdots$$

下面分别介绍几类简单的单表代换密码。

（1）移位密码

用图 2.1.1 表示移位密码。英文字符有 26 个字母，可以建立英文字母和模 26 的剩余之间的对应关系（如表 2.1.1 所示）。对于英文文本，则明文、密文空间都可定义为 Z_{26}。当然很容易推广到 n 个字母的情况。容易看出移位密码满足我们密码系统的定义，即，$d_k(e_k(x))=x$，对每个 $x\in Z_{26}$。

设 $P=C=K=Z_{26}$，对 $0\leqslant k\leqslant 25$，定义

$e_k(x)=x+k\,(\mathrm{mod}\,26)$ 且

$d_k(y)=y-k\,(\mathrm{mod}\,26)\quad(x,y\in Z_{26})$。

图 2.1.1　移位密码

表 2.1.1　英文字母与模 26 的剩余之间的对应关系

A	B	C	D	E	F	G	H	I	J	K	L	M	N	O	P	Q	R	S	T	U	V	W	X	Y	Z
0	1	2	3	4	5	6	7	8	9	10	11	12	13	14	15	16	17	18	19	20	21	22	23	24	25

如果明文字母和密文字母被数字化，且各自表示为 x,y，则对每个明文 $x\in Z_{26}$，被加密为 $y=x+k\,(\mathrm{mod}\,26)$。mod 26 意味着等式左右两边仅仅相差一个 26 的倍数。历史上最著名的移位密码就是恺撒密码。

例如，取 $k=3$，明文字母和密文字母的对应关系为

明文：a b c d e f g h i j k l m n o p q r s t u v w x y z

密文：DE FGH I JKLMNOPQRSTUV W XYZABC

明文 $m=$ "Caser cipher is a shift substitution" 所对应的密文为

$c =$ "FDVHDU FLSHU LV D VKLIW VXEVWLWXWLRO"

（2）替换密码

另一个众所周知的密码系统是替换密码。这个密码系统已被用了好几百年。定义如图2.1.2所示。

> 设$P=C=Z_{26}$，密钥空间K由所有可能的26个符号0，1，…，25的置换组成。对每一个置换$\pi \in K$定义
>
> $e_\pi(x)=\pi(x)$，则
>
> $d_\pi(y)=\pi^{-1}(y)$，
>
> 其中π^{-1}是π的逆置换。

图2.1.2　替换密码

注：置换π的表示为

$$\pi = \begin{pmatrix} 0 & 1 & 2 & \cdots & 23 & 24 & 25 \\ 0' & 1' & 2' & \cdots & 23' & 24' & 25' \end{pmatrix}$$

替换密码的密钥是由26个字母的置换组成。这些置换的数目是26!，超过4.0×10^{26}，是一个非常大的数。这样即使对现代计算机来说，穷举密钥搜索也是不可行的。显然，替换密码的密钥（26个元素的随机置换）太复杂而不容易记忆，因此实际中密钥句子常被使用。密钥句子中的字母被依次填入密文字母表（重复的字母只用一次），未用的字母按自然顺序排列。

（3）仿射密码

在仿射密码中，我们用形如

$$e(x)=ax+b(\bmod 26) \quad a,b \in Z_{26}$$

的加密函数，这些函数被称为仿射函数，所以命名为仿射密码（注意到当$a=1$时，为移位密码）。

如果解密是可能的，必须要求仿射函数是双射。换句话说，对任何$y \in Z_{26}$，要使得同余方程$ax+b \equiv y(\bmod 26)$有唯一的解。由数论可知当且仅当gcd$(a,26)=1$（gcd函数表示两个数的最大公因子）时，上述同余方程对每个y有唯一的解。仿射密码系统如图2.1.3所示。

> 设$P=C=Z_{26}$，且
>
> $K=\{(a,b) \in Z_{26} \times Z_{26} \mid \gcd(a,26)=1\}$，对$k=(a,b) \in K$，定义
>
> $e(x)=ax+b(\bmod 26)$且$d_k(y)=a^{-1}(y-b)(\bmod 26)$ $(x,y \in Z_{26})$

图2.1.3　仿射密码

因为满足$a \in Z_{26}$，gcd$(a,26)=1$的a只有12种选择，对参数b没有要求。所以仿射密码有$12 \times 26=312$种可能的密钥。

通常，上述所介绍的代换方式（单表代换）不能非常有效地抵抗密码攻击，因为语言的特

征仍能从密文中提取出来。为此可以通过运用不止一个代换表来进行代换，从而掩盖了密文的一些统计特征。

与单表代换相对应的是多表代换密码。多表代换密码是以一系列（两个以上）代换表依次对明文消息的字母进行代换的加密方法。令明文字母表为 Z_q，$f=(f_1,f_2,\cdots)$ 为代换序列，明文字母序列 $x=x_1x_2\cdots$，则相应的密文字母序列为 $c=e_k(x)=f(x)=f_1(x_1)f_2(x_2)\cdots$ 若 f 是非周期的无限序列，则相应的密码称为非周期多表代换密码。这类密码，对每个明文字母都采用不同的代换表（或密钥）进行加密，称作一次一密密码（One-time pad cipher），这是一种理论上唯一不可破的密码。这种密码完全可以隐蔽明文的特点，但由于需要的密钥量和明文消息长度相同而难于广泛使用。为了减少密钥量，在实际应用中多采用周期多表代换密码，即代换表个数有限，重复地使用。

经典的多表代换密码有 Vigenère、Beaufort、Running-Key、Vernam 和轮转机（Rotor machine）等密码。下面介绍其中的 Vigenère 密码（如图 2.1.4 所示）。

> 设 m 是某固定的正整数，定义 $P=C=K=(Z_{26})^m$，对一个密钥
>
> $k=(k_1,k_2,\cdots,k_m)$，定义
>
> $e_k(x_1,x_2,\cdots,x_m)=(x_1+k_1,x_2+k_2,\cdots,x_m+k_m)$，
>
> 且 $d_k(y_1,y_2,\cdots,y_m)=(y_1-k_1,y_2-k_2,\cdots,y_m-k_m)$，
>
> 其中，所有的运算都在 Z_{26} 中。

图 2.1.4　Vigenère 密码

Vigenère 密码是由法国密码学家 Blaise de Vigenère 于 1858 年提出的，它是一种以移位代换（当然也可以用一般的字母代换表）为基础的周期代换密码。

称 $k=(k_1,\cdots,k_m)$ 为长为 m 的密钥字（Keyword）。密钥量为 26^m，所以即使对一个相当小的值 m，穷举密钥法也需要很长的时间。若 $m=5$，则密钥空间大小超过 1.1×10^7，手工搜索非常不容易。在 Vigenère 密码中，一个字母可被映射到 m 个可能的字母之一（假定密钥字包含 m 个不同的字符）。所以分析起来比单表代换更困难。

最后，对于多字母代换密码，这里介绍一种多字母系统，即 Hill 密码（如图 2.1.5 所示）。这个密码是 1929 年由 S. Hill 提出的。多字母代换密码的特点是每次对 $L>1$ 个字母进行代换，这样做的优点是容易隐蔽或均匀化字母的自然频度，从而有利于抗统计分析。

可以看出当 $m=1$ 时，系统退化为单字母仿射代换密码，可见 Hill 密码是仿射密码体制的推广。如果 $m=2$，可以将明文写为 $\boldsymbol{x}=(x_1,x_2)$，密文写为 $\boldsymbol{y}=(y_1,y_2)$。这里，y_1,y_2 都将是 x_1,x_2 的线性组合。若取

$$y_1=11x_1+3x_2$$
$$y_2=8x_1+7x_2$$

简记为 $\boldsymbol{y}=\boldsymbol{xk}$，其中 $\boldsymbol{k}=\begin{pmatrix}11&8\\3&7\end{pmatrix}$ 为密钥。

熟悉线性代数的读者将意识到可用矩阵 $\boldsymbol{k}^{-1}$ 来解密，此时的解密公式为 $\boldsymbol{x}=\boldsymbol{yk}^{-1}$。可以

> 设 m 是某个固定的正整数，$P=C=(Z_{26})^m$，又设 $K=\{m\times m$ 可逆阵，$Z_{26}\}$；
>
> 对任意 $k\in K$，定义
>
> $e_k(\boldsymbol{x})=\boldsymbol{xk}$，则 $d_k(\boldsymbol{y})=\boldsymbol{yk}^{-1}$。
>
> 其中所有的运算都是在 Z_{26} 中进行。

图 2.1.5 多字母代换 Hill 密码

验证

$$\begin{pmatrix} 11 & 8 \\ 3 & 7 \end{pmatrix}^{-1} = \begin{pmatrix} 7 & 18 \\ 23 & 11 \end{pmatrix}$$

上面的运算是在 Z_{26} 中进行的。除了 m 取很小的值（$m=2,3$）时，计算 $\boldsymbol{k}^{-1}$ 没有有效的方法，所以大大限制了它的广泛应用，但对密码学的早期研究很有推动作用。

2. 置换密码

置换密码（如图 2.1.6 所示）的想法是不改变明文字符，但通过重排而更改它们的位置，所以有时也称为换位密码（Transposition Cipher）。

密码史表明，密码分析者的成就似乎比密码设计者的成就更令人惊叹！许多开始时被设计者吹为"百年或千年难破"的密码，没过多久就被密码分析者巧妙地攻破了。在第二次世界大战中，美军破译了日本的紫密，使得日本在中途岛战役中大败。一些专家估计，同盟军在密码破译上的成功至少使第二次世界大战缩短了 8 年。

> 设 m 是某个固定的整数，$P=C=(Z_{26})^m$，且 K 由所有 $\{1, 2, \cdots, m\}$ 的置换组成。
>
> 对一个密钥 π（即一个置换），定义
>
> $e_\pi(x_1, x_2, \cdots, x_m)=(x_{\pi(1)}+x_{\pi(2)}, \cdots, x_{\pi(m)})$，
>
> $d_\pi(y_1, y_2, \cdots, y_m)=(y_{\pi^{-1}(1)}, y_{\pi^{-1}(2)}, \cdots, y_{\pi^{-1}(m)})$，
>
> 其中，π^{-1} 是 π 的逆置换。

图 2.1.6 置换密码

通常假定，攻击方知道所用的密码系统。这个假设被称作 Kerckhoff 假设。当然，如果攻击方不知道所用的密码体制，这将使得任务更加艰巨：分析者不得不尝试新的密码系统，但这时程序的复杂性基本上与限定在一个具体密码系统上相同，所以我们不想把系统的安全性基于对手不知道所用的系统。因此目标是设计一个在 Kerckhoff 假设下达到安全的系统。

简单的单表代换密码，如移位密码极易破译。仅统计标出最高频度字母再与明文字母表字母对应决定出移位量，就差不多得到正确解了；一般的仿射密码要复杂些，但多考虑几个密文字母统计表与明文字母统计表的匹配关系也不难解出。另外移位密码也很容易用穷举密钥搜索来破译。可见，一个密码系统是安全的一个必要条件是密钥空间必

须足够大,使得穷举密钥搜索破译是不可行的,但这不是一个密码系统安全的充分条件。

多表代换密码的破译要比单表代换密码的破译难得多,因为在单表代换下,字母的频度、重复字母模式、字母结合方式等统计特性除了字母名称改变外,都未发生变化,依靠这些不变的统计特征就能破译单表代换,而在多表代换下,原来明文中的这些特性通过多个表的平均作用而被隐藏了起来。已有的事实表明,用唯密文攻击法分析单表和多表代换密码是可行的,但用唯密文攻击法分析多字母代换密码(如 Hill 密码)是比较困难的。分析多字母代换多用已知明文攻击法。

2.2　分组加密技术

2.2.1　基本概念

在介绍分组加密技术前,先简单介绍一下密码学中常见的两种体制:一种是对称密码体制,也叫单钥密码体制,另一种是非对称密码体制,也叫公钥密码体制。这里先介绍对称密码体制。

对称密码体制是指如果一个加密系统的加密密钥和解密密钥相同,或者虽然不相同,但是由其中的任意一个可以很容易地推导出另一个,即密钥是双方共享的,则该系统所采用的就是对称密码体制。形象地说就是一把钥匙开一把锁。

在对称加密中同一密钥既用于加密明文,也用于解密密文。但由于它们共同的弱点——需要共享密钥,因此一旦密钥落入攻击者的手中将是非常危险的。一旦未经授权的人得知了密钥,就会危及基于该密钥所涉及的信息的安全性。在对称密钥加密中,加密函数为 $E_K(*)$,其输入为密钥 K 和明文 M,输出为密文 C,即:

$$C = E_K(M)$$

使用解密函数 $D_K(*)$ 和相应的密钥 K 对密文进行解密,从而显示原始的明文信息,即:

$$M = D_K(C)$$

其过程如图 2.2.1 所示。

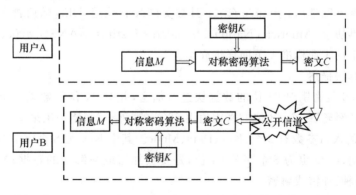

图 2.2.1　对称加密示意图

本节所讨论的分组加密技术就是属于对称密码体制的范畴。分组密码是指将处理的明文按照固定长度进行分组,加、解密的处理在固定长度密钥的控制下,以一个分组为单位独立进行,得出一个固定长度的对应于明文分组的结果。

在分组密码的设计中用代替和置换手段实现扩散和混淆功能。对任何加密算法的设计,混淆(Confusion)及扩散(Diffusion)是两个最重要的安全特性。混淆是指加密算法的密文与明文及密钥关系十分复杂,无法从数学上描述,或从统计上去分析。扩散是指明文中的任一位以及密钥中的任一位,对全体密文位有影响,经由此种扩散作用,可以隐藏许多明文在统计上的特性,从而增加密码的安全。这些方法的使用不但使分组密码能够容易实现,而且可以有效抵抗对该密码技术的统计分析,从而加大了从密文的统计特性中分析明文和密钥的难度。由于分组密码算法具有速度快,易于标准化和便于软硬件实现的特点,因此在商用系统中的对称密码算法基本都采用分组加密技术。

分组密码算法不仅易于构造伪随机数生成器、流密码、消息认证码和杂凑函数,还可以成为消息认证技术、数据完整性机制、实体认证协议以及单钥签名体制的核心组成部分,因此被广泛地应用。

2.2.2　标准算法的介绍

在分组密码发展的历史上出现了很多优秀的分组算法。分组密码得到发展的一个动力正是源于标准化的需要,数据加密标准(Data Encryption Standard,DES)的出现,使分组密码算法发展达到了一个顶峰。作为国际上通用的数据加密标准,也是实际上的工业标准,应用了 20 年左右。而后由于计算机技术的迅速发展,该算法较短的密钥长度已无法抗拒简单的穷举攻击,但可通过分组密码算法的级联工作模式,实质性地增加了密钥长度,导致 3DES 的出现。应该指出,用 3DES 代替 DES 作为加密标准,适当地增加了其密钥长度,其安全指标并没有受到影响,因而成为过渡阶段的工业标准。现在,高级加密标准(Advanced Encryption Standard,AES)已正式成为加密标准,下面将几种具有代表性的算法介绍给读者。

1. DES 算法

最著名的对称密钥加密算法 DES 是由 IBM 公司在 20 世纪 70 年代发展起来的,并经过政府的加密标准筛选后,于 1976 年 11 月被美国政府采用,DES 随后被美国国家标准局和美国国家标准协会(American National Standards Institute,ANSI)承认。同时也成为全球范围内事实上的工业标准。下面详细介绍。

(1) DES 算法描述

DES 使用 56 位密钥对 64 位的数据块进行加密,并对 64 位的数据块进行 16 轮编码。在每轮编码时,"每轮"一个 48 位的密钥值由 56 位的"种子"密钥得出来。

DES 算法的入口参数有 3 个:Key、Data、Mode。其中 Key 为 8 个字节共 64 位,是 DES 算法的工作密钥;Data 也为 8 个字节 64 位,是要被加密或被解密的数据;Mode 为 DES 的工作方式,有两种:加密或解密。

DES 算法把 64 位的明文输入块变为 64 位的密文输出块,它所使用的密钥也是 64 位,整个算法的变换过程如图 2.2.2 所示。

初始换位的功能是把输入的 64 位数据块按位重新组合,并把输出分为 L_0、R_0(左、右)

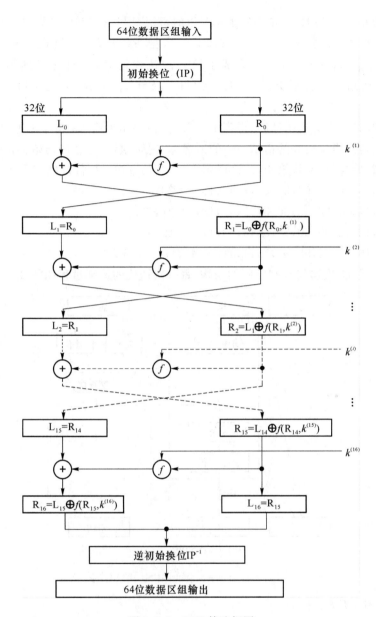

图 2.2.2 DES算法框图

两部分,每部分各长 32 位,其置换规则如下所示:

58,50,42,34,26,18,10,2,60,52,44,36,28,20,12,4,

62,54,46,38,30,22,14,6,64,56,48,40,32,24,16,8,

57,49,41,33,25,17,9,1,59,51,43,35,27,19,11,3,

61,53,45,37,29,21,13,5,63,55,47,39,31,23,15,7

即将输入的第 58 位换到第 1 位,第 50 位换到第 2 位⋯⋯依此类推,最后一位是原来的第 7 位。L_0、R_0 则是换位输出后的两部分,L_0 是输出的左 32 位,R_0 是右 32 位,例如,设置换前的输入值为 $D_1 D_2 D_3 \cdots D_{64}$,则经过初始置换后的结果为:$L_0 = D_{58} D_{50} \cdots D_8$;$R_0 = D_{57} D_{49} \cdots D_7$。

经过初始换位后,将 R_0 与密钥发生器产生的密钥 $k^{(1)}$ 进行计算,其结果记为 $f(R_0,k^{(1)})$,再与 L_0 进行模 2 加法,得到 $L_0 \oplus f(R_0,k^{(1)})$,把 R_0 记为 L_1 放在左边,而把 $L_0 \oplus f(R_0,k^{(1)})$ 记为 R_1 放在右边,从而完成了第一次迭代运算,一直迭代到第 16 次。所得的第 16 次迭代结果左右不交换,即 $L_{15} \oplus f(R_{15},k^{(16)})$ 记为 R_{16} 放在左边,R_{15} 记为 L_{16} 放在右边。

经过这样的 16 次迭代运算后,得到 L_{16}、R_{16}。将此作为输入,进行逆初始换位,即得到密文输出。逆初始换位正好是初始换位的逆运算,例如,第 1 位经过初始换位后,处于第 40 位,而通过逆初始换位,又将第 40 位换回到第 1 位,其逆初始换位规则如下所示。

40,8,48,16,56,24,64,32,39,7,47,15,55,23,63,31,

38,6,46,14,54,22,62,30,37,5,45,13,53,21,61,29,

36,4,44,12,52,20,60,28,35,3,43,11,51,19,59,27,

34,2,42,10,50,18,58,26,33,1,41,9,49,17,57,25

DES 算法的 16 次迭代具有相同的结构,每一次迭代的运算过程如图 2.2.3 所示。

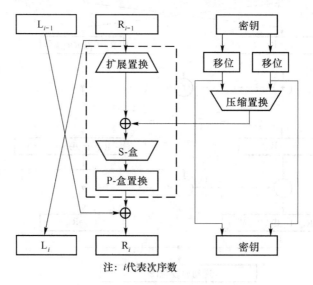

注:i 代表次序数

图 2.2.3　DES 算法的一次迭代过程图

图 2.2.3 中,扩展置换为:

32, 1, 2, 3, 4, 5, 4, 5, 6, 7, 8, 9, 8, 9, 10,11,

12,13,12,13,14,15,16,17,16,17,18,19,20,21,20,21,

22,23,24,25,24,25,26,27,28,29,28,29,30,31,32, 1

P-盒置换为:

16,7,20,21,29,12,28,17, 1,15,23,26, 5,18,31,10,

2,8,24,14,32,27, 3, 9,19,13,30, 6,22,11, 4,25,

在变换中用到的 $S_1,S_2,\cdots,S_8$ 为选择函数,亦俗称为 S-盒,它是 DES 算法的核心,其功能是把 6 bit 数据变为 4 bit 数据。下面给出选择函数 $S_i(i=1,2,\cdots,8)$ 的功能表。

S_1:

14,4,13,1,2,15,11,8,3,10,6,12,5,9,0,7,

0,15,7,4,14,2,13,1,10,6,12,11,9,5,3,8,
4,1,14,8,13,6,2,11,15,12,9,7,3,10,5,0,
15,12,8,2,4,9,1,7,5,11,3,14,10,0,6,13

S_2:

15,1,8,14,6,11,3,4,9,7,2,13,12,0,5,10,
3,13,4,7,15,2,8,14,12,0,1,10,6,9,11,5,
0,14,7,11,10,4,13,1,5,8,12,6,9,3,2,15,
13,8,10,1,3,15,4,2,11,6,7,12,0,5,14,9

S_3:

10,0,9,14,6,3,15,5,1,13,12,7,11,4,2,8,
13,7,0,9,3,4,6,10,2,8,5,14,12,11,15,1,
13,6,4,9,8,15,3,0,11,1,2,12,5,10,14,7,
1,10,13,0,6,9,8,7,4,15,14,3,11,5,2,12

S_4:

7,13,14,3,0,6,9,10,1,2,8,5,11,12,4,15,
13,8,11,5,6,15,0,3,4,7,2,12,1,10,14,9,
10,6,9,0,12,11,7,13,15,1,3,14,5,2,8,4,
3,15,0,6,10,1,13,8,9,4,5,11,12,7,2,14

S_5:

2,12,4,1,7,10,11,6,8,5,3,15,13,0,14,9,
14,11,2,12,4,7,13,1,5,0,15,10,3,9,8,6,
4,2,1,11,10,13,7,8,15,9,12,5,6,3,0,14,
11,8,12,7,1,14,2,13,6,15,0,9,10,4,5,3

S_6:

12,1,10,15,9,2,6,8,0,13,3,4,14,7,5,11,
10,15,4,2,7,12,9,5,6,1,13,14,0,11,3,8,
9,14,15,5,2,8,12,3,7,0,4,10,1,13,11,6,
4,3,2,12,9,5,15,10,11,14,1,7,6,0,8,13

S_7:

4,11,2,14,15,0,8,13,3,12,9,7,5,10,6,1,
13,0,11,7,4,9,1,10,14,3,5,12,2,15,8,6,
1,4,11,13,12,3,7,14,10,15,6,8,0,5,9,2,
6,11,13,8,1,4,10,7,9,5,0,15,14,2,3,12

S_8:

13,2,8,4,6,15,11,1,10,9,3,14,5,0,12,7,
1,15,13,8,10,3,7,4,12,5,6,11,0,14,9,2,
7,11,4,1,9,12,14,2,0,6,10,13,15,3,5,8,
2,1,14,7,4,10,8,13,15,12,9,0,3,5,6,11

在此以 S_1 为例说明其功能。可以看到:在 S_1 中,共有 4 行数据,命名为 0,1,2,3 行;每

行有 16 列,命名为 0,1,2,3,…,14,15 列,具体的替代方式如下:

现设 S_1 盒 6 位输入为:$D = D_1D_2D_3D_4D_5D_6$,将 D_1D_6 组成的一个 2 位二进制数转化为十进制数,对应表中的行号;将 $D_2D_3D_4D_5$ 组成的一个 4 位二进制数也转化为十进制数,对应表中的列号,然后在 S_1 表中查得行和列交叉点处对应的数,以 4 位二进制表示,此即为选择函数 S_1 的输出。

下面给出子密钥 $k^{(i)}$(48 bit)的生成算法。

如图 2.2.4 所示,从子密钥 $k^{(i)}$ 的生成算法描述中可以看到:初始 Key 值为 64 位,但 DES 算法规定,其中第 8,16,…,64 位是奇偶校验位,不参与 DES 运算。故 Key 实际可用位数只有 56 位。即:经过置换选择 1(如表 2.2.1 所示)的变换后,Key 的位数由 64 位变成了 56 位,此 56 位分为 C_0、D_0 两部分,各 28 位,然后分别进行第 1 次循环左移(图中用 LS 表示),得到 C_1、D_1,将 C_1(28 位)、D_1(28 位)合并得到 56 位,再经过置换选择 2(如表 2.2.2 所示),从而便得到了密钥 $k^{(1)}$(48 位)。依此类推,便可得到 $k^{(2)}$,$k^{(3)}$,…,$k^{(16)}$,不过需要注意的是,16 次循环左移对应的左移位数要依据下述规则进行。

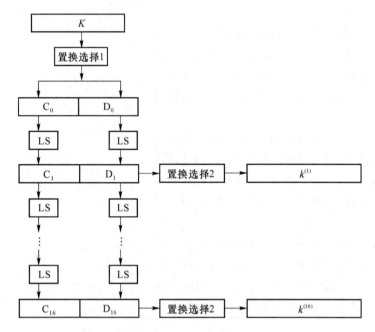

图 2.2.4 子密钥产生过程图

循环左移位数是:1,1,2,2,2,2,2,2,1,2,2,2,2,2,2,1。

表 2.2.1 置换选择 1

C_0	57	49	41	33	25	17	9
	1	58	50	42	34	26	18
	10	2	59	51	43	35	27
	19	11	3	60	52	44	36
D_0	63	55	47	39	31	23	15
	7	62	54	46	38	30	22
	14	6	61	53	45	37	29
	21	13	5	28	20	12	4

表 2.2.2　置换选择 2

14	17	11	24	1	5
3	28	15	6	21	10
23	19	12	4	26	8
16	7	27	20	13	2
41	52	31	37	47	55
30	40	51	45	33	48
44	49	39	56	34	53
46	42	50	36	29	32

以上介绍了 DES 算法的加密过程。DES 的算法是对称的,既可用于加密又可用于解密。DES 算法的解密过程与加密过程是一样的,区别仅仅在于第一次迭代时用子密钥 $k^{(16)}$,第二次用 $k^{(15)}$,…,最后一次用 $k^{(1)}$,算法本身并没有任何变化。

（2）DES 算法的特点

由上述 DES 算法介绍可以看到:DES 算法中只用到 64 位密钥中的 56 位,而第 8,16,24,…,64 位这 8 个位并未参与 DES 运算,即 DES 的安全性是基于除了 8,16,24,…,64 位外的其余 56 位的 256 个组合变化得以保证的。因此,在实际应用中应避开使用第 8,16,24,…,64 位作为有效数据位,而使用其他的 56 位作为有效数据位,才能保证 DES 算法安全可靠地发挥作用。

另外,因为 DES 较短的密钥长度在现在的技术条件下已经难以抵抗穷举攻击,于是美国发起征集了下一代数据加密标准,即高级数据加密标准（AES）,并最终选定了比利时人 Joan Daemen 和 Vincent Rijmen 提出的 Rijndael 分组算法,作为下一代的数据加密标准。这些标准化的工作对分组密码算法的发展发挥了积极的推动作用。

2. 国际数据加密算法（IDEA）

IDEA（International Data Encryption Algorithm）即所谓的国际数据加密算法。首先由 X. J. Lai 和 J. L. Massey 于 1990 年提出 IDEA 的第一版。1991 年,在 Biham Shamir 对其采用了差分分析之后,设计者为抵抗此种攻击,增加了他们的密码算法的强度。他们把新算法称为 IPES,即改进型建议加密标准。1992 年又进行了改进,强化了抗差分分析的能力。这是分组密码中一个很成功的方案,已在 PGP 中采用。IDEA 的明文和密文分组都是 64 bit,密钥的长度是 128 bit,同一算法既可用于加密又可用于解密,该算法所依据的设计思想是"混合来自不同代数群中的运算"。该算法需要的"混乱"可通过连续使用 3 个"不相容"的群运算于两个 16 bit 子块来获得,并且该算法所选择使用的密码结构可提供必要的"扩散",密码结构的选择也考虑了该密码算法可以用硬件和软件来实现的功能。

IDEA 的描述为:IDEA 是由 8 轮相似的运算和随后的一个输出变换组成,如图 2.2.5 所示的计算框图刻画了该密码算法的轮运算和输出变换。

IDEA 的混淆特性是经由混合下述 3 种操作而成的。

（1）以比特为单位的异或运算,用 $\oplus$ 表示。

（2）定义在模 $2^{16}(\bmod 65\,536)$ 的模加法运算,其操作数都可以表示成 16 位整数,用"$\boxplus$"表示这个操作。

（3）定义在模 $2^{16}+1(\bmod 65\,537)$ 的模乘法运算。因为 65 537 是一素数,所以对任何数（除 0 以外）的乘法逆元是存在的。值得一提的是,为了保证即使当"0"出现在 16 位的操作数时也有乘法逆元存在,"0"被定义为 2^{16} 。用符号"⊙"表示这个操作。

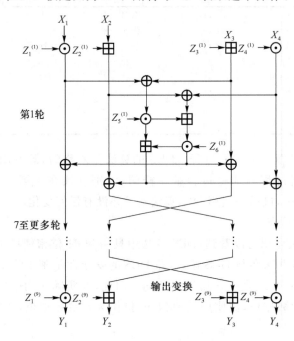

图 2.2.5　IDEA 的加密流程图

在 3 种不同的群运算中,要特别注意模 $2^{16}+1$ 整数乘法运算⊙,这里除了将 16 bit 的全零子块处理为 2^{16} 外,其余 16 bit 的子块均按通常处理成一个整数的二进制表示。例如,$(0,0,\cdots,0)\odot(1,0,\cdots,0)=(1,0,\cdots,0,1)$,这是因为 $2^{16}\times2^{15}\bmod(2^{16}+1)=2^{15}+1$。

由于上面 3 个操作基于以下的"非兼容性(Incompatible)",当应用在 IDEA 时,可以充分发挥出混淆的特性。

① 3 种操作中的任意两个,都不满足"分配律",例如:对任意的 $a,b,c\in F_{2^{16}}$,运算⊙及⊞,则有:

$$a\boxplus(b\odot c)\neq(a\boxplus b)\odot(a\boxplus c)$$

② 3 种操作中的任意两个,都无法满足"结合律"。例如:对任意的 $a,b,c\in F_{2^{16}}$,运算⊞及⊕,则有:

$$a\boxplus(b\oplus c)\neq(a\boxplus b)\oplus(a\boxplus c)$$

因此在 IDEA 的设计中,使用了这 3 种操作的混合组合来打乱数据,攻击者就无法用化简的方式来分析密文与明文及密钥之间的关系。

IDEA 的扩散特性是建立在乘法/加法(Multiplication/Addition,MA)的基本结构上的。图 2.2.6 表示 MA 的基本结构。该结构一共有 4 个 16 bit 的输入,2 个 16 bit 的输出。其中的两个输入来源于明文,另两个输入是子密钥,源于 128 bit 加密密钥。Lai 经过分析验证,数据经过 8 轮的 MA 处理,可以得到完整的扩散特性。

在图 2.2.5 显示的 IDEA 加密方法的流程中,IDEA 流程包括 8 轮的重复运算,加上最后的输出变换。64 bit 的明文分组在每一轮中都是被分成 4 份,每份以 16 bit 为一单元来处理。每一轮中有 6 个不同的子密钥来参与作用。最后的输出变换运算用到了另外的 4 个子密钥。所以在 IDEA 加密过程中共享了 52 个子密钥。这些子密钥都是由一个 128 bit 的加密密钥产生的。

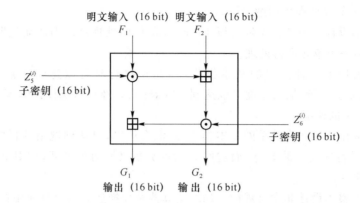

图 2.2.6 MA 的基本结构

每一轮的运算又分成两部分：第一部分即是前面所说的变换运算,利用加法及乘法运算将 4 份 16 bit 的子明文分组与 4 个子密钥混合,产生 4 份 16 bit 的输出。这 4 份输出又两两配对,以逻辑异或将数据混合,产生两份 16 bit 的输出。这两份输出,连同另外的两个子密钥成为第二部分的输入;第二部分即是前面提到用以产生扩散特性的 MA 运算,MA 运算生成两份 16 bit 输出。MA 的输出再与变换运算的输出以异或作用生成 4 份 16 bit 的最后结果。这 4 份结果即成为下一轮运算的原始输入。值得一提的是,这 4 份最后结果中的第二、三份输出,是经过位置互换而得到的。此举的目的在于对抗差分分析法。

明文分组在经过 8 轮加密后,仍需经过最后的输出变换运算才能形成正式的密文。最后的输出变换运算与每一轮的变换运算大致相同。唯一不同之处在于第二、三份输出是不需经过位置互换的。这个特殊安排的目的在于使我们可以使用与加密算法相同结构的解密算法解密,简化了设计及使用上的复杂性。

一次完整的 IDEA 加密运算需要 52 个子密钥。这 52 个 16 bit 的子密钥都是由一个128 bit 的加密密钥产生的,生成过程如下。

首先,将 128 bit 加密密钥以 16 bit 为单位分为 8 组,其中前 6 组作为第一轮迭代运算的子密钥,后 2 组用于第二轮迭代运算的前 2 组子密钥,然后将 128 bit 加密密钥循环左移25 bit,再分为 8 组子密钥,其中前 4 组用于第二轮迭代运算的后 4 组子密钥,后 4 组用作第三轮迭代运算的前 4 组子密钥,照此方法直至产生全部 52 个子密钥。这 52 个密钥子块的顺序为：

$$Z_1^{(1)}, Z_2^{(1)}, \cdots, Z_6^{(1)}; Z_1^{(2)}, Z_2^{(2)}, \cdots, Z_6^{(2)};$$
$$Z_1^{(3)}, Z_2^{(3)}, \cdots, Z_6^{(3)}; \cdots; Z_1^{(8)}, Z_2^{(8)}, \cdots, Z_6^{(8)};$$
$$Z_1^{(9)}, Z_2^{(9)}, Z_3^{(9)}, Z_4^{(9)}$$

IDEA 的解密过程本质上与加密过程相同,唯一不同的是解密密钥子块 $K_i^{(r)}$ 是从加密密钥子块 $Z_i^{(r)}$ 按下列方式计算出来的：

$$(K_1^{(r)}, K_2^{(r)}, K_3^{(r)}, K_4^{(r)}) = ((Z_1^{(10-r)})^{-1}, -Z_3^{(10-r)}, -Z_2^{(10-r)}, (Z_4^{(10-r)})^{-1}) \quad r=2,3,\cdots,8$$
$$(K_1^{(r)}, K_2^{(r)}, K_3^{(r)}, K_4^{(r)}) = ((Z_1^{(10-r)})^{-1}, -Z_2^{(10-r)}, -Z_3^{(10-r)}, (Z_4^{(10-r)})^{-1}) \quad r=1,9$$
$$(K_5^{(r)}, K_6^{(r)}) = (Z_5^{(9-r)}, Z_6^{(9-r)}) \quad r=1,2,\cdots,8$$

其中 Z^{-1} 表示 Z 的模$(2^{16}+1)$的乘法逆,亦即 $Z \odot Z^{-1}=1$,$-Z$ 表示 Z 的模 2^{16} 的加法逆,亦

即$-Z \boxplus Z = 0$。

综上,IDEA 的设计理念归纳如下。

① IDEA 的设计主要考虑是针对以 16 bit 为单位的处理器。因此无论明文、密钥都是分成以 16 bit 为一个单元进行处理。

② IDEA 使用了 3 种简单的基本操作,因此在执行时可以达到非常快的速度。在 33 MHz 386 机器上运行,加密速度可以达到 880 kbit/s。经过特殊设计的 VLSI 芯片,更可以达到 55 Mbit/s 的速度。

③ IDEA 采用 3 种非常简单的基本操作,经混合运算,以达到混淆的目的。比较而言,DES 要采用经过特殊设计的 S-盒,而这些 S-盒的分析又不对外公开,故 IDEA 的安全性评估较易被大家接受。

④ IDEA 的整体设计非常有规律。MA 运算器及变换运算器重复使用在系统上。因此非常适合 VLSI 实现。

由于 IDEA 的密钥长度是 DES 的 2 倍,所以在强力攻击(Brute-force Attack)下,其安全性比 DES 强。

除了以上介绍的标准分组密码算法外,还有很多优秀的分组密码算法值得研究和借鉴,例如 Safer-64,Shark,RC6,Mars 及 Twofish 算法等,这里不再一一介绍。

3. AES 算法

在所征集的 AES 多种加密标准中,Rijndael 算法具有更高的效率和实现的灵活性,下面对这一算法作一具体的描述。

该算法是数据块长度和加密密钥长度都可变的迭代分组加密算法,其数据块及密钥的长度都可以分别是 128 bit、192 bit 和 256 bit,其原型是 Square 算法,它的设计策略是宽轨迹策略(Wide Trail Strategy)。宽轨迹策略是针对差分分析和线性分析提出的,它的最大优点是可以给出算法的最佳差分特征的概率及最佳线性逼近偏差的界,由此,该算法具有对抗差分密码分析及线性密码分析的能力。

Rijndael 采用的是代替/置换网络。每一轮由以下 3 层组成:

• 线性混合层——确保多轮之上的高度扩散;

• 非线性层——由 16 个 S-盒并置而成,起到混淆的作用;

• 密钥加层——子密钥简单地异或到中间状态上。

S-盒选取的是有限域 $GF(2^8)$ 中的乘法逆运算,它的差分均匀性和线性偏差都达到了最佳。

在加密之前,对数据块做预处理。首先,把数据块写成字的形式,每个字包含 4 个字节,每个字节包含 8 bit 信息;每个字节看成有限域 $GF(2^8)$ 中的元素;其次,把字记为列的形式。经过这样的处理,数据块就可以记为如表 2.2.3 所示的形式。

表 2.2.3　Rijndael 数据块

$a_{0,0}$	$a_{0,1}$	$a_{0,2}$	$a_{0,3}$	$a_{0,4}$	$a_{0,5}$	...
$a_{1,0}$	$a_{1,1}$	$a_{1,2}$	$a_{1,3}$	$a_{1,4}$	$a_{1,5}$	...
$a_{2,0}$	$a_{2,1}$	$a_{2,2}$	$a_{2,3}$	$a_{2,4}$	$a_{2,5}$	...
$a_{3,0}$	$a_{3,1}$	$a_{3,2}$	$a_{3,3}$	$a_{3,4}$	$a_{3,5}$	...

表 2.2.3 中,每列表示一个字 $\boldsymbol{a}_j = (a_{0,j}, a_{1,j}, a_{2,j}, a_{3,j})$,每个 $a_{i,j}$ 表示一个 8 bit 的字节。

如果用 N_b 表示一个数据块中字的个数,那么 $N_b = 4, 6$ 或 8。

类似地,用 N_k 表示密钥中字的个数,那么 $N_k = 4, 6$ 或 8。例如,$N_k = 6$ 的密钥可以记为如表 2.2.4 所示的形式。

算法轮数 N_r 由 N_b 和 N_k 共同决定,具体值如表 2.2.5 所示。

<table>
<tr><th colspan="6">表 2.2.4 $N_k = 6$ 的密钥</th></tr>
<tr><td>$k_{0,0}$</td><td>$k_{0,1}$</td><td>$k_{0,2}$</td><td>$k_{0,3}$</td><td>$k_{0,4}$</td><td>$k_{0,5}$</td></tr>
<tr><td>$k_{1,0}$</td><td>$k_{1,1}$</td><td>$k_{1,2}$</td><td>$k_{1,3}$</td><td>$k_{1,4}$</td><td>$k_{1,5}$</td></tr>
<tr><td>$k_{2,0}$</td><td>$k_{2,1}$</td><td>$k_{2,2}$</td><td>$k_{2,3}$</td><td>$k_{2,4}$</td><td>$k_{2,5}$</td></tr>
<tr><td>$k_{3,0}$</td><td>$k_{3,1}$</td><td>$k_{3,2}$</td><td>$k_{3,3}$</td><td>$k_{3,4}$</td><td>$k_{3,5}$</td></tr>
</table>

<table>
<tr><th colspan="4">表 2.2.5 N_r 的取值</th></tr>
<tr><td>N_r</td><td>$N_b = 4$</td><td>$N_b = 6$</td><td>$N_b = 8$</td></tr>
<tr><td>$N_k = 4$</td><td>10</td><td>12</td><td>14</td></tr>
<tr><td>$N_k = 6$</td><td>12</td><td>12</td><td>14</td></tr>
<tr><td>$N_k = 8$</td><td>14</td><td>14</td><td>14</td></tr>
</table>

在加密和解密过程中,数据都是以这种字或字节形式表示的。

Rijndael 算法的加密过程可由如图 2.2.7 所示的流程图表示。

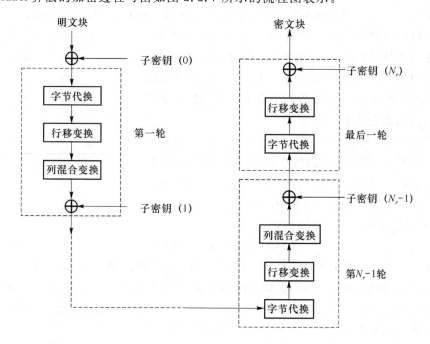

图 2.2.7 Rijndael 算法的加密过程

(1) 字节代换(ByteSub)是作用在字节上的一种非线性字节变换,它在字节上独立地进行计算。

在字节上的运算实际上就是在有限域 $\mathrm{GF}(2^8)$ 中的运算,按照下列方式进行,将一个由 $a_7 a_6 a_5 a_4 a_3 a_2 a_1 a_0$ 所组成的字节 a 表示为系数为 $\{0,1\}$ 的二进制多项式:

$$a(x) = a_7 x^7 + a_6 x^6 + a_5 x^5 + a_4 x^4 + a_3 x^3 + a_2 x^2 + a_1 x + a_0$$

在 $\mathrm{GF}(2^8)$ 中的加法定义为二进制多项式的加法;在 $\mathrm{GF}(2^8)$ 中的乘法定义为二进制多项式的乘积模一个次数为 8 的不可约多项式,此不可约多项式为 $m(x) = x^8 + x^4 + x^3 + x + 1$。则在 $\mathrm{GF}(2^8)$ 上的二进制多项式 $a(x)$ 的乘法逆为满足 $a(x)b(x) = 1(\mathrm{mod}\, m(x))$ 的二进制多项式 $b(x)$,记为 $a^{-1}(x)$。若记 $b(x) = b_7 x^7 + b_6 x^6 + b_5 x^5 + b_4 x^4 + b_3 x^3 + b_2 x^2 + b_1 x + b_0$,则字节 a

的逆 a^{-1} 为 $b_7b_6b_5b_4b_3b_2b_1b_0$。

字节代换是由两个变换合成的:

① 对每个字节求它的乘法逆,其中,零多项式的乘法逆就是它自身;

② 对所求得的乘法逆进行式(2.2.1)的仿射变换:

$$\text{ByteSub}(a_{i,j}) = \begin{pmatrix} 1 & 0 & 0 & 0 & 1 & 1 & 1 & 1 \\ 1 & 1 & 0 & 0 & 0 & 1 & 1 & 1 \\ 1 & 1 & 1 & 0 & 0 & 0 & 1 & 1 \\ 1 & 1 & 1 & 1 & 0 & 0 & 0 & 1 \\ 1 & 1 & 1 & 1 & 1 & 0 & 0 & 0 \\ 0 & 1 & 1 & 1 & 1 & 1 & 0 & 0 \\ 0 & 0 & 1 & 1 & 1 & 1 & 1 & 0 \\ 0 & 0 & 0 & 1 & 1 & 1 & 1 & 1 \end{pmatrix} a_{i,j}^{-1} + \begin{pmatrix} 1 \\ 1 \\ 0 \\ 0 \\ 0 \\ 1 \\ 1 \\ 0 \end{pmatrix}$$

其中 $a_{i,j}^{-1}$ 是 $a_{i,j}$ 在 $\text{GF}(2^8)$ 中的乘法逆。记为:

$$\text{ByteSub}(\boldsymbol{a}_j) = (\text{ByteSub}(a_{0,j}), \text{ByteSub}(a_{1,j}), \text{ByteSub}(a_{2,j}), \text{ByteSub}(a_{3,j}))。$$

这种利用有限域上的逆映射来构造 S-盒的好处是:表述简单,使人相信没有陷门,最重要的是其具有良好的抗差分和线性分析的能力。附加的仿射变换,目的是用来复杂化 S-盒的代数表达,以防止代数插值攻击。当然具体实现时,S-盒也可用查表法来实现。

(2) 行移变换(ShiftRow):在此变换的作用下,数据块(如表 2.2.6 所示)的第 0 行保持不变,第 1 行循环左移位 C_1,第 2 行循环左移位 C_2,第 3 行循环左移位 C_3,其中移位值 C_1,C_2 和 C_3 与加密块长 N_b 有关。

表 2.2.6　行移变换

N_b	移位值		
	C_1	C_2	C_3
4	1	2	3
6	1	2	3
8	1	3	4

(3) 列混合变换(MixColumn):

$$\text{MixColumn}(\boldsymbol{a}_j) = \boldsymbol{a}_j \otimes \boldsymbol{c}$$

式子的 4 个字节向量 $\boldsymbol{a}_j$ 看成是系数取自 $\text{GF}(2^8)$ 中的多项式,则对应环 $\text{GF}(2^8)[x]/(x^4+1)$ 中的元素,$\boldsymbol{c}$ 是一个固定的 4 个字节向量,因而对应环 $\text{GF}(2^8)[x]/(x^4+1)$ 中的一个固定元素,取 $\boldsymbol{c} = ('03', '01', '01', '02') = '03'x^3 + '01'x^2 + '01'x + '02'$,单引号中的数值为字节的十六进制表示,乘法 $\otimes$ 是在环 $\text{GF}(2^8)[x]/(x^4+1)$ 中进行的。

由于 $\boldsymbol{c}$ 与 x^4+1 互素,所以 $\boldsymbol{c}$ 有可逆元 $\boldsymbol{d}$,由

$$('03'x^3 + '01'x^2 + '01'x + '02') \otimes d(x) = '01'$$

得到

$$\boldsymbol{d} = ('0B', '0D', '09', '0E') = '0B'x^3 + '0D'x^2 + '09'x + '0E'$$

行移变换和列混合变换相当于 SP 结构密码中的 P 层或称线性层,起着扩散作用。这里的常量之所以选 $\boldsymbol{c} = '03'x^3 + '01'x^2 + '01'x + '02'$ 是为了运算简单,且最大化线性层的扩散力量。

子密钥的生成:加密和解密过程分别需要 N_r+1 个子密钥。子密钥的生成包括主密钥 $\boldsymbol{k}_0\ \boldsymbol{k}_1 \cdots \boldsymbol{k}_{N_k-1}$ 的扩展和子密钥的选取两个步骤,其中根据 $N_k \leqslant 6$ 和 $N_k > 6$ 两种不同的情况,采取不同的主密钥扩展方式。

① 对于 $N_k \leqslant 6$

当 $i=0,1,\cdots,N_k-1$ 时,定义 $w_i=k_i$。

当 $N_k \leqslant i \leqslant N_b(N_r+1)-1$ 时:

若 $i \bmod N_k \neq 0$,定义 $w_i = w_{i-N_k} \oplus w_{i-1}$;

若 $i \bmod N_k = 0$,令 $RC[i]=x^{i-1} \in GF(2^8)$($RC[0]='01'$),

$$\mathbf{Rcon}[i]=(RC[i],'00','00','00') \in GF(2^8)[x]/(x^4+1)$$

定义

$$w_i = w_{i-N_k} \oplus \mathrm{ByteSub}(\mathrm{Rotate}(w_{i-1})) \oplus \mathbf{Rcon}[i/N_k]$$

其中 $\mathrm{Rotate}(a,b,c,d)$ 是左移位,即 $\mathrm{Rotate}(a,b,c,d)=(b,c,d,a)$。

② 对于 $N_k > 6$

当 $i=0,1,\cdots,N_k-1$ 时,定义 $w_i=k_i$。

当 $N_k \leqslant i \leqslant N_b(N_r+1)-1$ 时:

若 $i \bmod N_k \neq 0$ 且 $i \bmod N_k \neq 4$,定义 $w_i = w_{i-Nk} \oplus w_{i-1}$;

若 $i \bmod N_k = 0$,令 $RC[i]=x^{i-1} \in GF(2^8)$,$\mathbf{Rcon}[i]=(RC[i],'00','00','00')$ $\in GF(2^8)[x]/(x^4+1)$,

定义 $w_i = w_{i-N_k} \oplus \mathrm{ByteSub}(\mathrm{Rotate}(w_{i-1})) \oplus \mathbf{Rcon}[i/N_k]$;

若 $i \bmod N_k = 4$,定义 $w_i = w_{i-N_k} \oplus \mathrm{ByteSub}(w_{i-1})$。

这样,就得到了 $N_b(N_r+1)$ 个子 w_j。第 i 个子密钥就是

$$w_{N_b \times i} w_{N_b \times i+1} \cdots w_{N_b(i+1)-1}$$

Rijndael 解密算法的结构与 Rijndael 加密算法的结构相同,其中的变换为加密算法变换的逆变换,且使用了一个稍有改变的密钥编制。行移变换的逆是状态的后 3 行分别移动 $N_b-C_1, N_b-C_2, N_b-C_3$ 个字节,这样在 i 行 j 处的字节移到 $(j+N_b-C_i) \bmod N_b$ 处。字节代换的逆是 Rijndael 的 S-盒的逆作用到状态的每个字节,这可由如下方法得到:先进行仿射的逆变换,然后把字节的值用它的乘法逆代替。列混合变换的逆类似于列混合变换,状态的每一列都乘以一个固定的多项式 $d(x)$:

$$d(x)='0B'x^3+'0D'x^2+'09'x+'0E'$$

2.2.3 分组密码的分析方法

密码是用来对明文提供保护的,防止明文泄露。而密码分析人员的任务是在某种意义下破译密码。如果密码分析者能确定该密码正在使用的密钥,则他就可以像合法用户一样阅读所有的消息,则称该密码是完全可破译的。如果密码分析者仅能从所窃获的密文恢复明文,但他却不能发现密钥,则称该密码是部分可破译的。

根据攻击者掌握的信息,可将分组密码的攻击分为以下几类。

唯密文攻击:攻击者除了所截获的密文外,没有其他可利用的信息。

已知明文攻击:攻击者仅知道当前密钥下的一些明密文对。

选择明文攻击:攻击者能获得当前密钥下的一些特定的明文所对应的密文。

选择密文攻击:攻击者能获得当前密钥下的一些特定的密文所对应的明文。

显然在上述的 4 类攻击中,选择明文攻击是密码分析者可能发动的最强有力的攻击。

但是在许多场合这种攻击是不现实的。

一种攻击的复杂度可以分为两部分:数据复杂度和处理复杂度。数据复杂度是实施该攻击所需输入的数据量;而处理复杂度是处理这些数据所需的计算量。对某一攻击通常是以这两个方面的某一方面为主要因素,来刻画攻击复杂度。例如穷举攻击所需的数据量和计算量相比微不足道,因此穷举攻击的复杂度实际就是考虑处理复杂度;而差分密码分析是一种选择明文攻击,其复杂度主要是由该攻击所需的明密文对的数量来确定,而实施该攻击所需的计算量相对来说要小得多。下面是几种常见的攻击方法。

(1) 强力攻击

强力攻击可用于任何分组密码,且攻击的复杂度只依赖于分组长度和密钥长度,严格地讲,攻击所需的时间复杂度依赖于分组密码的工作效率(包括加解密速度、密钥扩散速度以及存储空间等)。强力攻击常见的有:穷举密钥搜索攻击、字典攻击、查表攻击和时间-存储权衡攻击等。

(2) 差分密码分析

差分密码分析是迄今已知的攻击迭代密码最有效的方法之一,其基本思想是:通过分析明文对的差值对密文对的差值的影响来恢复某些密钥比特。

给定一个 r 轮的迭代密码,对已知 n 长明文对 X 和 X',定义其差分为

$$\Delta X = X \oplus (X')^{-1}$$

式中 $\oplus$ 表示集合中定义的群运算,$(X')^{-1}$ 为 X' 在群中的逆元。

可简单地描述为选择具有固定差分的一对明文。这两个明文可随机选取,只要求它们符合特定差分条件,密码分析者甚至不用知道它们的值。然后,使用输出密文中的差分,按照不同的概率分配给不同的密钥。随着分析的密文对越来越多,其中最可能的一个密钥就显现出来了。这就是正确的密钥。

(3) 线性密码分析

线性密码分析本质上是一种已知明文攻击方法。其基本思想是通过寻找一个给定密码算法的有效的线性近似表达式来破译密码系统。

对已知明文密文和特定密钥,寻求线性表示式

$$(a \cdot x) \oplus (b \cdot y) = (d \cdot x)$$

式中,(a, b, d) 是攻击参数。对所有可能的密钥,此表达式以概率 $P_L = 1/2$ 成立。对给定的密码算法,使 $|P_L - 1/2|$ 极大化。为此对每一盒的输入和输出构造统计线性路线,并最终扩展到整个算法。

2.3   公钥加密技术

1976 年,Diffie 和 Hellman 首次提出公开密钥加密体制,在密码学的发展史上具有里程碑式的意义,并由 Rivest、Shamire 和 Adleman 提出了第一个比较完善的公钥密码体制算法,即著名的 RSA 算法。后面陆续出现了 ElGamal 公钥密码体制、McEliece 公钥密码算法和椭圆曲线公钥密码(ECC)体制等。下面对公钥密码的基本概念和几个著名的公钥体制密码算法进行介绍。

2.3.1　基本概念

公钥密码体制指一个加密系统的加密密钥和解密密钥是不一样的,或者说不能由一个推导出另一个。其中一个称为公钥用于加密,是公开的,另一个称为私钥用于解密,是保密的。其中由公钥计算私钥是难解的,即所谓的不能由一个推出另一个。

公钥密码体制解决了密钥的管理和发布问题,每个用户都可以把自己的公开密钥进行公开,如发布到一个公钥数据库中。在非对称密钥加密中,加密函数为 $E_{K_1}(*)$,其输入为密钥 K_1 和明文 M,输出为密文 C,即:

$$C = E_{K_1}(M)$$

使用解密函数 $D_{K_2}(*)$ 和相应的密钥 K_2 对密文进行解密,从而显示原始的明文信息,即:

$$M = D_{K_2}(C)$$

采用公开密钥加密技术进行数据加密的过程如图 2.3.1 所示。

图 2.3.1 中,用户 A 要发送机密消息给用户 B,A 首先从公钥数据库中查询到 B 的公开密钥,然后利用 B 的公开密钥和算法对数据进行加密操作,把得到的密文信息传送给 B;B 在收到密文以后,用自己的私钥对信息进行解密运算,得到原始数据。通信双方无须事先交换密钥就可以进行保密通信了。这就解决了对称密码体制中的密钥管理难题,满足了开放系统的需求。

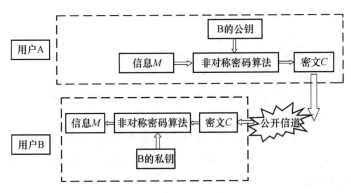

图 2.3.1　非对称加密示意图

公开密钥加密算法的核心是运用一种特殊的数学函数——单向陷门函数,即从一个方向求值是容易的,但其逆向计算却很困难,从而在实际上是不可行的。

定义 1　设 f 是一个函数,如果对任意给定的 x,计算 y,使得 $y = f(x)$ 是容易计算的,但对于任意给定的 y,计算 x,使得 $x = f^{-1}(y)$ 是难解的,即求 f 的逆函数是难解的,则称 f 是一个单向函数。

定义 2　设 f 是一个函数,t 是与 f 有关的一个参数。对于任意给定的 x,计算 y,使得 $y = f(x)$ 是容易的。如果当不知道参数 t 时,计算 f 的逆函数是难解的,但当知道参数 t 时,计算函数 f 的逆函数是容易的,则称 f 是一个单向陷门函数,参数 t 称为陷门。

在公钥加密算法中,加密变换就是一个单向陷门函数,知道陷门的人可以容易地进行解密变换,而不知道陷门的人则无法有效地进行解密变换。

这里所说的数学难解直观上讲就是不存在一个计算该问题的有效方法,或者说在目前或以后足够长的时间内的计算能力范围内,该问题在计算上是不可行的,要花很长的时间,该时间长度是难以忍受的,例如有上百年甚至更长的时间。

公开密钥算法有很多,一些算法如著名的背包算法和 McELiece 算法都已经被破译,比较安全的公开密钥算法主要有 RSA 算法及其变种 Rabin 算法,及基于离散对数难题的 El-Gamal 算法,还有椭圆曲线算法等。下面介绍这 3 种典型的公钥密码算法。

2.3.2 RSA 公钥密码算法

1. 算法的基本内容

RSA 是 Rivest、Shamire 和 Adleman 于 1978 年在美国麻省理工学院研制出来的,它是一种比较典型的公开密钥加密算法,其安全性建立在"大数分解和素性检测"这一已知的著名数论难题的基础上,即:将两个大素数相乘在计算上很容易实现,但将该乘积分解为两个大素数因子的计算量是相当巨大的,以至于在实际计算中是不能实现的。该算法的具体内容如下。

(1) 公钥

选择两个互异的大质数 p 和 q,使 $n=pq$,$\phi(n)=(p-1)(q-1)$,$\phi(n)$ 是欧拉函数,选择一个正数 e,使其满足 $(e,\phi(n))=1$,$\phi(n)>1$,将 $K_p=(n,e)$ 作为公钥。

(2) 私钥

求出正数 d 使其满足 $ed=1 \bmod \phi(n)$,$\phi(n)>1$,将 $K_s=(d,p,q)$ 作为私钥。

(3) 加密变换

将明文 M 作变换,使 $C=E_{K_p}(M)=M^e \bmod n$,从而得到密文 C。

(4) 解密变换

将密文 C 作变换,使 $M=D_{K_s}(C)=C^d \bmod n$,从而得到明文 M。

一般要求 p,q 为安全质数,现在商用的安全要求为 n 的长度不少于 1 024 bit。RSA 算法被提出来后已经得到了很多的应用,例如用于保护电子邮件安全的 Privacy Enhanced Mail(PEM)和 Pretty Good Privacy(PGP)。还有基于该算法建立的签名体制。

2. 算法的安全性分析

我们知道 RSA 公钥密码体制的安全性是建立在大整数的素分解问题的难解性上,也就是说破译 RSA 的明显方法至少和因子分解问题一样困难。

(1) 从算法描述中可以看出,如果密码分析者能分解 n 的因子 p 和 q,那么他就可以求出 $\phi(n)$ 和解密的密钥 d,从而能破译 RSA,因此破译 RSA 不可能比因子分解难题更困难。

(2) 如果密码分析者能够不对 n 进行因子分解而求得 $\phi(n)$,则可以根据

$$de \equiv 1 \bmod \phi(n)$$

求得解密密钥 d,从而破译 RSA。因为

$$p+q=n-\phi(n)+1, \quad p-q=\sqrt{(p+q)^2-4n}$$

所以知道 $\phi(n)$ 和 n 就可以容易地求得 p 和 q,从而成功分解 n,因此,不对 n 进行因子分解而直接计算 $\phi(n)$ 并不比对 n 进行因子分解更容易。

(3) 如果密码分析者既不能对 n 进行因子分解也不能求 $\phi(n)$ 而直接求得解密密钥 d,

那么他就可以计算 $ed-1$，$ed-1$ 是 $\phi(n)$ 的倍数。而且利用 $\phi(n)$ 的倍数可以容易地分解出 n 的因子。因此直接计算解密密钥 d 并不比对 n 进行因子分解更容易。

现在随着计算能力的不断增强以及因子分解算法的不断完善，为了保证 RSA 的安全，就目前的需要，n 的长度为 $1\,024\sim2\,048$ bit 是比较合理的。除了指定 n 的大小外，为避免选取容易分解的整数 n，还应该注意以下问题：

① p 和 q 的长度相差不能太多；

② $p-1$ 和 $q-1$ 都应该包含大的素因子；

③ $p-1$ 和 $q-1$ 的最大公因子要尽可能小。

2.3.3　ElGamal 算法

1. ElGamal 算法的基本内容

ElGamal 公钥密码体制是由 T.ElGamal 于 1985 年提出的，直到现在仍然是一个安全性能良好的公钥密码体制。该算法既能用于数据加密也能用于数字签名，其安全性依赖于计算有限域上离散对数这一难题。下面详细介绍该算法。

① 选取大素数 p，$\alpha\in Z_p^*$ 是一个本原元，p 和 α 公开。

② 随机选取整数 d，且使 $1\leqslant d\leqslant p-1$，计算
$$\beta=\alpha^d \bmod p$$

其中，β 是公开的加密密钥，d 是保密的解密密钥。

③ 明文空间为 Z_p^*，密文空间为 $Z_p^*\times Z_p^*$。

④ 加密变换为：对任意明文 $M\in Z_p^*$，秘密随机选取一个整数 k，$1\leqslant k\leqslant p-2$，计算
$$C_1=\alpha^k \bmod p,\quad C_2=M\beta^k \bmod p$$

得到密文 $C=(C_1,C_2)$。注意密文的大小是明文的两倍。

⑤ 解密变换：对任意密文 $C=(C_1,C_2)\in Z_p^*\times Z_p^*$，明文为
$$M=C_2(C_1^d)^{-1} \bmod p$$

在 ElGamal 公钥密码体制中，密文依赖于明文 M 和秘密选取的随机数 k。因此明文空间中的一个明文对应密文空间中的许多不同密文。该算法的最大应用是以它为基础制定的美国数字签名标准 DSS。

2. ElGamal 算法的安全性分析

前面提到了 ElGamal 算法的安全性是建立在有限域上求离散对数这一难题基础上的。下面先看什么是有限域上的离散对数问题。

定义　设 p 是素数，$\alpha\in Z_p^*$，α 是一个本原元，$\beta\in Z_p^*$，已知 α 和 β，求满足
$$\alpha^n\equiv\beta \bmod p$$

的唯一整数 n，$0\leqslant n\leqslant p-1$，称为有限域上的离散对数问题。

关于有限域上的离散对数问题已经进行了很深入的研究，但到目前为止还没有找到一个非常有效的多项式时间算法来计算有限域上的离散对数。通常只要我们把素数 p 选取得很合适，有限域 Z_p 上的离散对数问题是难解的。反过来，如果已知 α 和 n，计算 $\beta=\alpha^n \bmod p$ 是容易的，因此对于适当的素数 p，模 p 指数运算是一个单向函数。在 ElGamal 密码体制中，从公开的 α 和 β 求保密的解密密钥 d，就是计算一个离散对数。可见该算法的安全性是建

立在有限域上的离散对数问题的难解性上的。

为了安全,现在要求在 ElGamal 密码算法的应用中,素数 p 按十进制表示,那么至少应该有 150 位数字,并且 $p-1$ 至少应该有一个大的素数因子。

2.3.4 椭圆曲线算法

一种相对比较新的技术——椭圆曲线加密技术,已经逐渐被人们用作基本的数字签名系统。椭圆曲线作为数字签名的基本原理大致和 RSA 与 DSA(数字签名算法)的功能相同,并且数字签名的产生与认证的速度要比 RSA 和 DSA 快。

1. 椭圆曲线上的密码算法

此算法基于椭圆曲线离散对数难题,1985 年 N. Koblitz 和 Miller 提出将椭圆曲线用于密码算法,分别利用有限域上椭圆曲线的点构成的群,实现了离散对数密码算法。随后,基于椭圆曲线上的数字签名算法,即椭圆曲线数字签名算法 ECDSA,由 IEEE 工作组和 ANSI(Amercian National Standards Institute)X9 组织开发。除椭圆曲线外,还有人提出在其他类型的曲线(如超椭圆曲线)上实现公钥密码算法,其根据是有限域上的椭圆曲线上的点群中的离散对数问题(ECDLP)。ECDLP 是比因子分解问题更难的问题,许多密码专家认为它是指数级的难度。从目前已知的最好求解算法来看,160 bit 的椭圆曲线密码算法的安全性相当于 1 024 bit 的 RSA 算法。

此后,有人在椭圆曲线上实现了类似 ElGamal 的加密算法,以及可恢复明文的数字签名方案。

椭圆曲线密码算法的数学原理比较复杂,详细内容可以参见 Alfred Menezes 所著的《Elliptic Curve Public Key Cryptosystems》(1993)。

2. 椭圆曲线密码算法的发展

椭圆曲线加密系统由很多依赖于离散算法问题的加密系统组成,DSA 就是一个很好的例子,DSA 是以离散对数为基础的算法。椭圆曲线数字签名系统已经被研究了很多年并创造了很多商业价值。

由于其自身的优点,椭圆曲线密码学一出现便受到关注。现在密码学界普遍认为它将替代 RSA 成为通用的公钥密码算法,SET(Secure Electronic Transactions)协议的制定者已把它作为下一代 SET 协议中缺省的公钥密码算法,目前已成为研究的热点,是很有前途的研究方向。

应用椭圆曲线的数字签名同时可以很容易地使用到小的有限资源的设备中,例如智能卡(即信用卡大小的,包含有微小处理芯片的塑料卡片)。椭圆曲线上的密码算法速度很快,分别在 32 位的 PC 机上和 16 位微处理器上实现了快速的椭圆曲线密码算法,其中 16 位微处理器上的 EDSA 数字签名不足 500 ms。如图 2.3.2 所示为 RSA 算法和椭圆曲线密码算法的难度比较。

公开密钥加密技术在密钥管理上的优势使它越来越受到人们的重视,应用也日益广泛。除了以上介绍的几种公钥体制密码算法外,还有其他的优秀算法,不再一一介绍。

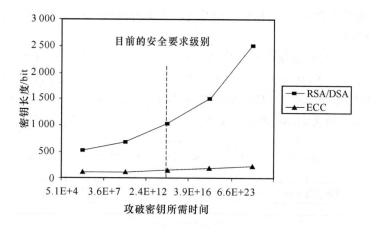

图 2.3.2 RSA 算法和椭圆曲线密码算法的难度比较

2.4 流密码技术

在单钥密码体制中,按照加密时对明文处理方式的不同,可分为分组密码和流密码,其中流密码亦称为序列密码。分组密码是将待加密的明文分为若干个字符一组,逐组进行加密;流密码是将待加密的明文分成连续的字符或比特,然后用相应的密钥流对之进行加密,密钥流由种子密钥通过密钥流生成器产生。随着数字电子技术的发展,密钥流可以方便地利用以移位寄存器为基础的电路来产生,这促使线性和非线性移位寄存器理论迅速发展,加上有效的数学工具,使得流密码理论迅速发展。同时,由于流密码具有实现简单、加解密速度快,以及错误传播低等特点,这使流密码在实际应用中,特别是在机密机构中仍保持优势。由于对流密码进行详细的介绍需要较高的理论知识,本节只对流密码进行简单的介绍,想进行深入学习的读者可以阅读相关的专著。

2.4.1 流密码基本原理

流密码一直是作为军事和外交场合使用的主要密码技术之一。它的主要原理是,通过随机数发生器产生性能优良的伪随机序列(密钥流),使用该序列加密信息流(逐比特加密),得到密文序列。加密过程如图 2.4.1 所示。

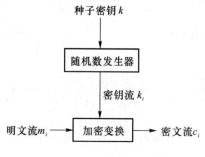

图 2.4.1 流密码的加密过程

按照加解密的工作方式,流密码一般分为同步流密码和自同步流密码两种。

1. 同步流密码

在同步流密码中,密钥流的产生完全独立于消息流(明文流或密文流),如图 2.4.2 所示。在这种工作方式下,如果传输过程中丢失一个密文字符,发送方和接收方就必须使他们的密钥生成器重新同步,这样才能正确地加/解密后续的序列,否则加/解密将失败。其中 k_i 表示密钥流,c_i 表示密文流,m_i 表示明文流。

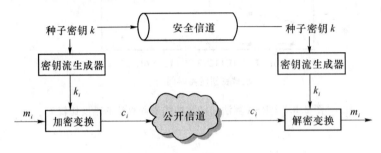

图 2.4.2　同步流密码

图 2.4.2 的操作过程可以用相应的函数描述如下:

$$\begin{cases} \sigma_{i+1}=F(\sigma_i,k) \\ k_i=G(\sigma_i,k) \\ c_i=E(k_i,m_i) \\ m_i=D(k_i,c_i) \end{cases}$$

其中 σ_i 是密钥流生成器的内部状态,F 是状态转移函数,G 是密钥流 k_i 产生函数,E 是同步流密码的加密变换,D 是同步流密码的解密变换。

由于同步流密码各操作位之间相互独立,因此应用这种方式进行加解密时无错误传播,当操作过程中产生一位错误时只影响一位,不影响后续位,这是同步流密码的一个重要特点。

2. 自同步流密码

与同步流密码相比,自同步流密码是一种有记忆变换的密码,每一个密钥字符是由前面 n 个密文字符参与运算推导出来的,其中 n 为定值。即,如果在传输过程中丢失或更改了一个字符,则这一错误就要向前传播 n 个字符。因此,自同步流密码有错误传播现象。不过,在收到 n 个正确的密文字符以后,密码自身会实现重新同步,如图 2.4.3 所示。

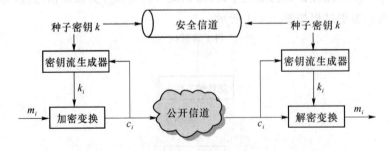

图 2.4.3　自同步流密码

图 2.4.3 的操作过程可以用相应的函数描述如下：

$$\begin{cases} \sigma_{i+1} = F(\sigma_i, c_i, c_{i-1}, \cdots, c_{i-n+1}, k) \\ k_i = G(\sigma_i, k) \\ c_i = E(k_i, m_i) \\ m_i = D(k_i, c_i) \end{cases}$$

其中 σ_i 是密钥流生成器的内部状态，c_i 是密文，F 是状态转移函数，G 是密钥流 k_i 的产生函数，E 是同步流密码的加密变换，D 是同步流密码的解密变换。

在自同步流密码系统中，密文流参与了密钥流的生成，这使得对密钥流的分析非常复杂，从而导致了对自同步流密码进行系统的理论分析非常困难。因此，目前应用较多的流密码是同步流密码。

2.4.2　二元加法流密码

目前应用最多的流密码是在 GF(2) 域上的二元加法流密码，在这种流密码系统中，明文流 m_i、密文流 c_i 及密钥流 k_i 都编码为 0、1 序列，加解密变换都是模 2 加（即异或），用符号"$\oplus$"表示。

加密操作：

密钥流：k_1　k_2　$k_3 \cdots$
$\oplus$　$\oplus$　$\oplus$
明文流：m_1　m_2　$m_3 \cdots$
$\downarrow$　$\downarrow$　$\downarrow$
密文流：c_1　c_2　$c_3 \cdots$

解密操作：

密钥流：k_1　k_2　$k_3 \cdots$
$\oplus$　$\oplus$　$\oplus$
密文流：c_1　c_2　$c_3 \cdots$
$\downarrow$　$\downarrow$　$\downarrow$
明文流：m_1　m_2　$m_3 \cdots$

二元流密码算法的安全强度完全决定于它所产生的密钥流的特性，如果密钥流是无限长且无周期的随机序列，那么二元流密码属于"一次一密"的密码体制，但遗憾的是满足这样条件的随机序列在现实中无法生成。实际应用当中的密钥流都是由有限存储和有限复杂的逻辑电路产生的字符序列，由于密钥流生成器只具有有限状态，因此它产生的序列具有周期性，不是真正的随机序列。现实设计中只能追求密钥流的周期尽可能地长，随机性尽可能的好，近似于真正的随机序列。为了度量周期序列的随机性，Golomb 对序列的随机性提出下述 3 条假设，即 Golomb 随机性假设：

① 在序列的一个周期内，0 与 1 的个数相差至多为 1；

② 在序列的一个周期圈内，长为 1 的游程数占总游程数的 1/2，长为 2 的游程数占总游程数的 $1/2^2$，$\cdots$，长为 i 的游程数占总游程数的 $1/2^i$，$\cdots$，且在等长的游程中 0,1 游程各占一半；

③ 序列的异相自相关系数为一个常数。

把满足 Golomb 随机性假设的序列称为伪随机序列。Golomb 随机性假设指出了一个具有较好随机性的序列所应满足的统计特性。一个好的伪随机序列一般还要满足 Rueppel 的线性复杂度随机走动条件,以及产生该序列的布尔函数满足的相关免疫条件。

在流密码的设计当中最核心的问题是密钥流生成器的设计,密钥流生成器一般由线性反馈移位寄存器(Linear Feedback Shift Register,LFSR)和一个非线性组合函数两部分构成,其中,线性反馈移位寄存器部分称为驱动部分,另一部分称为非线性组合部分,如图 2.4.4 所示。

图 2.4.4　密钥流生成器

下面对反馈移位寄存器作以简单介绍。反馈移位寄存器由 n 位的寄存器(称为 n-级移位寄存器)和反馈函数(Feedback Function)组成。移位寄存器序列的理论由挪威政府的首席密码学家 Ernst Selmer 于 1965 年提出。移位寄存器用来存储数据,当受脉冲驱动时,移位寄存器中所有位右移一位,最右边移出的位是输出位,最左端的一位由反馈函数的输出填充,此过程称为进动一拍。反馈函数 $f(a_1,\cdots,a_n)$ 是 n 元$(a_1,\cdots,a_n)$的布尔函数。移位寄存器根据需要不断地进动 m 拍,便有 m 位的输出,形成输出序列 $o_1 o_2 \cdots o_m$。如图 2.4.5 所示。

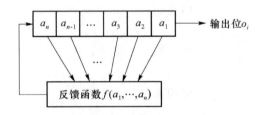

图 2.4.5　反馈移位寄存器

当反馈移位寄存器的反馈函数是异或变换时,这样的反馈移位寄存器叫线性反馈移位寄存器,如图 2.4.6 所示。

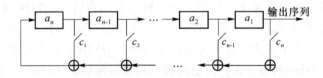

图 2.4.6　n 级线性反馈移位寄存器模型

图 2.4.6 是一个 n 级线性反馈移位寄存器模型,移位寄存器中存储器的个数称为移位寄存器的级数,移位寄存器存储的数据为寄存器的状态,状态的顺序从左到右依次为从最高位到最低位。在所有状态中,$(a_1, a_2, \cdots, a_n)$ 叫初态,并且从左到右依次称为第一级、第二级、$\cdots$、第 n 级,亦称为抽头 1、抽头 2、抽头 3、$\cdots$、抽头 n。n 级线性反馈移位寄存器的有效状态为 2^{n-1} 个。它主要是用来产生周期大、统计性能好的序列。

非线性组合部分主要是增加密钥流的复杂程度,使密钥流能够抵抗各种攻击(对流密码的攻击手段主要是对密钥流进行攻击)。这样,以线性反馈移位寄存器产生的序列为基序列,经过不规则采样、函数变换等(即非线性变换),就可以得到实用、安全的密钥流。不规则采样是在控制序列下,对被采样序列进行采样输出,得到的序列称为输出序列。控制序列的控制方式有钟控方式、抽取方式等,函数变换有前馈变换、有记忆变换等。下面简单介绍两种具有代表性的序列模型。

1. 钟控模型

图 2.4.7 是一种简单的钟控序列模型。当 LFSR-1 输出 1 时,时钟信号被采样,即能通过"与门"驱动 LFSR-2 进动一拍;当 LFSR-1 为 0 时,时钟信号不被采样,即不能通过"与门",此时 LFSR-2 不进动,重复输出前一位。

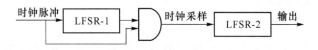

图 2.4.7　钟控发生器的示意图

2. 前馈模型

Geffe 发生器是前馈序列的典型模型,其前馈函数 $g(x) = (x_1\ x_2) \oplus (x_2\ x_3)$ 为非线性函数,即当 LFSR-2 输出 1 时,$g(x)$ 输出位是 LFSR-1 的输出位;当 LFSR-2 输出 0 时,$g(x)$ 输出位是 LFSR-3 的输出位。Geffe 发生器示意图如图 2.4.8 所示。

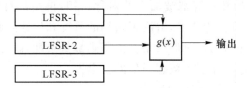

图 2.4.8　Geffe 发生器示意图

2.4.3　几种常见的流密码算法

流密码算法不像分组密码那样有公开的国际标准,虽然世界各国都在研究和应用流密码,但大多数设计、分析成果还都是保密的,很少有完全公开的完整算法。下面列举几种流密码。

1. A5 算法

由法国人设计的 A5 算法是欧洲数字蜂窝移动电话系统(GSM)中使用的序列密码加密算法,用于从用户手机到基站的连接加密。A5 由 3 个 LFSR 组成,移位寄存器的长度分别是 19、22 和 23,但抽头都较少 3 个 LFSR 在时钟控制下进动,三者的输出进行异或产生输出位。A5 算法有两个版本:强的 A5/1 和弱的 A5/2。

2. Rambutan 算法

Rambutan 是一个英国的算法,由通信电子安全组织设计。据推测,它由 5 个 LFSR 组成,每个 LFSR 长度大约为 80-级,而且有 10 个抽头。

3. RC4 算法

RC4 算法是 Ron Rivest 于 1987 年为 RSA 数据安全公司设计的可变密钥长度的序列密码,广泛用于商业密码产品中。1994 年 9 月有人把它的源代码匿名张贴到 Cypherpunks 邮件列表中,于是迅速传遍全世界。

4. SEAL

SEAL(Software-Optimized Encryption Algorithm)是由 IBM 公司的 Phil Rogaway 和 Don Coppersmith 设计的一种易于用软件实现的序列密码。它不是基于线性反馈移位寄存器的流密码,而是一个伪随机函数簇。

2.5 电子信封技术

对称密码算法,加/解密速度快,但密钥分发比较困难;非对称密码算法,加/解密速度较慢,但密钥分发问题易于解决。为解决每次传送更换密钥的问题,结合对称密钥加密技术和非对称密钥加密技术的优点,产生了电子信封技术,用来传输数据。

电子信封技术的原理如图 2.5.1 所示。用户 A 需要发送信息给用户 B 时,用户 A 首先生成一个对称密钥,用这个对称密钥加密要发送的信息,然后用用户 B 的公开密钥加密这个对称密钥,用户 A 将加密的信息连同用户 B 的公钥加密后的对称密钥一起传送给用户 B。用户 B 首先使用自己的私钥解密被加密的对称密钥,再用该对称密钥解密出信息。电子信封技术在外层使用公开密钥技术,解决了密钥的管理和传送问题,由于内层的对称密钥长度通常较短,公开密钥加密的相对低效率被限制到最低限度,而且每次传送都可由发送方选定不同的对称密钥,更好地保证了数据通信的安全性。

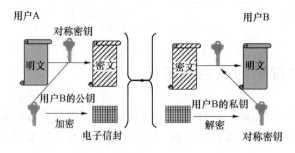

图 2.5.1 电子信封技术的原理

2.6 信息隐藏技术

近年来,计算机网络通信技术飞速发展,给信息保密技术的发展带来了新的机遇,同时也带来了挑战。应运而生的信息隐藏(Information Hiding)技术也已经很快发展起来,其作为新一代的信息安全技术,在当代保密通信领域里起着越来越重要的作用,应用领域也日益广泛。

加密使有用的信息变为看上去是无用的乱码,使得攻击者无法读懂信息的内容,从而保护信息。加密隐藏了消息内容,但加密同时也暗示攻击者所截获的信息是重要信息,从而引起攻击者的兴趣,攻击者可能在破译失败的情况下将信息破坏掉;而信息隐藏则是将有用的信息隐藏在其他信息中,使攻击者无法发现,不仅实现了信息的保密,也保护了通信本身,因此信息隐藏不仅隐藏了消息内容而且还隐藏了消息本身。虽然至今信息加密仍是保障信息安全的最基本的手段,但信息隐藏作为信息安全领域的一个新方向,其研究越来越受到人们的重视。

2.6.1 信息隐藏技术的发展

信息隐藏又称信息伪装,就是通过减少载体的某种冗余,如空间冗余、数据冗余等,来隐藏敏感信息,达到某种特殊的目的。

信息隐藏是一门古老的技术,它从古到今一直被人们所使用,如古代的藏头诗、钞票印刷及军事情报传递等。而近几年,随着 Internet 的迅速发展,使得网络多媒体变成现实,各种电子图书和影视作品随处可见。利用信息隐藏的方法来传递重要的消息,将秘密信息隐藏在其他信息中,如隐藏在一段普通谈话的声音文件中,或隐藏在一幅风景的数字照片中,这样攻击者难以发现哪些不同的多媒体文件中藏有重要的信息,因而也就无法进行攻击。由于电子数据很容易任意复制、加上 Internet 上的快捷传播,使得一些有版权的数字作品迅速出现了大量的非法复制。这大大损害了出版商的利益,打击了出版商的积极性。为了打击盗版、维护出版商的利益,亟需一种解决方案。正由于信息隐藏技术能达到的特殊目的,也使它在数字作品的版权保护中得到了广泛的应用,数字水印是通过在多媒体数据中嵌入某些关于作品的信息(如作者、制造商、发行商等)以达到版权保护的目的。

信息隐藏主要分为隐写术(Steganography)和数字水印(Digital Watermark)两个分支。

隐写术是关于信息隐藏的最古老的分支,其应用可以追溯到古希腊。关于隐写术的现代科学研究一般认为开始于 Simmons 提出的囚犯问题,问题的引出是有两个关在不同房间中的囚犯 Alice 和 Bob 试图协商一个逃跑计划,他们可以通过一个公开的信道通信,但通信的过程和内容受到看守者 Wendy 的监视,一旦 Wendy 发现他们发送可疑的信息,就会把 Alice 和 Bob 分别关入隔离的监狱中。问题是 Alice 和 Bob 如何通过公开信道发送秘密信息而不引起 Wendy 的怀疑。由此可见隐写术和密码术的区别在于密码术旨在隐藏信息的内容,而隐写术的目的在于隐藏信息的存在。

数字水印技术的发展为解决数字产品的侵权问题提供了一个有效的解决途径。数字水印技术通过在数字作品中加入一个不可察觉的标识信息(版权标识或序列号等),需要时可以通过算法提出标识信息来进行验证,作为指证非法复制的证据。

信息隐藏研究虽然可以追溯到古老的隐写术,但在国际上正式提出信息隐藏研究则是在 1992 年。信息隐藏技术在隐蔽通信和数字作品的版权保护中具有重要的作用。

2.6.2 信息隐藏的特点

根据信息隐藏需要达到的特殊目的,并分析和总结信息隐藏各种方法的特点,信息隐藏技术通常具有以下几个特点。

① 不破坏载体的正常使用。由于不破坏载体的正常使用,就不会轻易引起别人的注意,能达到信息隐藏的效果。同时,这个特点也是衡量是否是信息隐藏的标准。

② 载体具有某种冗余性。通常许多载体都在某个方面满足一定的条件,具有某些程度的冗余,如空间冗余、数据冗余等,寻找和利用这种冗余就成为信息隐藏的一个主要工作。

③ 载体具有某种相对的稳定量。本特点只是针对具有健壮性(Robustness)要求的信息隐藏应用,如数字水印等。寻找载体对某个或某些应用中的相对不变量,如果这种相对不变量在满足正常条件的应用时仍具有一定的冗余空间,那么这些冗余空间就成为隐藏信息的最佳场所。

④ 具有很强的针对性。任何信息隐藏方法都具有很多附加条件,都是在某种情况下,针对某类对象的一个应用。出于这个特点,各种检测和攻击技术才有了立足之地。正出于这一点,StirMarK 水印攻击软件才有生存空间。

2.6.3　信息隐藏的方法

隐藏算法的结果应该具有较高的安全性和不可察觉性,并要求有一定的隐藏容量。隐写术和数字水印在隐藏的原理和方法等方面基本上是相同的,不同的是它们的目的。隐写术是为了秘密通信,而数字水印是为了证明所有权,因而数字水印技术在健壮性方面的要求更严格一些。

信息隐藏的方法主要分为两类:空间域算法和变换域算法。空间域算法通过改变载体信息的空间域特性来隐藏信息;变换域算法通过改变数据(主要指图像、音频、视频等)变换域的一些系数来隐藏信息。

1. 空间域算法

较早的信息隐藏算法从本质上来说都是空间域(Spatial Domain)上的,隐藏信息直接加载在数据上,载体数据在嵌入信息前不需要经过任何处理。

(1) 最低有效位(LSB)算法

LSB(Least Significant Bit)算法是空间域水印算法的代表算法,该算法是利用原数据的最低几位来隐藏信息(具体取多少位,以人的听觉或视觉系统无法察觉为原则,一般对于图像来说,最低两比特位的修改不会给人的视觉造成很强的修改感觉)。对于数字图像,就是通过修改表示数字图像颜色(或者颜色分量)的较低位平面,即通过调整数字图像中对感知不重要的像素低比特位来表达水印的信息,达到嵌入水印信息的目的。

LSB 算法的优点是算法简单,嵌入和提取时不需耗费很大的计算量,计算速度通常比较快,而且很多算法在提取信息时不需要原始图像。但采用此方法实现的水印是很脆弱的,无法经受一些无损和有损的信息处理,不能抵抗如图像的几何变形、噪声污染和压缩等处理。

(2) 文档结构微调方法

由 Brassil 等人首先提出了 3 种在通用文档图像(PostScript)中隐藏特定二进制信息的技术,隐藏信息通过轻微调整文档中的以下结构来完成编码,这包括:行移编码,即垂直移动文本行的位置;字移编码,即水平调整字符位置和距离;特征编码,即观察文本文档并选择其中一些特征量,根据要嵌入的信息修改这些特征,例如轻微改变字体的形状等。该方法仅适用于文档图像类。

2. 变换域算法

目前,变换域(Transformation Domain)算法正日益普遍,因为在变换域嵌入的水印通常都具有很好的健壮性,对图像压缩、常用的图像滤波以及噪声叠加等均有一定的抵抗力。并且一些水印算法还结合了当前的图像和视频压缩标准(如 JPEG、MPEG 等),因而有很大的实际意义。

(1) 离散傅里叶变换(DFT)方法

对于二维数字图像 $f(x,y)$,$1 \leqslant x \leqslant M$,$1 \leqslant y \leqslant N$,其二维 DFT 将空间域的图像转换成频域的 DFT 系数 $F(u,v)$,变换公式如下:

$$F(u,v) = \sum_{x=1}^{M} \sum_{y=1}^{N} f(x,y) \exp\left[-j2\pi(ux/M + vy/N)\right]$$
$$u = 1, \cdots, M, \qquad v = 1, \cdots, N$$

反变换的公式如下:

$$f(x,y) = \frac{1}{MN} \sum_{u=1}^{M} \sum_{v=1}^{N} F(u,v) \exp\left[j2\pi(ux/M + vy/N)\right]$$
$$x = 1, \cdots, M, \qquad y = 1, \cdots, N$$

离散傅里叶变换具有平移、缩放的不变性。通过修改 DFT 系数 $F(u,v)$ 使其具有某种特征来嵌入隐藏的信息,通过反变换得到含隐藏信息的图像。提取时,对含隐藏信息的图像进行 DFT 变换,通过嵌入时使 DFT 系数 $F(u,v)$ 具有的某种特征来提取出所隐藏的信息。

(2) 离散余弦变换(DCT)方法

仍以数字图像为例。数字图像可看成是一个二元函数在离散网格点处的采样值,可以表示为一个非负矩阵。

二维离散余弦变换定义如下:

$$F(u,v) = \alpha(u)\alpha(v) \sum_{x=0}^{N-1} \sum_{y=0}^{N-1} f(x,y) \cos\left[\frac{(2x+1)u\pi}{2N}\right] \cos\left[\frac{(2y+1)v\pi}{2N}\right]$$

逆变换定义为:

$$f(x,y) = \sum_{u=0}^{N-1} \sum_{v=0}^{N-1} \alpha(u)\alpha(v) F(u,v) \cos\left[\frac{(2x+1)u\pi}{2N}\right] \cos\left[\frac{(2y+1)v\pi}{2N}\right]$$

上两式中:

$$\alpha(0) = \sqrt{\frac{1}{N}} \quad 且 \quad \alpha(m) = \sqrt{\frac{2}{N}}, \quad 1 \leqslant m \leqslant N$$

其中 $f(x,y)$ 为图像的像素值,$F(u,v)$ 为图像作 DCT 变换后的系数。

一般通过改变 DCT 的中频系数来嵌入要隐藏的信息。选择在中频分量编码是因为在高频编码易于被各种信号处理方法所破坏,而在低频编码则由于人的视觉对低频分量很敏感,对低频分量的改变易于察觉。

(3) 离散小波变换(DWT)方法

与传统的 DCT 变换相比,小波变换是一种变分辨率的,将时域与频域相联合的分析方法,时间窗的大小随频率自动进行调整,更加符合人眼视觉特性。小波分析在时、频域同时具有良好的局部性,为传统的时域分析和频域分析提供了良好的结合。目前,小波分析已经广泛应用于数字图像和视频的压缩编码、计算机视觉、纹理特征识别等领域。由于小波分析在图像处理上的许多特点可以与信息隐藏的研究内容相结合,所以这种分析方法在信息隐藏和数字水印领域的应用也越来越受到广大研究者的重视,目前已有许多比较典型的基于离散小波变换的数字水印算法。

与空间域的方法比较,变换域的方法具有如下优点:

① 在变换域中嵌入的水印信号能量能够分布到空间域的所有像素上,有利于保证隐藏信息的不可见性;

② 在变换域,人类视觉系统(VHS)的某些特性(如频率掩蔽效应)可以更方便地结合到水印编码过程中,因而其隐蔽性更好;

③ 变换域的方法可与国际数据压缩标准兼容,从而易于实现在压缩域(Compressed domain)内的水印算法,同时,也能抵抗相应的有损压缩。

2.6.4　信息隐藏的攻击

信息隐藏的研究分为隐藏技术和隐藏攻击技术两部分。隐藏技术主要研究向载体对象中嵌入秘密信息,而隐藏攻击技术则主要研究对隐藏信息的检测、破解秘密信息或通过对隐藏对象处理从而破坏隐藏的信息和阻止秘密通信。

信息隐藏攻击者的主要目的为:

① 检测隐藏信息的存在性;

② 估计隐藏信息的长度和提取隐藏信息;

③ 在不对隐藏对象做大的改动的前提下,删除或扰乱隐藏对象中的嵌入信息。

一般称前两种为主动攻击,最后一种为被动攻击。对不同用途的信息隐藏系统,其攻击者的目的也不尽相同。

信息隐藏技术始终是在隐藏和攻击的斗争中发展壮大的。在安全部门利用隐写术进行秘密通信,防止机密流失,保护国家和人民利益的同时,一些不法之徒也在利用隐写术做着非法勾当,危害国家和社会。为了更好地了解罪犯活动信息,更有利地与罪犯做斗争,就需要进行信息隐藏分析技术的研究,即信息隐藏检测技术。利用信息隐藏检测技术对一些能够进行信息隐藏的貌似正常的数据进行过滤,防患于未然。出版商在利用数字水印保护数字作品版权的同时,盗版者也在千方百计地想办法来去除版权标记,为了更好地保护版权,更好地测试一些水印算法的抗攻击能力,并开发出更健壮的水印算法,就必须对各种攻击方法进行研究,即信息隐藏攻击技术。反过来,一些信息隐藏攻击技术也成为衡量水印算法健壮性的标准。

小　　结

- 密码学中常见的体制有两种:一种是对称密码体制(单钥密码体制),另一种是非对称密码体制(公钥密码体制)。

- 按照对数据的操作模式分类,密码有两种:分组密码和流密码。

- 混淆(Confusion)和扩散(Diffusion)是指导设计密码体系的两个基本原则。
- 对分组密码常见的攻击方法有:强力攻击、差分密码分析攻击和线性密码分析攻击。
- DES、3DES、IDEA、AES属于单钥密码算法,RSA、ElGamal、McEliece、ECC属于公钥密码算法。
- AES算法的信息块长度和加密密钥是可变的,可以是128 bit、192 bit、256 bit,在抵抗差分密码分析及线性密码分析的能力方面比DES更有效,已经替代DES成为新的数据加密标准。
- RSA算法的安全性是建立在数论难题——"大数分解和素性检测"——的基础上的,ElGamal算法的安全性是建立在有限域上的离散对数问题求解之上的,ECC算法的安全性是建立在椭圆曲线离散对数问题求解之上的。
- 序列密码算法的安全强度完全取决于它所产生的伪随机序列的好坏。
- 电子信封技术是结合对称加密技术和非对称密钥加密技术的优点而产生的。
- 现代密码系统的安全性是基于Kerckhoff假设下达到安全的系统。
- 加密使有用的信息变为看上去无用的乱码,使得攻击者无法读懂信息的内容从而保护信息,但加密同时也暗示攻击者所截获的信息是重要信息,从而引起攻击者的兴趣,攻击者可能在破译失败的情况下将信息破坏掉;而信息隐藏则是将有用的信息隐藏在其他信息中,使攻击者无法发现,不仅实现了信息的保密,也保护了通信本身。

思 考 题

1. 为了实现信息的安全,古典密码体制和现代密码体制所依赖的要素有何不同?
2. 密码学发展分为哪几个阶段? 各自特点是什么?
3. 按使用密钥数量,可将密码体制分为几类? 若按照对明文信息的加密方式分类呢?
4. 设计分组密码的主要指导原则是什么? 实现的手段主要是什么?
5. 对分组密码的常见攻击有哪些?
6. 公钥密码体制的出现有何重要意义? 它与对称密码体制的异同有哪些?
7. 从计算性安全的角度考虑,构建公钥密码体制的数学难题常见的有哪些?
8. 在DES算法中,S-盒的作用是什么?
9. 你认为AES与DES相比有哪些优点?
10. 现实中存在绝对安全的密码体制吗?
11. 信息隐藏和数据加密的主要区别是什么?
12. 信息隐藏的方法主要有哪些?

第 3 章

信息认证技术

在信息系统中,安全目标的实现除了保密技术外,另外一个重要方面就是认证技术。认证技术主要用于防止对手对系统进行的主动攻击,如伪装、窜扰等,这对于开放环境中各种信息系统的安全性尤为重要。认证的目的有两个方面:一是验证信息的发送者是合法的,而不是冒充的,即实体认证,包括信源、信宿的认证和识别;二是验证消息的完整性,验证数据在传输和存储过程中是否被篡改、重放或延迟等。

3.1 Hash 函数和消息完整性

3.1.1 基本概念

Hash 函数也称为杂凑函数或散列函数,其输入为一可变长度 x,返回一固定长度串,该串被称为输入 x 的 Hash 值(消息摘要),还有形象的说法是数字指纹。因为 Hash 函数是多对一的函数,所以一定将某些不同的输入变化成相同的输出。这就要求给定一个 Hash 值,求其逆是比较难的,但通过给定的输入计算 Hash 值必须是很容易的,因此也称 Hash 函数为单向 Hash 函数。

Hash 函数一般满足以下几个基本需求:

(1) 输入 x 可以为任意长度;

(2) 输出数据长度固定;

(3) 容易计算,给定任何 x,容易计算出 x 的 Hash 值 $H(x)$;

(4) 单向函数,即给出一个 Hash 值,很难反向计算出原始输入;

(5) 唯一性,即难以找到两个不同的输入会得到相同的 Hash 输出值(在计算上是不可行的)。

Hash 值的长度由算法的类型决定,与输入的消息大小无关,一般为 128 bit 或者 160 bit。即使两个消息的差别很小,如仅差别一两位,其 Hash 运算的结果也会截然不同,用同一个算法对某一消息进行 Hash 运算只能获得唯一确定的 Hash 值。常用的单向 Hash 算法有 MDS、SHA-1 等。

消息完整性是要求对接收的数据的任何改动都能被发现。而 Hash 函数的一个主要功能就是为了实现数据完整性的安全需要。

Hash 函数可以按照其是否有密钥控制分为两类：一类有密钥控制，以 $H_k(x)$ 表示，为密码 Hash 函数；另一类无密钥控制，为一般 Hash 函数。一个带密钥的 Hash 函数通常用来作为消息认证码，即 MAC。应注意的是：由不带密钥的 Hash 函数和带密钥的 Hash 函数各自提供的数据完整性是有区别的。用不带密钥的 Hash 函数时，消息摘要必须被安全地存放，不能被篡改。而用带密钥的 Hash 函数时，可以在不安全的信道同时传输数据和认证标签。Hash 函数在数字签名方案中有着特别重要的应用，将在下节中进行讨论。

攻击 Hash 函数的典型方法有穷举攻击、生日攻击和中途相遇攻击。其中穷举攻击比较直接，但效率低。

生日攻击的基本观点来自于生日问题：在一个教室里最少有多少学生时，可使得在这个教室里至少有两个学生的生日在同一天的概率不小于 50％？这个问题的答案是 23。这种攻击不涉及 Hash 算法的结构，可用于攻击任何 Hash 算法。目前为止，能抗击生日攻击的 Hash 值至少要达到 128 bit。

中途相遇攻击是一种选择明文/密文的攻击，主要是针对迭代和级联的分组密码体制设计的 Hash 算法。

一个安全的单向迭代函数是构造安全消息 Hash 值的核心和基础，有了好的单向迭代函数，就可以用合适的迭代方法来构造迭代 Hash 函数。到现在为止关于 Hash 函数的安全性设计的理论主要有两点：一是函数的单向性，二是函数影射的随机性。

3.1.2　常见的 Hash 函数

现在常用的几种 Hash 算法有 MD-5、SHA 等，下面分别作简单介绍。为了介绍 MD-5 算法，先简单介绍一下 MD-4 算法，因为 MD-5 是 MD-4 的改进。

1. MD-4 算法

MD-4 是 Ron Rivest 设计的单向 Hash 函数，MD 表示消息摘要（Message Digest），对输入消息，算法产生 128 bit Hash 值。Rivest 概括了该算法的设计目标。

- 安全性。找到两个具有相同散列值的消息在计算上不可行，不存在比穷举攻击更有效的攻击。
- 直接安全性。MD-4 的安全性不基于任何假设，如因子分解的难度。
- 速度。MD-4 适用于软件实现，基于 32 位操作数的一些简单位操作。
- 简单性和紧凑性。MD-4 尽可能简单，没有大的数据结构和复杂的程序。
- 有利的 Little-Endian 结构。MD-4 最适合微处理器结构，更大型、速度更快的计算机要作必要的转化。

2. MD-5 算法

MD-5 算法的步骤如下（如图 3.1.1 所示）。

（1）首先填充消息使长度恰好为一个比 512 bit 的倍数仅少 64 bit 的数。填充的方法是附一个 1 在消息的后面，后接所要求的多个 0，然后在其后附上 64 位的填充前的消息长度。这样可对明文输入按 512 bit 分组，得 $Y_0, Y_1, \cdots, Y_{L-1}$。其中，每个 Y_L 为 512 bit，即 16 个长为 32 bit 的字。

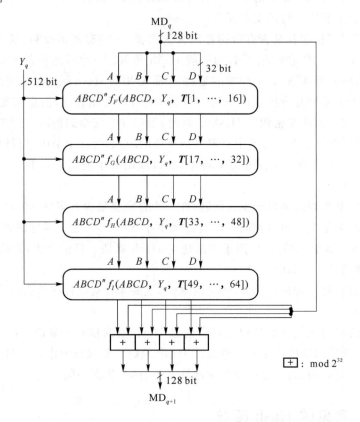

图 3.1.1　一个 512 bit 分组的处理示意图

(2) 128 bit 的输出可用下述 4 个 32 bit 字:用 A,B,C,D 表示。其初始存数以十六进制表示为:$A=01234567,B=89ABCDEF,C=FEDCBA98,D=76543210$。

(3) 算法的主循环次数为消息中按 512 bit 进行分组的分组数,每次对 512 bit(16 字)组进行运算,Y_q 表示输入的第 q 组 512 bit 数据,在各轮中参加运算。$[1,\cdots,64]$ 为 64 个元素表,分 4 组参与不同轮的计算。$T[i]$ 是 $2^{32}\times abs(\sin(i))$ 的整数部分,i 是弧度。$T[i]$ 可用 32 bit 二元数表示,T 是 32 bit 的随机数源。

MD-5 是 4 轮运算,每轮输出为 128 bit,每轮又要进行 16 步迭代运算,4 轮共需 64 步完成。每步完成的情况如图 3.1.2 所示的 MD-5 的基本运算。

图 3.1.2 中:a,b,c,d 即缓存中的 4 个字,按特定次序变化;g 是基本逻辑函数 F,G,H,I 中之一,算法中每一轮用其中之一。

$$F(X,Y,Z)=(X\wedge Y)\vee((\neg X)\wedge Z)$$
$$G(X,Y,Z)=(X\wedge Z)\vee(Y\wedge(\neg Z))$$
$$H(X,Y,Z)=X\oplus Y\oplus Z$$
$$I(X,Y,Z)=Y\oplus(X\vee(\neg Z))$$

($\oplus$ 是异或,$\wedge$ 是与,$\vee$ 是或,$\neg$ 是反。)

CLS_s 是 32 bit 的移位寄存器,存数循环左移 s 位。

第一轮$=\{7,12,17,22\}$

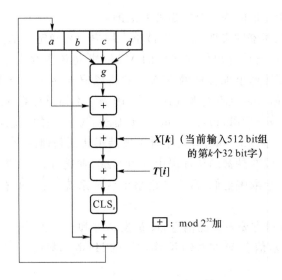

图 3.1.2　MD-5 的基本运算

第二轮＝{5,9,14,20}

第三轮＝{4,11,16,23}

第四轮＝{6,10,15,21}

$X[k]$ 为消息的第 q(512 bit)组中的第 k 个字(32 bit)。

每次将 A,B,C,D 分别加上 a,b,c,d,然后用下一分组数据继续运行算法,最后的输出是 A,B,C,D 的级联。

3. SHA

SHA(Security Hash Algorithm)是美国的 NIST 和 NSA 设计的一种标准 Hash 算法,SHA 用于数字签名的标准算法 DSS 中,也是安全性很高的一个 Hash 算法。该算法的输入消息长度小于 2^{64} bit,最终的输出结果值为 160 bit。SHA 与 MD-4 相比较而言,主要是增加了扩展变换,将前一轮的输出加到下一轮,这样增加了雪崩效应。而且由于其 160 bit 的输出,对穷举攻击更有抵抗力。SHA-1 是修改后的版本。

但目前已经证明 MD5 和 SHA-1 算法也不安全。2004 年 8 月,在美国加州圣芭芭拉召开的国际密码大会上,山东大学数学系王小云教授在国际会议上首次宣布了她们研究小组的研究成果——对 MD5 算法的破解结果,发现了 MD5 的碰撞,也就是说找到了 MD5 的漏洞;2005 年又破解了 SHA-1。

除了上面介绍的 Hash 算法外,还有其他的 Hash 算法,例如,GOST 算法、SNEFRU 算法等。另外可将标准分组算法通过级联、迭代也能构造出优秀的 Hash 算法。

3.1.3　消息认证码

消息认证码(Messages Authentication Codes,MAC),是与密钥相关的单向 Hash 函数,也称为消息鉴别码或消息校验和。MAC 与单向 Hash 函数一样,但是还包括一个密钥。只有拥有密钥的人才能鉴别这个 Hash 函数,这对于在没有保密的情况下提供可鉴别性是非常有用的。由于不同的密钥会产生不同的 Hash 函数,这样就能在验证发送者的消息没有经过篡改的同时,验证是由哪一个发送者发送的。

MAC 可在用户之间鉴别文件,也可以被单个用户用来确定他的文件是否已改动,或是否感染了病毒。用户首先计算出他的文件的 MAC,并将该值存入某个表中。如果文件感染了病毒,用户可重新计算出他文件的 MAC,并将该值与存入某个表的值进行对比,鉴别出文件感染了病毒。但病毒就不能做到这一点,因为它不知道计算 MAC 的密钥。

1974 年,Gilbert、MacWilliams、Sloane 首次提出了认证码的概念,并用有限几何构造了认证码;20 世纪 80 年代,Simmons 等人系统地发展了认证码理论。

问题的提出:一个没有仲裁的认证码由 3 方组成:发送方、接收方和入侵者。发送方和接收方互相信任,敌手想欺骗他们,敌手知道整个认证系统,但不知道发送方和接收方所采用的秘密的编码规则。

假设 M 是信息发送方要发送的消息,K 是发送方和接收方共有的密钥,其认证码标记为 $\mathrm{MAC}=C_K(M)$,表示信息 M 在密钥 K 作用下的 Hash 函数值,这个函数值是一个固定长度的认证符。

认证码的验证过程如图 3.1.3 所示,发送方将要发送的消息 M 和验证码 $C_K(M)$ 一起发送给接收方,接收方通过重新计算认证码 $C_K(M)$ 来实现对信息 M 和发送者的识别。

将单向 Hash 函数变成 MAC 的一个简单的办法是用对称算法加密 Hash 值。相反,将 MAC 变成单向 Hash 函数则只需将密钥公开。但用在多个用户之间进行鉴别时,使用对称算法加密 Hash 值的方法给密钥的管理带来困难,3.2 节将介绍使用公钥算法加密 Hash 值。

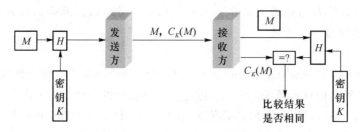

图 3.1.3　消息认证码的实现示意图

3.2　数字签名技术

数字签名在信息安全(包括身份认证、数据完整性、不可否认性以及匿名性等方面)有重要应用,特别是在大型网络安全通信中的密钥分配、认证及电子商务系统中具有重要作用。数字签名是实现认证的重要工具。

3.2.1　数字签名的基本概念

1. 什么是数字签名

传统的军事、政治、外交活动中的文件、命令和条约及商业中的契约等需要人手工完成签名或印章,以表示确认和作为举证等。那么随着计算机通信网的发展,人们更希望通过电子设备实现快速、远距离交易,数字(电子)签名应运而生,并被用于商业通信系统。

数字签名就是通过一个单向 Hash 函数对要传送的报文进行处理,用以认证报文来源并核实报文是否发生变化的一个字母数字串,该字母数字串被称为该消息的消息鉴别码或消息摘要,这就是通过单向 Hash 函数实现的数字签名。数字签名除了具有普通手写签名的特点和功能外,还具有自己独有的特性和功能。

2. 数字签名的特性和功能

(1) 数字签名的特性

① 签名是可信的:任何人都可以方便地验证签名的有效性。

② 签名是不可伪造的:除了合法的签名者之外,任何其他人伪造其签名是困难的。这种困难性指实现时计算上是不可行的。

③ 签名是不可复制的:对一个消息的签名不能通过复制变为另一个消息的签名。如果一个消息的签名是从别处复制的,则任何人都可以发现消息与签名之间的不一致性,从而可以拒绝签名的消息。

④ 签名的消息是不可改变的:经签名的消息不能被篡改。一旦签名的消息被篡改,则任何人都可以发现消息与签名之间的不一致性。

⑤ 签名是不可抵赖的:签名者不能否认自己的签名。

(2) 数字签名技术的功能

数字签名可以解决否认、伪造、篡改及冒充等问题,具体要求为:

① 发送者事后不能否认发送的报文签名;

② 接收者能够核实发送者发送的报文签名、接收者不能伪造发送者的报文签名、接收者不能对发送者的报文进行部分篡改;

③ 网络中的某一用户不能冒充另一用户作为发送者或接收者。

3. 数字签名的实现方法

(1) 用对称加密算法进行数字签名

这种算法的签名通常称为 Hash 签名。该签名不属于强计算密集型算法,应用较广泛。很多少量现金付款系统(如 DEC 的 Millicent 和 CyberCash 的 CyberCoin 等)都使用 Hash 签名。使用这种较快 Hash 算法,可以降低服务器资源的消耗,减轻中央服务器的负荷。Hash 的主要局限是接收方必须持有用户密钥的副本以检验签名,因为双方都知道生成签名的密钥,较容易攻破,存在伪造签名的可能。如果中央或用户计算机中有一个被攻破,那么其安全性就受到了威胁。因此这种签名机制适合于安全性要求不是很高的系统中。

(2) 用非对称加密算法进行数字签名和验证

- 发送方首先用公开的单向 Hash 函数对报文进行一次变换,得到消息摘要,然后利用自己的私钥对消息摘要进行加密后作为数字签名附在报文之后一同发出。

- 接收方用发送方的公钥对数字签名进行解密变换,得到一个消息摘要,同时接收方将得到的明文通过单向 Hash 函数进行计算,同样也得到一个消息摘要,再将两个消息摘要进行对比,如果相同,则证明签名有效,否则无效。

签名和验证过程如图 3.2.1 所示。

使用公钥算法进行数字签名的最大方便是没有密钥分配问题,因为公钥加密算法使用两个不同的密钥,其中有一个是公开的,另一个是保密的。公钥一般由一个可信赖的认证机构(Certification Authority,CA)发布的,网上的任何用户都可获得公钥。而私钥是用户专用的,由用户本身持有,它可以对由公钥加密的信息进行解密。

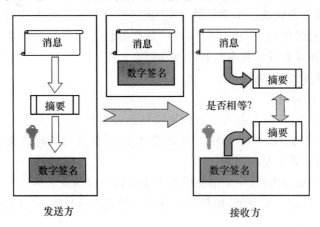

图 3.2.1 数字签名与验证过程示意图

3.2.2 常用的数字签名体制

用非对称加密算法实现的数字签名技术最常用的是 RSA 和 DSS 签名,下面分别作简单介绍。

1. RSA 签名

RSA 是最流行的一种加密标准,许多产品的内核中都有 RSA 的软件和类库,早在 Web 飞速发展之前,RSA 数据安全公司就负责数字签名软件与 Macintosh 操作系统的集成,在 Apple 的协作软件 PowerTalk 上还增加了签名拖放功能,用户只要把需要加密的数据拖到相应的图标上,就完成了电子形式的数字签名。RSA 与 Microsoft、IBM、Sun 和 Digital 都签订了许可协议,使在其生产线上加入了类似的签名特性。与 DSS 不同,RSA 既可以用来加密数据,也可以用于身份认证。和 Hash 签名相比,在公钥系统中,由于生成签名的密钥只存储于用户的计算机中,安全系数大一些。下面详细介绍该签名体制的内容。

(1) 参数

令 $n=p_1p_2$,p_1 和 p_2 是大素数,令 $\mu=\varphi=Z_n$,选 e 并计算出 d 使 $ed\equiv1 \bmod \phi(n)$,公开 n 和 e,将 p_1,p_2 和 d 保密。

(2) 签字过程

对消息 $M\in Z_n$,定义

$$S=\mathrm{Sig}_k(H(M))=(H(M))^d \bmod n$$

为对 M 签字。

(3) 验证过程

对给定的 M,S,可按下式验证:

$$\mathrm{Ver}_k(M,S)\text{为真}\Leftrightarrow H(M)\equiv S^e \bmod n$$

(4) 安全性分析

显然,由于只有签名者知道 d,由 RSA 体制知道,其他人不能伪造签名,但可易于证

实所给任意 M,S 对,其是否为消息 M 和相应签名构成的合法对。RSA 签名过程如图 3.2.2 所示。

图中 H 表示 Hash 运算;M 表示消息;E 表示加密;D 表示解密;K_{US} 表示用户秘密钥;K_{UP} 表示用户公开钥。

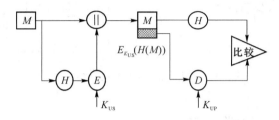

图 3.2.2　RSA 签名过程

2. DSS 签名

Digital Signature Algorithm(DSA) 是 Schnorr 和 ElGamal 签名算法的变种,被美国 NIST 作为数字签名标准(Digital Signature Standard,DSS)。DSS 是由美国国家标准化研究院和国家安全局共同开发的。由于它是由美国政府颁布实施的,主要用于与美国政府做生意的公司,其他公司则较少使用,它只是一个签名系统,而且美国政府不提倡使用任何削弱政府窃听能力的加密软件,认为这才符合美国的国家利益。算法中应用了下述参数。

- p:L bit 长的素数。L 是 64 的倍数,范围是 512~1 024 bit;
- q:$p-1$ 的素因子,且 $2^{159}<q<2^{160}$,即 q 为 160 bit 长 $p-1$ 的素因子;
- g:$g=h^{p-1} \bmod p$,h 满足 $1<h<p-1$ 并且 $h^{(p-1)/q} \bmod p>1$;
- x:用户秘密钥,x 为 $1<x<q$ 的随机或拟随机正整数;
- y:$y=g^x \bmod p$,(p,q,g,y) 为用户公钥;
- k:对每个消息的随机数,且 $0<k<q$;
- $H(x)$:单向 Hash 函数。

p,q,g 可由一组用户共享,但在实际应用中,使用公共模数可能会带来一定的威胁。

签名过程:对消息 $M \in Z_p^*$,产生随机数 k,$0<k<q$,计算

$$r=(g^k \bmod p) \bmod q$$
$$s=[k^{-1}(H(M)+xr] \bmod q$$

签名结果是 (M,r,s)。

验证过程:计算

$$w=s^{-1} \bmod q$$
$$u_1=[H(M)w] \bmod q$$
$$u_2=(rw) \bmod q$$
$$v=[(g^{u_1} y^{u_2}) \bmod p] \bmod q$$

若 $v=r$,则认为签名有效。

DSS 签名过程如图 3.2.3 所示。

在图 3.2.3 中 H 表示 Hash 运算;M 表示消息;E 表示加密;D 表示解密;K_{US} 表示用户秘密钥;K_{UP} 表示用户公开钥;K_{UG} 表示部分或全局用户公钥;k 表示随机数。

除了以上介绍的两个著名的数字签名体制外,还有其他优秀的签名体制和算法,如

Rabin 签名体制,ElGamal 签名体制,Schnorr 签名体制等,不再一一介绍。

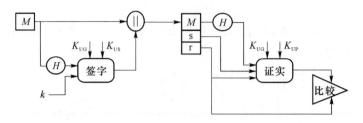

图 3.2.3　DSS 签名过程

3.2.3　盲签名和群签名

这一部分介绍两种特殊的签名方法,一个是盲签名,一个是群签名。

1. 盲签名

一般的数字签名中,总是要先知道了文件内容后才签署,这也符合一般情况的需要。但有时需要对一个文件签字,而且不想让签名者知道文件的内容,称这样的签名为盲签名(Blind Signature)。这种签名方法是由 Chaum 最先提出的,如在投票选举和货币协议中会碰到这类要求。利用盲变换可以实现盲签名。签名过程如图 3.2.4 所示。

图 3.2.4　盲签名

(1) 完全盲签名

现在假设 B 担任仲裁人的角色,A 要求 B 签署一个文件,但并不想让他知道文件的内容,而且 B 也没必要知道文件的内容,他只需要确保在需要时能进行公正的仲裁。以下的协议就是实现这个签名的具体内容。

① 盲变换。A 将要签名的文件和一个随机数相乘,该随机数称为盲因子。这实际上完成了原文件的隐藏,隐藏完的文件被称为盲文件。

② A 将该盲文件送给 B。

③ 签名。B 对该盲文件签名。

④ 解盲变换。A 对签过字的盲文件除以用到的盲因子,就得到 B 对原文件的签名。

只有当签名算法和乘法是可交换的,上述的协议才可以真正实现,否则就要考虑用其他方法对原文件进行盲变换。

如何保证 B 不能进行欺诈活动?这要求盲因子是真正的随机因子,这样 B 不能对任何人证明对原文件的签名,而只是知道对其签过名,并能验证该签名。这就是一个完全盲签名的过程。完全盲签名的特点如下。

- 首先 B 对文件的签名是合法的,和传统的签名具有相同的属性。
- B 不能将所签文件与实际文件联系起来,即使他保存所有曾签过的文件,也不能获得所签文件的真实内容。

（2）盲签名

完全盲签名可以使 A 令 B 签任何内容的文件，这对 B 显然是很危险的，例如，对"B 欠 A 100 万元"这样的内容赋予完全盲签名显然是十分危险的。因此完全盲签名并不实用。为了避免这种恶意的使用，采用"分割-选择"技术，使 B 能知道所签的为何物，但仍保留了完全盲签名有意义的特征，即 B 能知道所签为何物，但是由于协议中规定的限制条件，使得 B 无法进行对他有利的欺诈，或者说进行欺诈所需代价超过其获利。这就是盲签名的实用价值所在。以下是两个著名的体现盲签名的例子。

例 3-1 要确定进出关口的人是不是毒贩，海关不可能对每个人进行检查。一般用概率方法，例如对入关者抽取 1/10 进行检查。那么毒贩在大多情况下可逃脱，但有 1/10 的机会被抓获。而为了有效惩治犯罪，一旦抓获，其罚金将大于其他 9 次的获利。所以通过适当地调节检查概率，就可以有效控制贩毒活动。

例 3-2 反间谍组织的成员身份必须保密，甚至连反间谍机构也不知道他是谁。机构组织要给每个成员一个签名文件，文件上可能会注明:持此签署文件的人将享有充分的外交豁免权，并在其中写入该成员的化名。每个成员有自己的不止一个的化名名单，使反间谍机构不能仅仅提供出签名文件，还要能验证提供签署文件的人是不是真正的合法组织成员。特工们不想把他们的化名名单送给所属机构，因为敌方可能已经破坏了该机构的计算机。另一方面，反间谍机构也不会盲目地对特工送来的文件都进行签名。一个聪明的特工可能会送来这样的文件:"该成员已退休，每年发给 100 万退休金"，请求签名，若对这样内容的文件签名那不就麻烦了吗？

现在假定每个成员可有 10 个化名，他们可以自行选用，别人是不知道的。假定成员并不关心在哪个化名下得到了豁免权，并假定机构的计算机为 C，看下面的协议能有什么效果:

① 每个成员准备 10 份文件，各用不同的化名，以得到豁免权；

② 成员以不同的盲因子盲化每个文件；

③ 成员将 10 个文件送给计算机 C；

④ C 随机选 9 个，并询问成员每个文件的盲因子；

⑤ 成员将适当的盲因子送给 C；

⑥ C 从 9 个文件中移去盲因子，确信其正确性；

⑦ C 将所签署的第 10 个文件送给成员；

⑧ 成员移去盲因子，并读出他的新的化名 Bob，这可能不是他用以欺诈的那个化名。若他想用一个化名进行欺诈，成功的概率只有 1/10。

以上的两个例子都体现了盲签名的思想。通常人们把盲变换看成是信封，盲化文件就是对文件加个信封。而去掉盲因子的过程就是打开信封。文件在信封中时无人能读它，而在盲文件上签名相当于在复写纸信封上签名，从而得到了对真文件（信封内）的签名。下面给出一个盲签名算法。

（3）盲签名算法

D. Chaum 于 1985 年提出一个盲签名算法，采用的是 RSA 算法，令 B 的公钥为 e，私钥为 d，模为 n。

① A 要对消息 m 进行盲签名，选 $1<k<m$，作

$$t \equiv mk^e \bmod n \rightarrow B$$

② B 对 t 签名

$$t^d \equiv (mk^e)^d \bmod n \rightarrow A$$

③ A 计算：$S \equiv t^d / k \bmod n$，得

$$S \equiv m^d \bmod n$$

这是 B 对 m 按 RSA 体制签名。

2. 群签名

首先简单介绍一下群体密码学的概念。群体密码学是研究面向一个团体的所有成员需要的密码体制。在群体密码中，有一个公用的公钥，群体外面的人可以用它向群体发送加密消息，密文收到后要由群体内部成员的子集共同进行解密。

群签名(Group Signature)是面向群体密码学中的一个课题分支，于 1991 年由 Chaum 和 Van Heyst 提出。群签名有以下几个特点：

① 只有群体中的成员能代表群体签名；

② 接收到签名的人可以用公钥验证群签名，但不可能知道由群体中哪个成员所签；

③ 发生争议时可由群体中的成员或可信赖机构识别群中的签名者。

这类签名可用于投标商务活动中。例如，所有公司应邀参加投标，这些公司组成一个群体，且每个公司都匿名地采用群签名对自己的标书签名。事后当选中了一个满意的标书，就可以识别出签名的公司，而其他标书仍保持匿名。中标者想反悔已无济于事，因为在没有他参加下仍可以识别出他的签名。在别的类似场合这样的签名也是行之有效的。

以上介绍的签名方法都是常见的、应用比较多的签名，还有其他的签名方法，不再一一列举。

3.3 身份认证技术

身份认证理论是一门新兴的理论，是现代密码学发展的重要分支。在一个安全系统设计中，身份认证是第一道关卡，用户在访问所有系统之前，首先应该经过身份认证系统识别身份，然后由安全系统根据用户的身份和授权数据库决定用户是否能够访问某个资源。

3.3.1 基本概念

身份认证是指定用户向系统出示自己身份的证明过程，通常是获得系统服务所必需的第一道关卡。现在竞争激烈的现实社会中，为了获得非法利益，各种身份欺诈活动很频繁，因此在很多情况下我们需要证明个人的身份。通信和数据系统的安全性也取决于能否验证用户或终端的个人身份。

在真实世界中，验证一个人的身份主要通过 3 种方式判定，一是根据你所知道的信息来证明你的身份(what you know)，假设某些信息只有某个人知道，比如暗号等，通过询问这个信息就可以确认这个人的身份；二是根据你所拥有的东西来证明你的身份（what you have），假设某一个东西只有某个人有，比如印章等，通过出示这个东西也可以确认个人的

身份；三是直接根据你独一无二的身体特征来证明你的身份(who you are)，比如指纹、面貌等。

在网络环境下根据被认证方赖以证明身份的秘密的不同，身份认证可以基于如下一个或几个因子：

- 双方共享的数据，如口令；
- 被认证方拥有的外部物理实体，如智能安全存储介质；
- 被认证方所特有的生物特征，如指纹、语音、虹膜、面相等。

在实际使用中，可以结合使用两种或3种身份认证因子。

目前常用的身份认证技术可以分为两大类：一类是基于密码技术的各种电子ID身份认证技术；另一类是基于生物特征识别的认证技术。

基于密码技术的各种电子ID身份识别技术的常用方式主要有两种：一种是使用通行字的方式；另一种是使用持证的方式。

通行字是一种广泛使用的身份识别方式，比如中国古代调兵用的虎符和现代通信网的拨入协议等。通行字一般由数字、字母、特殊字符、控制字符等组成的长为 5～8 bit 的字符串。其选择规则为：易记，难以被别人猜中或发现，抗分析能力强，还需要考虑它的选择方法、使用期、长度、分配、存储和管理等。在网络环境下通行字方式识别的办法是：识别者 A 先输入他的通行字，然后计算机确认它的正确性。

持证(Token)是一种个人持有物，它的作用类似于钥匙，用于启动电子设备。使用比较多的是一种嵌有磁条的塑料卡，磁条上记录有用于机器识别的个人信息。这类卡通常和个人识别号(PIN)一起使用。这类卡易于制造，而且磁条上记录的数据也易于转录，因此要设法防止仿制。为了提高磁卡的安全性，人们建议使用"智能卡"来代替普通的磁卡，智能卡与普通的磁卡的主要区别在于智能卡带有智能化的微处理器和存储器。智能卡已成为目前身份识别的一种更有效、更安全的方法。智能卡仅仅为身份识别提供了一个硬件基础，要想得到安全的识别，还需要与安全协议配套使用。

鉴于基于密码技术的各种电子ID身份识别技术，如数字证书和密码，都存在被人盗窃、复制、监听获取的可能性，一种有效的解决办法是：数字证书的载体可以采用特殊的、不易获取或复制的物理载体，用指纹、虹膜等安全性很高的生物特征取代安全性较差的口令。虽然有不少学者试图使用电子化生物唯一识别信息(如指纹、掌纹、声纹、视网膜、脸形等)，但也存在着代价高、准确性低、存储空间要求高和传输效率低等缺点。使用公钥密码技术，能够设计出安全性很高的识别协议，受到人们的青睐，使 PKI 技术在现阶段网络认证技术中的应用最为广泛，由于涉及的内容较多，所以单独在第 4 章中阐述。

3.3.2　身份认证系统的分类

可以按以下方式对身份认证系统进行分类。

1. 条件安全认证系统与无条件安全认证系统

无条件安全性又称理论安全性，它与敌方的计算能力和拥有的资源无关，即敌方破译认证系统所做的任何努力都不会比随机选择碰运气更优。条件安全性又称实际安全性，即认证系统的安全性是根据破译该系统所需的计算量来评价的，如果破译一个系统在理论上是可行的,但依赖现有的计算工具和计算资源不可能完成所要求的计算量,则称之为在计算上是安全的。如果能够证明破译某个体制的困难性等价于解决某个数学难题,则称为是可证明安全的。比如 RSA 数字签名体制。

2. 有保密功能的认证系统与无保密功能的认证系统

前者能够同时提供认证和保密两种功能,一般采用多种加密技术,而且也涉及多种密钥,后者则只是纯粹的认证系统,不提供数据加密传输功能。

3. 有仲裁人认证系统与无仲裁人认证系统

传统的认证系统只考虑了通信双方互相信任,共同抵御敌方的主动攻击的情形,此时系统中只有参与通信的发送方和接收方及发起攻击的敌方,而不需要裁决方。因此,称之为无仲裁人的认证系统。但在现实生活中,常常遇到的情形是通信双方并不互相信任,比如,发送方发送了一个消息后,否认曾发送过该消息;或者接收方接收到发送方发送的消息后,否认曾接收到该消息或宣称接收到了自己伪造的不同于接收到的消息的另一个消息。一旦这种情况发生,就需要一个仲裁方来解决争端。这就是有仲裁人认证系统的含义。有仲裁人认证系统又可分为单个仲裁人认证系统和多仲裁人认证系统。

3.3.3 常见的身份认证技术

1. 基于口令的认证技术

较早的认证技术主要采用基于口令的认证方法。当被认证对象要求访问提供服务的系统时,提供服务的认证方要求被认证对象提交口令信息,认证方收到口令后,将其与系统中存储的用户口令进行比较,以确认被认证对象是否为合法访问者。这种认证方式叫作 PAP (Password Authentication Protocol)认证。PAP 协议仅在连接建立阶段进行,在数据传输阶段不进行 PAP 认证。这种认证方法的优点在于:一般的系统如 Unix、Windows NT、Net-Ware 等都提供了对口令认证的支持,对于封闭的小型系统来说不失为一种简单可行的方法。然而,基于口令的认证方法明显存在以下几点不足:

① 以明文方式输入口令,很容易被内存中运行的黑客软件记录下来而泄密;

② 口令在传输过程中可能被截获;

③ 窃取口令者可以使用字典穷举口令或者直接猜测口令;

④ 攻击者可以利用服务系统中存在的漏洞获取用户口令;

⑤ 口令的发放和修改过程都涉及很多安全性问题;

⑥ 低安全级别系统口令很容易被攻击者获得,从而用来对高安全级别系统进行攻击;

⑦ 只能进行单向认证,即系统可以认证用户,而用户无法对系统进行认证。

对于第②点,系统可以对口令进行加密传输;对于第④点,系统可以对口令文件进行不可逆加密。尽管如此,攻击者还是可以利用一些工具将口令和口令文件解密。很明显,基于口令的认证方法只是认证理论发展的初期阶段,存在着非常多的安全隐患。

对 PAP 的改进产生了挑战握手认证协议(Challenge Handshake Authentication Proto-col,CHAP),它采用"挑战-应答"(Challenge-Response)的方式,通过三次握手对被认证对象的身份进行周期性的认证。CHAP 加入不确定因素,通过不断地改变认证标识符和随机的挑战消息来防止重放攻击。CHAP 的认证过程为:

① 当被认证对象要求访问提供服务的系统时,认证方向被认证对象发送递增改变的标识符和一个挑战消息,即一段随机的数据;

② 被认证对象向认证方发回一个响应,该响应数据由单向散列函数计算得出,单向散列函数的输入参数由本次认证的标识符、密钥和挑战消息构成;

③ 认证方将收到的响应与自己根据认证标识符、密钥和挑战消息计算出的散列函数值进行比较,若相符则认证通过,向被认证对象发送"成功"消息,否则发送"失败"消息,切断服务连接。

2. 双因子身份认证技术

现在较为先进的身份认证系统都融入了双因子等先进技术,即用户知道什么和用户拥有什么。据预测,双因子身份认证系统将成为网络信息安全市场新一轮的焦点和新的趋势。所谓双因子认证(Two-factor Authentication),其中一个因子是只有用户本身知道的密码,它可以是一个默记的个人认证号(PIN)或口令;另一个因子是只有该用户拥有的外部物理实体-智能安全存储介质。

现实生活中有很多双因子的应用。例如,使用银行卡在 ATM 机上取款时,取款人必须具备两个条件:一张银行卡(硬件部分)和密码(软件部分)。ATM 机上运行着一个应用系统,此系统要求两部分(银行卡、密码)同时正确的时候才能得到授权使用。由于这两部分一软一硬,他人即使得到密码,因为没有硬件而不能使用;或者得到硬件,因为没有密码还是无法使用。这样弥补了"用户名+口令"这种认证容易泄露的缺点。

与软盘、光盘等传统存储介质不同,智能安全存储介质都有 Master Key 和 PIN 口令保护及完善的信息加密、管理功能,非常适合作为安全身份认证应用秘密信息的载体,它的优点有:

- 存储的信息无法复制;
- 具有双重口令保护机制和完备的文件系统管理功能;
- 另外,某些智能安全存储介质还允许设置 PIN 猜测的最大值,以防止口令攻击,如果使用 USB Token 作为信息载体,则无须专门的读卡器,使用简单方便,而且非常轻巧,容易携带。

双因子认证比基于口令的认证方法增加了一个认证要素,攻击者仅仅获取了用户口令或者仅仅拿到了用户的令牌访问设备,都无法通过系统的认证。因此,这种方法比基于口令的认证方法具有更好的安全性,在一定程度上解决了口令认证方法中的很多问题。

3. 生物特征认证技术

传统的身份鉴别方法是将身份认证问题转化为鉴别一些标识个人身份的事物,如"用户名+口令",如果在身份认证中加入这些生物特征的鉴别技术作为第三道认证因子,则形成了三因子认证。这种认证方式以人体唯一的、可靠的、稳定的生物特征为依据,采用计算机的强大功能和网络技术进行图像处理和模式识别,具有更好的安全性、可靠性和有效性。

用于身份认证的生物识别技术主要有 6 种。

(1) 手写签名识别技术

传统的协议和契约等都以手写签名生效。发生争执时则由法庭判决,一般都要经过专家鉴定。由于签名动作和字迹具有强烈的个性而可作为身份验证的可靠依据。

现在由于需要,机器自动识别手写签名的研究得到了广泛的重视,成为模式识别中的重要研究方向之一。进行机器识别要做到：①签名的机器含义；②手写的字迹风格。后者对于身份验证尤为重要。可能的伪造签名有两种情况：一是不知道真迹，按得到的信息随手签名；二是已知真迹时模仿签名或扫描签名。前者比较容易识别，而后者则难多了。

自动的签名系统作为接入控制设备的组成部分时，应先让用户书写几个签名进行分析，提取适当参数存档备用。

（2）指纹识别技术

由于没有两个人(包括孪生儿)的皮肤纹路图样完全相同，且相同的概率不到 10^{-10}，而且它的形状不随时间而变化，提取指纹作为永久记录存档又极为方便，所以就使指纹成为身份验证的准确而可靠的手段。将指纹作为接入控制的手段大大提高了其安全性和可靠性。

（3）语音识别技术

每个人说话的声音都有自己的特点，人对语音的识别能力是特别强的，例如，在有很强干扰的情况下也能分辨出某个人的声音。因此在商业和军事等安全性要求较高的系统中，常常靠人的语音来实现个人身份的验证。通过开发用机器识别语音的系统，可以大大提高系统安全，并在个人的身份验证方面有广泛的应用。

（4）视网膜图样识别技术

人的视网膜血管的图样具有良好的个人特征，人们基于视网膜开发出的识别系统在个人身份验证上有着独特的优势。其基本方法是用光学和电子仪器将视网膜血管图样记录下来，一个视网膜血管的图样可压缩为小于 35 B 的数字信息。可根据对图样的节点和分支的检测结果进行分类识别。当然要求被识别人予以合作，允许进行视网膜特征的采样。

（5）虹膜图样识别技术

虹膜是巩膜的延长部分，是眼球角膜和晶体之间的环形薄膜，其图样具有个人特征，可以提供比指纹更为细致的信息。因此也是进行个人身份识别的重要依据。可以在 $35\sim40$ cm 的距离采样，比采集视网膜图样要方便，易为人所接受。存储一个虹膜图样需要 256 B，所需的计算时间为 100 ms。开发出基于虹膜的识别系统可用于安全入口、接入控制、信用卡、POS、ATM 等应用系统中，能有效地进行身份识别。

（6）脸型识别

首先由 Harmon 等人设计了一个从照片识别人脸轮廓的验证系统，但是这种技术出现差错的概率比较大。现在从事脸型自动验证新产品的研制和开发的公司有很多，识别的正确率也有了很大的提高，在金融、接入控制、电话会议、安全监视等系统中得到一定的应用。

目前人体特征识别技术市场上占有率最高的是指纹机和手形机，这两种识别方式也是目前技术发展中最成熟的。相比传统的身份鉴别方法，基于生物特征识别的身份认证技术具有这些优点：不易遗忘或丢失；防伪性能好，不易伪造或被盗；"随身携带"，随时随地可用。生物识别认证过程原理的系统部件如图 3.3.1 所示。

模板数据库中存放了所有被认证方的生物特征数据，生物特征数据由特征录入设备预处理完成。以掌纹认证为例，当用户登录系统时，首先必须将其掌纹数据由传感器采集量化，通过特征提取模块提取特征码，再与模板数据库中存放的掌纹特征数据以某种算法进行比较，如果相符则通过认证，允许用户使用应用系统。

如果认证系统采用集中模式的模板数据库存放特征数据的话，很容易产生单点故障问题。因此，可以考虑将 PKI 结合进来，不建立集中的模板数据库，将特征模板数据与用户的数字证书一起存放在智能存储设备上,由用户自己保存。这种模式可以有效地避免集中式处理的缺点,分散化解安全风险。

图 3.3.1 生物特征认证系统结构图

4. 基于零知识证明的识别技术

(1) 概述

能不能设计一个协议来达到这样的效果:你向别人证明你知道某种事物或具有某种东西,而且别人并不能通过你的证明知道这个事物或这个东西,也就是不泄露你掌握的这些信息。这就是零知识证明的基本思想。零知识证明问题分为最小泄露证明(Minimum Disclosure Proof)和零知识证明(Zero Knowledge Proof)。

现在假设用 P 表示示证者(又称为申请者),V 表示验证者。则最小泄露知识证明应该满足下列条件。

- 示证者几乎不可能欺骗验证者,若 P 知道证明,则可使 V 几乎确信 P 知道证明;若 P 不知道证明,则他使 V 相信他知道证明的概率几近于零。
- 验证者几乎不可能得到证明的信息,特别是他不可能向其他人出示此证明。
- 验证者从示证者那里得不到任何有关证明的知识。

(2) 零知识证明的基本协议

Quisquater 等人给出了一个解释零知识证明的通俗例子,即零知识洞穴,如图 3.3.2 所示。

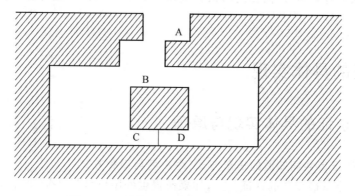

图 3.3.2 零知识证明实例——零知识洞穴

设 P 知道咒语,可打开 C 和 D 之间的密门,不知道者都将走向死胡同。下面的协议就是 P 向 V 证明他知道这个秘密,但又不让 V 知道这个秘密。

协议 1
- V 站在 A 点;
- P 进入洞中任一点 C 或 D;
- 当 P 进入洞之后,V 走到 B 点;
- V 叫 P:(a)从左边出来或(b)从右边出来;
- P 按照 V 的要求实现(因为 P 知道该咒语);
- P 和 V 重复执行上面的过程 n 次。

分析该协议可知,P 的确可以使 V 确信他知道该咒语,但 V 在这个证明过程中的确没有获得任何关于咒语的信息。该协议是一个完全的零知识证明。

这个协议相当于下面要介绍的分割-选择协议(Cut and Choose),是公平分享东西时的经典协议。

协议 2
- P 将东西切成两半;
- V 选其中之一;
- P 拿剩下的一半。

可以分析一下,P 为了自己的利益在切的时候要力求公平分割,因为接下来是由 V 先选择要哪部分。

如果将关于零知识洞穴的协议中 P 掌握的咒语换为一个数学难题,而 P 知道如何解这个难题,就可以设计实用的零知识证明协议,例如用图论中汉密尔顿圈设计的零知识证明协议。对此不再详细讨论。

除了以上介绍的一般性零知识证明外,还有协议多次执行的并行零知识证明,非交互式零知识证明等,这些内容就不一一讨论了。

基于零知识证明的密码体制,比较著名的有由 U. Feige、A. Fiat 和 A. Shamir 提出的 Feige-Fiat-Shamir 体制;由 Guillon 和 Quisquater 提出的 GQ 识别体制;由 Schnorr 提出的 Fiat-Shamir 识别体制是 GQ 体制的一种变形,其安全性基于离散对数的困难性,可以预测计算量来降低实时计算量,所需传送的数据量亦减少许多,特别适合计算能力有限的情况。

3.4 认证的具体实现

3.4.1 认证的具体实现与原理

1. 使用与验证者共同知道的信息方式:用户名与口令方式

用户名与口令是最简单的认证方式,如果所提供的用户名与口令,与系统数据库中所存储的一致,那么就可以按照授权所赋予的权限访问系统。明文口令是最简洁的数据传输,为保护口令不被泄密,可以在用户和认证系统之间进行加密。

单一加密形式下的用户名与口令传输方式适合于在以下的环境实施：

① 用户终端可以直接连接认证系统；

② 认证数据库不为非法用户所获得。

因此，认证数据库通常情况下不会直接存放用户的口令，可以存放口令的 Hash 值或是加密值。这样，用户名与口令的认证可以用以下的方式来实现。

用户将口令使用认证系统的公钥加密后传输给认证系统，认证系统对加密数据解密后得到口令，对此数据做 Hash（或是加密），并将这一结果与数据库中的值作比较，若数据匹配，则是合法用户，否则不是。如图 3.4.1 所示。

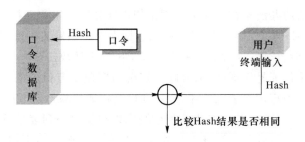

图 3.4.1　口令数据库的存储

实际上，即便是加密的口令（如图 3.4.2 所示）也不能够阻止重放攻击。即攻击者在无须知道口令的前提下同样可以冒充授权用户，非法访问系统。针对这种情况，考虑以下改进。

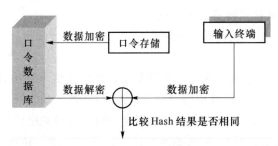

图 3.4.2　口令数据库的加密存储

挑战/应答式（质询/响应式）口令：这是目前口令认证机制的基础。其原理同样适用于令牌与智能卡的认证。认证一个用户可以等同于证明用户拥有某个私钥，由于认证系统知道用户的公钥，因此可以选取一个随机数字发送给用户，验证者收到后使用自己的私钥进行加密，然后传递给认证系统，认证者使用用户的公钥进行解密，然后比较解密结果是否等于原来选取的随机数字（如图 3.4.3 所示）。

当前的口令认证机制在一定程度上能够防止攻击，但口令认证机制仍旧存在弊端：①口令的更新；②口令的记忆；③口令的概率分布。尽管 8 bit 的密码口令可以令黑客望而却步，但是人们使用的口令并非均匀随机地分布在可能的密钥空间。多数人出于方便的考虑，类似于 A6KX853H 这样随机、安全的密码总是很难进入到我们的数字生活中。假设非法者能够破译系统或是通过其他途径获得口令数据库，虽然口令数据库是口令的 Hash 值，不能够逆向计算求得。但是，攻击者完全可以利用现有的口令字典计算那些现有口令的Hash 值，然后对二者进行比较，从而找到合适的匹配值。

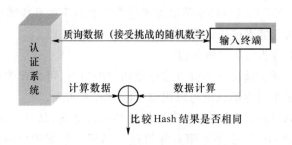

图 3.4.3　挑战应答式

抵抗字典式攻击的办法是在口令的后面添加由计算机产生的随机字符串,记为 salt,然后把计算得到的 Hash 值和 salt 值同时存储到数据库中。如果随机数字 salt 的选取符合一定要求,比如随机性能、长度等,就能在一定程度上限制上述攻击。

即便上述的安全认证易于理解,但实际上安全的实现是有代价的。多数服务器在进行认证时只是存放用于进行用户识别的用户 ID 和口令特征的静态认证列表,这种方式的优点是配置简洁方便,缺点是破解者能够花费较小的代价获得口令列表。这就迫使 ISP 服务商通常会将远程访问服务器的共享认证列表放在较为安全的服务器上,达到使用外部认证或共享认证的目的。此种认证的优点是只需考虑一台服务器的安全配置就可以了,因此在配置更加方便的同时,认证的安全性能也提高了。这种认证方式直接导致了专用认证服务器的产生,Kerberos 认证服务也是这样一种方式,我们在本章的最后一部分会具体讲述。认证服务器对用户进行认证时会对整个认证过程加密,从而避免黑客截取用户的 ID 与口令。

2. 利用认证者所具有的物品进行认证

利用硬件实现的认证方式有以下 3 种。

(1) 安全令牌

有时候不可能通过口令来实现每一步的安全。在安全要求环境较高的场合,可以使用硬件来实现认证,安全令牌就是其中的一种认证方式,它通常是每隔固定间隔产生一个脉冲序列的同步序列发生器。比如在一个有严格安全等级的实验室里就可以使用安全令牌来实现:当用户 A 使用控制器的时候,需要系统对他的使用行为进行认证,但是,如果用户 A 暂时离开或是有其他等级不同的用户到来的时候,都必须重新进行认证或是更改认证权限。完全通过人为的管理是不现实的,所以对每个用户配置一个令牌,每隔一个固定的时间间隔,认证系统都和用户所携带的令牌进行认证(比如他们可以产生相同的随机序列,即网络认证系统与令牌是同步的),当用户(或是其他用户)离开的时候,认证系统就自动把访问控制禁止,这样就会避免敏感信息的泄露。

令牌实际上是一个可以为每一次认证产生不同认证值的小型电子设备,易于携带。认证令牌的实现有两种具体的方式:时间令牌和挑战应答式令牌。

- 时间令牌:令牌和认证服务器共同拥有一个相同的随机种子,认证时双方将当前时间和随机种子做加密或是 Hash 运算,然后由认证服务器对这一结果进行校验比较。时间令牌的实现非常复杂,产生这个问题的原因在于要对时间进行校验,必须保证令牌与认证服务器的时间同步。

- 挑战应答令牌:由认证系统产生一个随机数,令牌和认证系统使用同样的密钥对这个数字进行加密或是 Hash 变换,然后进行校验。

（2）智能卡

现在越来越多的企业正在寻找各种方法来提高其网络资源的安全性，智能卡（Smartcards）或称为灵巧卡就是其中比较流行的一个。智能卡提供了让非授权人更难获取网络存取权限的一种简单方式，Windows 2000 对智能卡安全提供了内在支持。

智能卡同普通信用卡的大小差不多，并提供了抗修改能力，用于保护其中的用户证书和私钥。在这种方式下，智能卡提供了一种非常安全的方式以进行用户认证、交互式登录、代码签名和安全 E-mail 传送等。每一个智能卡中都包含一个芯片，其中存储有用户的私钥、登录信息和用于不同目的的公钥证书，如数字签名证书和数据加密证书等。

使用智能卡比使用口令进行认证具有更高的安全性，因为智能卡方式下需要使用物理对象（卡）来认证用户。

- 智能卡的使用必须提供一个个人标识号（Personal Identification Number，PIN），这样可以保证只有经过授权的人才能使用该智能卡，密钥不能从卡中导出，就消除了通过盗取用户证书而对系统发起的攻击和威胁。
- 没有智能卡，攻击者不能存取和使用经过卡保护的信息资源，也就没有口令或任何可重用信息的传输。
- 在存取和使用资源之前，智能卡通过要求用户提供物理对象（卡）和卡使用信息（如卡的 PIN）的方式来增强纯软件认证方案的安全性，这种认证方式是双因子认证，比较适合应用于安全性要求较高的重要场合。

同口令认证方式不同，采用智能卡进行认证时，用户把卡插入连接到计算机的读写器中，并输入卡的 PIN。在 Windows 2000 中可以使用卡中存储的私钥和证书来向 Windows 2000 域控制器的 KDC 认证用户。认证完用户以后，KDC 将返回一个许可票据。

硬件实现的安全问题的最大隐患在于其本身有可能丢失，因此，一般通过口令对其加以保护。

（3）双向认证

在上述讨论中，都是默认通信方 A 对 B 的检验，这种方式也称为单向认证，比如验证电子邮件是由哪个人发送给自己的，门口的警卫查看你的出入证件等，这种形式都是单方向的。但实际上也可能查看你证件的某个人是个骗子，他正想着冒充你再去骗别人，所以也有必要检查一下他的证件。在通信中，怎么能够相信和你进行通信对话的人是 Alice 而不是 Bob 呢？看来有必要也对对方进行验证，双方互相进行验证的这种方式称为双向认证。

3.4.2 认证方式的实际应用

目前实用的认证方式有 S/key，Kerberos，Radius 等方式，其中 S/key 是使用一次性的口令。使用 S/key 的重要意义就在于防止窃听和窃取，但是从上面的例子也可以看出，S/key 的实现有一定困难，使用者不得不输入非常长的字符串口令，以致于有时候要借助于其他工具来加以实现。Kerberos 和 Radius 认证方式就要相对好得多，但它们只有在服务器和客户机都支持相应的认证方式的条件下才能使用，因而需要更复杂的设置。

1. S/key 认证方式

通过监听 TCP/IP 网络中的信息，可以获得用户登录用的账号和口令（加密的或是不加密的),被截获的用户账号和口令有助于发动对系统的攻击。S/key 是一个一次性口令系统,可以用来对付这种类型的攻击行为。使用 S/key 系统时,网络中传送的账户和口令只使用一次后就销毁。用户使用的源口令永远也不会在网络上传输,包括登录时或其他需要口令的情形,这样就可以保护用户的账户和口令不会因此而被窃取。S/key 系统的机制保护的是进行身份鉴别时的安全性,并不保证信息在传送过程中的保密性和完整性。

在使用 S/key 类系统时有两方面的操作。在客户方必须产生正确的一次性口令。在服务方必须能够验证该一次性口令的有效性,并能够让用户安全地修改源口令。一般的 S/key 系统是基于一些不可逆算法的(如 MD-4 和 MD-5)。

用户在使用 S/key 系统时,在计算机上对其口令进行初始化,由计算机保存将该源口令按照选定的算法计算 N 次的结果。用户自己在客户端必须有能够进行计算的程序或工具。计算 $N-1$ 次后形成本次口令,当本次口令送给服务器时,服务器将所得的口令通过该算法计算一次,并将结果与服务器保存的上一个结果比较,若相同,则身份验证通过,而且将本次用户的输入保留,作为下一次用于比较的值。用户在下一次计算口令时,自动将计算次数减 1(第二次计算 $N-2$ 次)。这样达到不断变换传送口令的目的。而监听者也无法从所监听到的口令中得到用户的源口令,同时他所监听到的信息也不能作为登录用信息。而且在计算机内部也不保存用户的源口令,达到进一步的口令安全。

S/key 系统的优点是实现原理简单,缺点是使用设置烦琐(如口令使用一定次数后就需重新初始化)。另一个问题是 S/key 是依赖于某种算法的不可逆性的,所以算法也是公开的,当有关这种算法可逆计算研究有了新进展时,系统将被迫重新选用其他更安全的算法。

2. Kerberos 认证系统

Kerberos 认证的核心算法为密码学中的 DES,鉴别模型为 CBC 模式。Kerberos 协议是 Needham-Schroeder 协议的变形,目前通用版本为 k5,是 1994 年公布的。Kerberos 认证起源于非法收集用户口令的恶意攻击,系统按照用户名与口令对用户进行识别(用户按照访问权限的不同进行远程登录)。Kerberos 采用的是客户机/服务器模型(以下简称 C/S),因此要存储用户及其秘密密钥,同时,用户进行鉴别所使用的客户机也必须注册其所要使用的秘密密钥。

(1) Kerberos 的认证原理

如图 3.4.4 所示是 Kerberos 认证原理图,图中表示了 Kerberos 的实现过程。

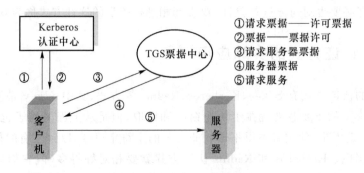

图 3.4.4　Kerberos 实现原理

① 请求票据——许可票据:客户 C 向 Kerberos 认证中心(KDC)申请可以访问票据中

心 TGS。

② 票据——票据许可。

③ 请求服务器票据。

④ 服务器票据。

⑤ 请求服务。

（2）Kerberos 的技术特点

Kerberos 是分布式认证服务，允许代表合法者的进程或客户在不通过网络发送敏感消息的情况下，向验证者（应用服务器）证实自己的身份，这样可以保证 C/S 之间传输数据的完整性和保密性。Kerberos 使用了时间戳（timestamp，减少基本认证所需要发送消息的数目）、票据许可（ticket-granting，为后续认证做准备）和交叉认证（不同服务器间的认证）方式。

Kerberos 在 C/S 间产生的通信会话是动态的。C/S 间会话的通信数据，在一定程度上是经过加密的，也就是安全的。在一次会话结束时，则销毁该秘密密钥。

Web 快速增长的现状迫使管理计算机有能力每日处理大量的用户姓名和密码数据。执行多 Kerberos 服务的环境模型（Kerberos 服务器与客户服务器）就有了新的特性与变化，这种变化是由于受到密码技术或网络因素的影响，自然会降低 C/S 的执行效率。Kerberos 可以建立在 PKI 基础之上，但需要客户服务器端执行一定的操作。

Kerberos 的一个重要应用领域是电子商务。电子商务所能提供的必须是基于开放的分布式计算机环境的安全之上的服务，它对于公平的认证信任要求是苛刻的。科学家建议电子商务使用一个完整的由 OMG 定义的、基于 CORBA 安全的流通服务方案，这个方案提供相互的鉴别和以此为基础的认证授权。这个方案的核心是 Kerberos 认证和密钥交换。从而为电子商务双方的项目谈判建立认证与信任。以 CORBA 平台为基础的 Kerberos 相互认证服务，在开放式的分布计算机环境中能更安全有效地处理数据。

Kerberos 的广泛应用价值不仅体现在网络上，也可以在无线的地方性区域网络（WLAN）的不同的环境上提供相异的安全需求。

硬件的安全性能是计算机系统安全的前提，通常认为操作系统的安全是建立在硬件的安全基础上并随之而发展的。Kerberos 的另一个应用是可以将 Kerberos 与智能卡、操作系统整合，这种方案可以较好地评定指标和实现。

Kerberos 同样适用于小型动态系统的认证，可以利用其进行轻量级的远程智能化控制。

（3）Windows 2000 中的 Kerberos 认证

Kerberos 认证协议定义了客户端和称为密钥分配中心（Key Distribution Center，KDC）的认证服务之间的安全交互过程。Windows 2000 在每一个域控制器中应用 KDC 认证服务，具体可参考 RFC 1510 协议。Windows 2000 中采用多种措施提供对 Kerberos 协议的支持：Kerberos 客户端使用基于 SSPI 的 Windows 2000 安全提供者，集成了 Kerberos 初始认证 H 和 WinLogon 的单次登录，而 Kerberos KDC 也同运行在域控制器中的安全服务进行了集成，并使用活动目录作为用户和组的账号数据库。

Kerberos 是基于共享密钥的认证协议，用户和 KDC 都知道用户的口令，或从口令中单向产生的密钥，并定义了一套客户端、KDC 和服务器之间获取和使用 Kerberos 票据的交换协议。当用户初始化 Windows 登录时,Kerberos SSP 利用基于用户口令的加密 Hash 值获取一个初始 Kerberos 票据 TGT,Windows 2000 把 TGT 存储在与用户的登录上下文相关的工作站的票据缓存中。当客户端想要使用网络服务时,Kerberos 首先检查票据缓存中是否有该服务器的有效会话票据。如果没有,则向 KDC 发送 TGT 来请求一个会话票据,以请求服务器提供服务。请求的会话票据也会存储在票据缓存中,用于后续对同一个服务器的连接,直到票据超期为止。票据的有效期由域安全策略来规定,一般为 8 个小时。如果在会话过程中票据超期,Kerberos SSP 将返回一个响应的错误值,允许客户端和服务器刷新票据,产生一个新的会话密钥,并恢复连接。

使用 Kerberos 认证协议的客户端、KDC 和应用服务器之间的关系:在初始连接消息中,Kerberos 把会话票据提交给远程服务,会话票据中的一部分使用服务器和 KDC 共享的密钥进行了加密。因为服务器端的 Kerberos 有服务器密钥的缓存拷贝,所以,服务器不需要到 KDC 进行认证,可以直接通过验证会话票据来认证客户端。在服务器端,与 Windows NT 早期版本的标准安全协议 NTLM(NT LAN Manager)相比采用 Kerberos 认证系统的会话建立速度要比 NTLM 认证快得多,因为使用 NTLM,服务器获取用户的信任书以后,还要与域控制器建立连接,来对用户进行重新认证。

(4) Unix(FreeBSD)中的 Kerberos 认证

为了区分合法用户和非法使用者,需要对用户进行认证。标准的 Unix 认证用户的过程是,用户输入口令,口令传输到系统程序中,由系统程序对口令进行加密,并与系统中的口令密文进行比较来判断口令是否正确。在这种方法中,如果要通过网络认证,就要将口令以明文形式在网络中传输,因此就存在被窃听的危险。

在 FreeBSD 中提供的是 Kerberos 4 认证方式,Windows 2000 中则采用了比较流行的 Kerberos 5 认证方式。需要注意的是,Kerberos 5 和 Kerberos 4 差异较大,是两个互不兼容的独立版本。

在 FreeBSD 中设置 Kerberos 包括 6 个步骤:

① 建立初始资料库;

② 运行 Kerberos;

③ 创建新的服务器文件;

④ 定位数据库;

⑤ 完整测试数据库;

⑥ 设置 su 权限。

更详细的说明请参考 FreeBSD 的联机使用手册。

小 结

认证活动一直贯穿于人类的学习与生活之中:例如,新生入学时,学校要查看他们的入学录取通知书,这是学校对于学生的认证,以便识别你是张三而不是李四;去银行取钱时,要出示用户的存折卡,一般还要输入用户的密码,这是银行对储户的认证。上述情况都是认证活动在我们生活中的体现。简单地说,信息认证也是对我们现实世界的数字模拟。

中国政府的政令通常是以红头文件下发的,之所以有效力,是因为上面有政府的公章。但是,在网络上怎么能够保证其所公布的文件同样是有效力的? 信息的一个重要特征是可以复制,又有什么样的例子可以说明复制的文件是有法律效力的? 网络信息经济时代在给我们带来快捷便利的同时,也提出了新的挑战。这些疑问直接导致了数字签名和电子签名法的诞生。对一份文件进行签名,不得不考虑文件的大小,重要的是,给验证带来了一定的时间损耗。为了解决这个问题,引入了信息摘要的概念。信息摘要,也称为数字指纹,是求取不定长度(或是不超过一定字节)的数字信息的 Hash 函数。

身份认证的最终目的是识别有效的用户,安全在一定意义上总要花费一定的代价。但我们总是希望能够使用尽可能小的花费实现最大程度(设计目标)的安全。这就需要我们选择具体的实现方式,至于具体方式的选择,应该从实际情况,即从安全的需要出发。本章介绍了基于用户信息的用户名与口令、利用用户本身属性的认证和利用用户所拥有的物品的安全令牌和智能卡认证的 3 种认证形式,以及对于上述认证形式实现综合的双因子认证,简要介绍了几种有代表性的认证方案。

思 考 题

1. 简述什么是数字签名。

2. 如果有多于两个人同时对数字摘要进行签名,我们称为双签名。在安全电子交易协议(SET)中就使用到了这种签名。想一想,这有什么意义,对于我们的实际生活能有什么作用?

3. 本章讲了几种身份识别技术,你能从实际生活中找到它们具体实现的对照吗? 能不能想到新的更好的例子?

4. Hash 函数可能受到哪几种攻击? 你认为其中最为重要的是哪一种?

5. 你能设计一种结合多种认证方式的双因子认证吗? 对于理论环节给出具体算法。

6. 设想一下,如果你为你们学院设计了一个网站,出于安全与使用的角度,你能使用上在本章中学过的哪些安全原理?

第 4 章

PKI 与 PMI 认证技术

公钥基础设施(Public Key Infrastructure,PKI)是一个采用非对称密码算法原理和技术来实现并提供安全服务的、具有通用性的安全基础设施,PKI 技术采用证书管理公钥,通过第三方的可信任机构——认证中心(Certificate Authority，CA)——把用户的公钥和用户的标识信息捆绑在一起,在 Internet 上验证用户的身份,提供安全可靠的信息处理。目前,通用的办法是采用建立在 PKI 基础之上的数字证书,通过把要传输的数字信息进行加密和签名,保证信息传输的机密性、真实性、完整性和不可否认性,从而保证信息的安全传输。

4.1 数字证书

PKI 所提供的安全服务以一种对用户完全透明的方式完成所有与安全相关的工作,极大地简化了终端用户使用设备和应用程序的方式,而且简化了设备和应用程序的管理工作,保证了它们遵循同样的安全策略。PKI 技术可以让人们随时随地方便地同任何人秘密通信。PKI 技术是开放、快速变化的社会信息交换的必然要求,是电子商务、电子政务及远程教育正常开展的基础。

4.1.1 X.509 数字证书

PKI 技术是公开密钥密码学完整的、标准化的、成熟的工程框架。它基于并且不断吸收公开密钥密码学丰硕的研究成果,按照软件工程的方法,采用成熟的各种算法和协议,遵循国际标准和 RFC 文档,如 PKCS、SSL、X.509、LDAP,完整地提供网络和信息系统安全的解决方案。

证书是证明实体所声明的身份和其公钥绑定关系的一种电子文档,是将公钥和确定属于它的某些信息(比如该密钥对持有者的姓名、电子邮件或者密钥对的有效期等信息)相绑定的数字声明。数字证书由 CA 认证机构颁发。认证中心所颁发的数字证书均遵循 X.509 V3 标准。数字证书的格式在 ITU 标准和 X.509 V3(RFC 2459)里定义。X.509 证书的结构如图 4.1.1 所示,其中证书和基本信息采用 X.500 的可辨别名 DN 来标记,它是一个复合域,通过一个子组件来定义。

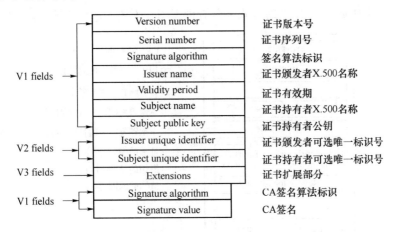

V1 fields	Version number	证书版本号
	Serial number	证书序列号
	Signature algorithm	签名算法标识
	Issuer name	证书颁发者X.500名称
	Validity period	证书有效期
	Subject name	证书持有者X.500名称
	Subject public key	证书持有者公钥
V2 fields	Issuer unique identifier	证书颁发者可选唯一标识号
	Subject unique identifier	证书持有者可选唯一标识号
V3 fields	Extensions	证书扩展部分
V1 fields	Signature algorithm	CA签名算法标识
	Signature value	CA签名

图 4.1.1　X.509 证书结构

X.509 证书包括下面的一些数据。

- 版本号:该域定义了证书的版本号,这将最终影响证书中包含的信息的类型和格式,目前版本 4 已颁布,但在实际使用过程版本 3 还是占据主流。
- 序列号:序列号是赋予证书的唯一整数值。它用于将本证书与同一 CA 颁发的其他证书区别开来。
- 签名算法标识:该域中含有 CA 签发证书所使用的数字签名算法的算法标识符,如 SHA1WithRSA。有 CA 的签名,便可保证证书拥有者身份的真实性,而且 CA 也不能否认其签名。
- 颁发者 X.500 名称:这是必选项,该域含有签发证书实体的唯一名称(DN),命名必须符合 X.500 格式,通常为某个 CA。
- 证书有效期:证书仅仅在一个有限的时间段内有效。证书的有效期就是该证书有效的时间段,该域表示为两个日期的序列:证书的有效期开始日期(notBefore),以及证书有效期结束的日期(notAfter)。
- 证书持有者 X.500 名称:必选项,证书拥有者的可识别名称,命名规则也采用X.500 格式。
- 证书持有者公钥:主体的公钥和它的算法标识符,这一项是必选的。
- 证书颁发者唯一标识号:这是一个可选域。它含有颁发者的唯一标识符。
- 证书持有者唯一标识号:证书拥有者的唯一标识符,也是可选项。
- 证书扩展部分:证书扩展部分是 V3 版本在 RFC 2459 中定义的。可供选择的标准和扩展包括证书颁发者的密钥标识、证书持有者密钥标识符、公钥用途、CRL 发布点、证书策略、证书持有者别名、证书颁发者别名和主体目录属性等。

4.1.2　证书撤销列表

在 CA 系统中,由于密钥泄密、从属变更、证书终止使用以及 CA 本身私钥泄密等原因,需要对原来签发的证书进行撤销。X.509 定义了证书的基本撤销方法：由 CA 周期性地发布一个 CRL(Certificate Revocation List)，即证书撤销列表，里面列出了所有未到期却被撤销的证书，终端实体通过 LDAP 的方式下载查询 CRL。CRL 格式如图 4.1.2 所示。

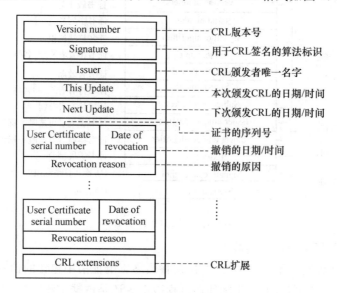

图 4.1.2　CRL 格式

CA 将某个证书撤销后，应使得系统内的用户尽可能及时地获知最新的情况，这对于维护 PKI 系统的可信性至关重要。所以 CA 如何发布 CRL 的机制是 PKI 系统中的一个重要问题。发布 CRL 的机制主要有以下几种：定期发布 CRL 的模式、分时发布 CRL 的模式、分时分段的 CRL 的模式、Delta-CRL 的发布模式。

4.2　PKI 系统

4.2.1　系统的功能

一个完整的 PKI 系统对于数字证书的操作通常包括证书颁发、证书更新、证书废除、证书和 CRL 的公布、证书状态的在线查询、证书认证等。

（1）证书颁发

申请者在 CA 的注册机构(RA)进行注册，申请证书。CA 对申请者进行审核，审核通过则生成证书，颁发给申请者。证书的申请可采取在线申请和亲自到 RA 申请两种方式。证书的颁发也可采取两种方式，一种是在线直接从 CA 下载，一种是 CA 将证书制作成介质（磁盘或 IC 卡）后，由申请者带走。

（2）证书更新

当证书持有者的证书过期，证书被窃取、丢失时通过更新证书方法，使其使用新的证书继续参与网上认证。证书的更新包括证书的更换和证书的延期两种情况。证书的更换实际上是重新颁发证书。因此证书的更换过程和证书的申请流程基本情况一致。而证书的延期只是将证书有效期延长,其签名和加密信息的公私密钥没有改变。

（3）证书废除

证书持有者可以向 CA 申请废除证书。CA 通过认证核实,即可履行废除证书职责,通知有关组织和个人,并写入黑名单 CRL。有些人(如证书持有者的上级或老板)也可申请废除证书持有者的证书。

（4）证书和 CRL 的公布

CA 通过轻量级目录访问协议(Lightweight Directory Access Protocol,LDAP)服务器维护用户证书和黑名单(CRL)。它向用户提供目录浏览服务,负责将新签发的证书或废除的证书加入到 LDAP 服务器上。这样用户通过访问 LDAP 服务器就能够得到他人的数字证书或访问黑名单。

（5）证书状态的在线查询

通常 CRL 签发为一日一次,CRL 的状态同当前证书状态有一定的滞后,证书状态的在线查询向在线证书状态查询协议(Online Certificate Status Protocol,OCSP)服务器发送 OCSP 查询包,包含有待验证证书的序列号、验证时戳。OCSP 服务器返回证书的当前状态并对返回结果加以签名。在线证书状态查询比 CRL 更具有时效性。

（6）证书认证

在进行网上交易双方的身份认证时,交易双方互相提供自己的证书和数字签名,由 CA 来对证书进行有效性和真实性的认证。在实际中,一个 CA 很难得到所有用户的信任并接受它所发行的所有公钥用户的证书,而且这个 CA 也很难对有关的所有潜在注册用户有足够全面的了解,这就需要多个 CA。在多个 CA 系统中,令由特定 CA 发放证书的所有用户组成一个域。若一个持有由特定 CA 发证的公钥用户要与由另一个 CA 发放公钥证书的用户进行安全通信,需要解决跨域的公钥安全认证和递送。这需要建立一个可信任的证书链或证书通路。高层 CA 称作根 CA,它向低层 CA 发放公钥证书。

4.2.2 系统的组成

PKI 公钥基础设施是提供公钥加密和数字签名服务的系统或平台,目的是为了管理密钥和证书。一个机构通过采用 PKI 框架管理密钥和证书可以建立一个安全的网络环境。PKI 主要包括 4 个部分:X.509 格式的证书和证书撤销列表 CRL;CA/RA 操作协议;CA 管理协议;CA 政策制定。一个典型、完整、有效的 PKI 应用系统至少包括以下部分:

认证机构(Certificate Authority,CA):证书的签发机构,它是 PKI 的核心,是 PKI 应用中权威的、可信任的、公正的第三方机构。认证机构是一个实体,它有权利签发并撤销证书,对证书的真实性负责。在整个系统中,CA 由比它高一级的 CA 控制。

根 CA(Root CA):信任是任何认证系统的关键。因此,CA 自己也要被另一些 CA 认证。每一个 PKI 都有一个单独的、可信任的根,从根处可取得所有认证证明。

注册机构(Registration Authority,RA):RA 的用途是接受个人申请,核查其中的信息并颁发证书。然而,在许多情况下,把证书的分发与签名过程分开是很有好处的。因为签名过程需要使用 CA 的签名私钥(私钥只有在离线状态下才能安全使用),但分发的过程要求在线进行。所以,PKI 一般使用注册机构(RA)去实现整个过程。

证书目录:用户可以把证书存放在共享目录中,而不需要在本地硬盘里保存证书。因为证书具有自我核实功能,所以这些目录不一定需要时刻被验证。万一目录被破坏,通过使用 CA 的证书链功能,证书还能恢复其有效性。

管理协议:该协议用于管理证书的注册、生效、发布和撤销。PKI 管理协议包括:证书管理协议 PKIX CMP(Certificate Management Protocol);信息格式,如证书管理信息格式 (Certificate Management Message Format,CMMF);PKCS♯10。

操作协议:操作协议允许用户找回并修改证书,对目录或其他用户的证书撤销列表 CRL 进行修改。在大多数情况下,操作协议与现有协议(如 FTP、HTTP、LDAP 和邮件协议等)共同工作。

个人安全环境:在这个环境下,用户个人的私人信息(如私钥或协议使用的缓存)被妥善保存和保护。一个实体的私钥对于所有公钥而言是保密的。为了保护私钥,客户软件要限制对个人安全环境的访问。

4.2.3　PKI 相关标准

在 PKI 技术框架中,许多方面都经过严格的定义,如用户的注册流程、数字证书的格式、CRL 的格式、证书的申请格式以及数字签名格式等。

- 国际电信联盟 ITU X.509 协议:是 PKI 技术体系中应用最为广泛、也是最为基础的一个国际标准。它主要目的在于定义一个规范的数字证书格式,以便为基于 X.500 协议的目录服务提供一种强认证手段。但该标准并非要定义一个完整的、可互操作的 PKI 认证体系。在 X.509 规范中,一个用户有两把密钥:一把是用户的专用密钥,另一把是其他用户都可利用的公共密钥。为进行身份认证,X.509 标准及公共密钥加密系统提供了数字签名方案。

- PKCS(Public Key Cryptography Standard)系列标准:PKCS 是由美国 RSA 数据安全公司及其合作伙伴制定的一组公钥密码学标准,它在 OSI 的基础之上定义了公钥加密技术的应用标准和细节,同时制定了基于公开密钥技术的身份认证及数字签名的相关标准。其中包括证书申请、证书更新、CRL 发布、扩展证书内容以及数字签名、数字信封的格式等方面的一系列相关协议。

- PKIX(Public Key Infrastructure for X.509)系列标准:PKIX 是由 IETF 国际工作组制定的基于 X.509 的 PKI 应用系列标准,它主要定义了与数字证书应用相关的标准和协议及基于 X.509 和 PKCS 的 PKI 模型框架。PKIX 中定义的 4 个主要模型为用户、认证机构 CA、注册机构 RA 和证书存取库。这些标准是由各大商家的组织提交的,是基于安全系统之间的互操作的理想化标准草案。但 PKIX 大部分定义的是 PKI 的应用方案,缺乏统一的安全接口的抽象工作。

目前世界上已经出现了许多依赖于 PKI 的安全标准,即 PKI 的应用标准,如安全的套接层协议 SSL、传输层安全协议 TLS、安全的多用途互联网邮件扩展协议 S/MIME 和 IP 安全协议 IPSEC 等。

- S/MIME 是一个用于发送安全报文的 IETF 标准。它采用了 PKI 数字签名技术并支持消息和附件的加密,无须收发双方共享相同密钥。S/MIME 委员会采用 PKI 技术标准来实现 S/MIME,并适当扩展了 PKI 的功能。目前该标准包括密码报文语法、报文规范、证书处理以及证书申请语法等方面的内容。

- SSL/TLS 是互联网中访问 Web 服务器最重要的安全协议。当然,它们也可以应用于基于客户机/服务器模型的非 Web 类型的应用系统。SSL/TLS 都利用 PKI 的数字证书来认证客户和服务器的身份。
- IPSEC 是 IETF 制定的 IP 层加密协议,PKI 技术为其提供了加密和认证过程的密钥管理功能。IPSEC 主要用于开发新一代的 VPN。

另外,随着 PKI 的进一步发展,新的标准也在不断地增加和更新。

4.3　常用信任模型

信任模型提供了建立和管理信任的框架,是 PKI 系统整个网络结构的基础。基于 X.509 证书的信任模型主要有以下几种。

- 通用层次结构:在这个模型中考虑了两类认证机构:一个子 CA 向最终实体(用户、网络服务器、应用程序代码段等)颁发证书;中介 CA 对子 CA 或其他中介 CA 颁发证书。通用层次信任模型允许双向信任关系,证书用户可以选择自己觉得合适的信任锚。
- 下属层次信任模型:下属层次信任模型是通用层次模型的一个子集,其根 CA 被任命为所有最终用户的公共信任锚。根据定义,它是最可信的证书权威,所有其他信任关系都起源于它。它单向证明了下一层下属 CA。只有上级 CA 可以给下级 CA 发证,而下级 CA 不能反过来证明上级 CA。
- 网状模型:在网状配置中,所有的根 CA 之间都是对等的关系,都有可能进行交叉认证。特别是在任何两个根 CA 之间需要安全通信时,它们就要进行交叉认证。在完全连接的情况下,如果有 n 个根 CA,那么就需要 C2n 个交叉认证协议。
- 混合信任模型:本模型是将层次模型和网状模型相混合的模型,当独立的机构建立了各自的层次结构时,想要相互间认证,则要将交叉认证加到层次模型当中,形成混合信任模型。
- 桥 CA 模型:桥 CA 模型实现了一个交叉认证中心,它的目的是提供交叉证书,而不是作为证书路径的根。对于各个异构模式的"根"节点来说,它是它们的同级。当一个企业与桥 CA 建立了交叉证书,那么,它就获得了与那些已经和桥 CA 交叉认证的企业进行信任路径构建的能力。
- 信任链模型:在这种模型中,一套可信任的根的公钥被提供给客户端系统,为了被成功地验证,证书一定要直接或间接地与这些可信任根相连接,浏览器中的证书就是这种应用。

在以上的信任模型中涉及一个重要概念:交叉认证。交叉认证是一种把以前无关的 CA 连接在一起的有用机制,从而使得在它们各自主体群体之间的安全成为可能。

4.4 基于 PKI 的服务

PKI 作为安全基础设施,提供常用 PKI 功能的可复用函数,为不同的用户实体提供多种安全服务,其中分为核心服务和支撑服务。

4.4.1 核心服务

- 认证:认证即为身份识别与鉴别,即确认实体是其所声明的实体,鉴别其身份的真伪。鉴别有两种:其一是实体鉴别,实体身份通过认证后,可获得某些操作或通信的权限;其二是数据来源鉴别,它是鉴定某个指定的数据是否来源于某个特定的实体,是为了确定被鉴别的实体与一些特定数据有着不可分割的联系。
- 完整性:完整性就是确认数据没有被修改,即数据无论是在传输还是在存储过程中经过检查没有被修改。采用数据签名技术,既可以提供实体认证,也可以保证被签名数据的完整性。完整性服务也可以采用消息认证码,即报文校验码 MAC。
- 保密性:又称机密性服务,就是确保数据的秘密。PKI 的机密性服务是一个框架结构,通过它可以完成算法协商和密钥交换,而且对参与通信的实体是完全透明的。

这些服务能让实体证明它们就是其所声明的身份,保证重要数据没有被以任何方式进行了修改,确信发送的数据只能由接收方读懂。

4.4.2 支撑服务

- 不可否认性服务:指从技术上用于保证实体对它们的行为的诚实性。最受关注的是对数据来源的不可否认,即用户不能否认敏感消息或文件不是来源于它;以及接收后的不可否认性,即用户不能否认已接收到了敏感信息或文件。此外,还包括传输的不可否认性、创建的不可否认性以及同意的不可否认性等。
- 安全时间戳服务:用来证明一组数据在某个特定时间是否存在,它使用核心 PKI 服务中的认证和完整性。一份文档上的时间戳涉及对时间和文档的 Hash 值的数字签名,权威的签名提供了数据的真实性和完整性。
- 公证服务:PKI 中运行的公证服务是"数据认证"含义。也就是说,CA 机构中的公证人证明数据是有效的或正确的,而"正确的"取决于数据被验证的方式。

4.4.3 PKI 的应用

广泛的应用是普及一项技术的保障。PKI 支持 SSL、IP over VPN、S/MIME 等协议,这使得它可以支持加密 Web、VPN、安全邮件等应用。而且,PKI 支持不同 CA 间的交叉认证,并能实现证书、密钥对的自动更换,这扩展了它的应用范畴。一个完整的 PKI 产品除主要功能外,还包括交叉认证、支持 LDAP 协议、支持用于认证的智能卡等。此外,PKI 的特性融入各种应用(如防火墙、浏览器、电子邮件、群件、网络操作系统)也正在成为趋势。基于 PKI 技术的 IPSec 协议,现在已经成为架构 VPN 的基础。它可以为路由器之间、防火墙之间,或者路由器和防火墙之间提供经过加密和认证的通信。目前,发展很快的安全电子邮件协议是 S/MIME,S/MIME 是一个用于发送安全报文的 IETF 标准。基于 PKI 技术的 SSL/TLS 是互联网中访问 WEB 服务器最重要的安全协议,SSL/TLS 都是利用 PKI 的数字证书来认证客户和服务器的身份的。可见,PKI 的市场需求非常巨大,基于 PKI 的应用包括了许多内容,如 WWW 安全、电子邮件安全、电子数据交换、信用卡交易安全、VPN。从行业应用看,电子商务、电子政务等方面都离不开 PKI 技术。

4.5　PKI 与 PMI 的关系

4.5.1　授权管理

PMI 即是特权管理基础设施,PMI 授权技术主要解决有效授权问题。PMI 授权技术提供了一种在分布式计算环境中的访问控制功能,将访问控制机制从具体应用系统中分离出来,使得访问控制机制和应用系统之间能灵活而方便地结合。PMI 授权技术的核心思想是以资源管理为核心,将对资源的访问控制权统一交由授权机构进行管理,即由资源的所有者来进行访问控制。同 PKI 信任技术相比,两者的区别主要在于:PKI 证明用户是谁,并将用户的身份信息保存在用户的公钥证书中;而 PMI 证明这个用户有什么权限,什么属性,能干什么,并将用户的属性信息保存在授权证书(又称属性证书)中。

PMI 的最终目标就是提供一种有效的体系结构来管理用户的属性。这包括两个方面的含义:首先,PMI 保证用户获取他们有权获取的信息、做他们有权限进行的操作;其次,PMI 应能提供跨应用、跨系统、跨企业、跨安全域的用户属性的管理和交互手段。PMI 建立在 PKI 提供的可信的身份认证服务的基础上,以属性证书的形式实现授权的管理。PMI 体系和模型的核心内容是实现属性证书的有效管理,包括属性证书的产生、使用、吊销、失效等。

在一个应用系统中,授权必须以身份认证为基础,没有经过身份认证的访问控制是没有任何意义的。PKI 本身支持各种身份认证的手段,如基于口令的身份认证、公钥证书的身份认证机制等。在 PKI 已成为信息安全基础设施的情况下,公钥证书为用户提供了强鉴别机制,同样作为基础设施的 PMI 完全可以而且也应该与 PKI 有效地结合使用,属性权威可以在属性证书中绑定用户身份证书的有效信息,实现 PMI 与 PKI 的关联,使 PKI/PMI 体系的基础设施为信息安全建设提供一个通用的安全平台。在一个 PKI/PMI 的安全平台中,PKI 是 PMI 的基础,它为 PMI 授权提供了身份认证服务,而 PMI 又是对 PKI 的有益的补充,它在身份认证的基础上进一步管理了用户的权限属性。

4.5.2 属性证书

在 PKI/PMI 体系中存在两种证书。

（1）公钥证书 PKC：为了保证用户身份和公钥的可信度，将两者进行捆绑，并由可信的第三方 CA——证书的权威机构——签名的数据结构，即公钥证书。公钥证书的管理由系统进行，PKI 的主要作用是为身份认证提供安全依据。

（2）属性证书 AC：所谓属性证书，就是由 PMI 的权威机构属性权威 AA（Attribute Authority）签发的，将实体与其享有的权利属性捆绑在一起的数据结构，权威机构的数字签名保证了绑定的有效性和合法性。属性证书主要用于授权管理。属性证书建立在基于公钥证书的身份认证的基础上。

公钥证书保证实体及其公钥的对应性，为数据完整性、实体认证、保密性、授权等安全机制提供身份服务。那么，为什么不直接用公钥证书来承载属性而使用独立的属性证书呢？首先，身份和属性的有效时间有很大差异。身份往往相对稳定，变化较少；而属性（如职务、职位、部门等）则变化较快。因此，属性证书的生命周期往往远低于用于标识身份的公钥证书。举例来说，公钥证书类似于日常生活中的护照，而属性证书类似于签证。护照代表了一个人的身份，有效期往往很长；而签证的有效期则为几个月、几年不等。其次，公钥证书和属性证书的管理颁发部门有可能不同。仍以护照和签证为例，颁发护照的是一个国家，而颁发签证的又是另一个国家；护照往往只有一个（多国籍的除外），而签证数量却决定于要访问的国家的多少。与此相似，公钥证书由身份管理系统进行控制，而属性证书的管理则与应用紧密相关：什么样的人享有什么样的权力，随应用的不同而不同。一个系统中，每个用户只有一张合法的公钥证书，而属性证书则灵活得多。多个应用可使用同一属性证书，但也可为同一应用的不同操作颁发不同的属性证书。因此，只有那些身份和属性生命期相同，而且同时 CA 兼有属性管理功能的情况下，可以使用公钥证书来承载属性，即在公钥证书的扩展域中添加属性字段。大部分情况下应使用公钥证书属性证书的方式实现属性的管理。属性证书的格式如图 4.5.1 所示。

字段	含义
版本	
主体名称	该授权证书的持有者
发行者	颁发本 AC 的 AA 名称
发行者唯一标识符	颁发本 AC 的 AA 的唯一标识符（比特串）
签名算法	
序列号	
有效期	
属性	持有者所具有的权力属性
扩展域	

图 4.5.1　X.509 属性证书格式

属性证书的吊销与公钥证书相似，也是通过证书撤销列表的方式。通常对于有效期较长的属性证书系统，需要维护属性证书撤销列表，而对于生存周期非常短的属性证书来说，证书吊销是没有必要的。

4.5.3　PMI 结构模型

基本的特权管理模型由以下 4 个实体组成：对象、特权声称者、特权验证者、SOA（Source of Attribute Authority）/ AA（Attribute Authority）即权威源点/属性权威。各实体的关系如图 4.5.2 所示。

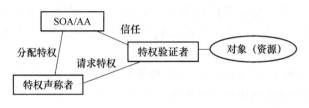

图 4.5.2　PMI 结构模型

（1）SOA（Source of Attribute Authority）授权管理体系的中心业务节点，是整个授权系统的最终信任源和最高管理机构，相当于 PKI 系统中的根 CA，对整个系统特权分发负有最终的责任。中心的主要职责是授权策略的管理、应用授权受理、中心的设立审核及管理等。

（2）AA（Attribute Authority）是授权管理体系的核心服务节点，是对应于具体应用系统的授权管理分系统，由各应用部门管理，SOA 授权给它管理一部分或全部属性的权力。AA 中心的职责主要包括应用授权受理。可以有多个层次，上级 AA 可授权给下级 AA，下级可管理的属性的范围不超过上级。

（3）特权持有者（End-entity privilege holder）使用属性证书的实体或人。在很多使用环境中，系统只存在一个 AA，即 SOA，管理所有的特权和属性，并直接分配特权给最终用户；在大型的复杂的环境中，则存在多级 AA，PMI 呈树状体系结构，分层进行管理，属性的验证也较为复杂，不仅要验证最终用户持有的属性证书，还必须逐级回溯，验证各级的权力和有效性，直至 SOA，类似 PKI 系统中的信任链。

（4）对象（Object）是指被保护的资源，表现为各种机密文件、数据库等。

2000 年发布的 X.509 详细介绍并分析了其他模型，如控制模型、委托授权模型、角色模型。控制模型阐述了根据不同的环境变量、特权策略、对象的敏感度和特权声称者等参数如何实现对特定对象的访问控制。委托授权模型是 PMI 框架的一个可选项，在这种情况下，SOA 授权给扮演 AA 角色的特权持有者，由 AA 进一步对其他实体进行授权，这种授权通过包含相同特权的证书来颁发。SOA 可以对委托授权进行强加约束（例如限制路径长度、限制委托授权的命名空间）。一个委托者也可以进一步限制它下层的 AA 的授权能力。只有 AA 可以进行委托授权，端实体不能进行委托授权。

小　结

PKI 是一个采用非对称密码算法原理和技术来实现并提供安全服务的、具有通用性的安全基础设施。PKI 技术是公开密钥密码学完整的、标准化的、成熟的工程框架，它基于并且不断吸收公开密钥密码学丰硕的研究成果,按照软件工程的方法,采用成熟的各种算法和协议,遵循国际标准和 RFC 文档,如 PKCS、SSL、X.509、LDAP,完整地提供网络和信息系统安全的解决方案。数字证书是将公钥和确定属于它的某些信息(比如该密钥对持有者的姓名、电子邮件或者密钥对的有效期等信息)相绑定的数字声明,由 CA 认证机构颁发。一个完整的 PKI 系统对于数字证书的操作通常包括证书颁发、证书更新、证书废除、证书和 CRL 的公布、证书状态的在线查询、证书认证等。

信任模型提供了建立和管理信任的框架,是 PKI 系统整个网络结构的基础。基于 X.509证书的信任模型主要有:通用层次结构、下属层次信任模型、网状模型、混合信任模型、桥 CA 模型和信任链模型等。

PKI 作为安全基础设施,提供常用 PKI 功能的可复用函数,为不同的用户实体提供多种安全服务,其中分为核心服务和支撑服务。

PMI 即是特权管理基础设施,PMI 授权技术主要解决有效授权问题。PMI 建立在 PKI 提供的可信的身份认证服务的基础上,以属性证书的形式实现授权的管理。PMI 体系和模型的核心内容是实现属性证书的有效管理,包括属性证书的产生、使用、吊销、失效等。

在一个 PKI/PMI 的安全平台中,PKI 是 PMI 的基础,它为 PMI 授权提供了身份认证服务,而 PMI 又是对 PKI 的有益的补充,它在身份认证的基础上进一步管理了用户的权限属性。

从行业应用看,电子商务、电子政务等方面都离不开 PKI/PMI 认证技术。

思 考 题

1. 完整的 PKI 应用系统应包括哪些部分?
2. 证书和证书撤销信息的发布主要有哪些方式? 并讨论这些方式的优缺点。
3. PMI 与 PKI 的区别主要体现在哪些方面?

第5章

密钥管理技术

在现代的信息系统中用密码技术对信息进行保密,其安全性实际取决于对密钥的安全保护。在一个信息安全系统中,密码体制、密码算法可以公开,甚至如果所用的密码设备丢失,只要密钥没有被泄露,保密信息仍是安全的。而密钥一旦丢失或出错,不但合法用户不能提取信息,而且非法用户也可能会窃取信息。因此密钥管理成为信息安全系统中的一个关键问题。

5.1 密钥管理概述

密钥管理是处理密钥自产生到最终销毁的整个过程中的所有问题,包括系统的初始化,密钥的产生、存储、备份/装入、分配、保护、更新、控制、丢失、吊销和销毁等。其中分配和存储是最大的难题。密钥管理不仅影响系统的安全性,而且涉及系统的可靠性、有效性和经济性。当然密钥管理也涉及物理上、人事上、规程上和制度上的一些问题。

密钥管理包括:

(1) 产生与所要求安全级别相称的合适密钥;

(2) 根据访问控制的要求,对于每个密钥决定哪个实体应该接受密钥的拷贝;

(3) 用可靠办法使这些密钥对开放系统中的实体是可用的,即安全地将这些密钥分配给用户;

(4) 某些密钥管理功能将在网络应用实现环境之外执行,包括用可靠手段对密钥进行物理的分配。

密钥交换是设计网络认证,保密传输等协议功能的前提条件。密钥选取也可以通过访问密钥分配中心来完成,或经管理协议做事先的分配。

使用密钥管理有很多因素,下面从理论、人为管理和技术 3 个层面说明。

(1) 理论因素

按照信息论的理论,密文在积累到足够的量时,其破解是必然的。这种关系如图 5.1.1 所示。

假设 Alice 和 Bob 在使用对称密钥进行保密通信时,必然拥有相同的密钥。如图 5.1.2

所示。为了避免攻击者通过穷举攻击等方式获得密钥,必须经常更新或是改变密钥,对于更新的密钥也要试图找到合适的传输途径。这里更新密钥是指通信双方更改所使用的对称密钥,改变密钥是指通信单方变更自己的私钥和对应的公钥对。

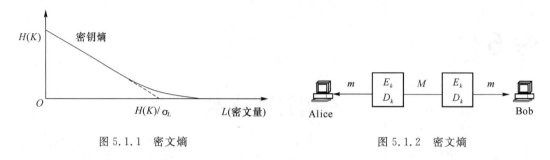

图 5.1.1　密文熵　　　　　　　　　图 5.1.2　密文熵

更新密钥的另外一个原因是:假设 Alice 在向 Bob 发送信息时,始终不更新密钥,那么在加密数据积累到一定程度的情况下,即攻击者 Mallory 对信息 M 的收集量满足一定要求时,其成功破译系统的可能性会增大。

综上所述,两个通信用户 Alice 和 Bob 在进行通信时,必须要解决两个问题:一是必须经常更新或改变密钥;二是如何能安全地更新或是改变密钥。

(2) 人为因素

破解好的密文非常困难,困难到即便是专业的密码分析员有时候也束手无策,当然可以花费高昂的代价去购买破译设备,但可能得不偿失。商业上的竞争对手更愿意花费小额的金钱从商业间谍或是贿赂密钥的看守者从而得到密钥,因此导致安全的漏洞。实际上这种人为的情况往往比加密系统的设计者所能够想象的还要复杂得多,所以需要有一个专门的机构和系统防止上述情形的发生。

(3) 技术因素

① 用户产生的密钥有可能是脆弱的;

② 密钥是安全的,但是密钥保护有可能是失败的。

5.2　对称密钥的管理

对称加密是基于共同保守秘密来实现的。采用对称加密技术的双方必须要保证采用的是相同的密钥,要保证彼此密钥的交换安全可靠,同时还要设定防止密钥泄密和更改密钥的程序。对称密钥的管理和分发工作是一件具有潜在危险和烦琐的过程。可通过公开密钥加密技术实现对称密钥的管理,使相应的管理变得简单和更加安全,同时还解决了对称密钥体制模式中存在的管理、传输的可靠性问题和鉴别问题。

5.2.1　对称密钥交换协议

在图 5.2.1 中,如果用户 Alice 和 Bob 间的相互通信使用相同密钥 K 进行加密传输的话,由于 Alice 和 Bob 间要经常更换密钥,那么这个密钥如何来建立和传输是一个重要的问题,建立传输密钥 K 的信道必须是安全的。

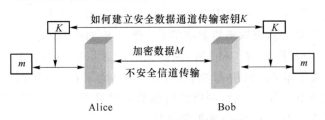

图 5.2.1　对称密钥的密钥交换

Diffie-Hellman 算法(1976)是一个公开的密钥算法,其安全性基于在有限域上求解离散对数的困难性。Diffie-Hellman 算法能够解决 Alice 和 Bob 间相互通信时如何产生和传输密钥的问题。Diffie-Hellman 协议的具体实现在密码学中已有体现,下面讨论一下 Diffie-Hellman 协议的三方密钥传输。Diffie-Hellman 协议可以在三方间实现传输,假设 Alice、Bob 和 Coral 是需要通信的三方,那么密钥可以按照如下方式产生和传输。

首先,Alice、Bob、Coral 三方协商确定一个大的素数 n 和整数 g(这两个数可以公开),其中 g 是 n 的本原元。

由此所产生密钥过程为:

(1) Alice 首先选取一个大的随机整数 x,并且发送 $X = g^x \bmod n$ 给 Bob。

Bob 首先选取一个大的随机整数 y,并且发送 $Y = g^y \bmod n$ 给 Coral。

Coral 首先选取一个大的随机整数 z,并且发送 $Z = g^z \bmod n$ 给 Alice。

(2) Alice 计算 $X_1 = Z^x \bmod n$ 给 Bob。

Bob 计算 $Y_1 = X^y \bmod n$ 给 Coral。

Coral 计算 $Z_1 = Y^z \bmod n$ 给 Alice。

(3) Alice 计算 $k = Z_1^x \bmod n$ 作为秘密密钥。

Bob 计算 $k = X_1^y \bmod n$ 作为秘密密钥。

Coral 计算 $k = Y_1^z \bmod n$ 作为秘密密钥。

秘密密钥 $k = g^{xyz} \bmod n$,由于在传送过程中,攻击者 Mallory 只能得到 X、Y、Z 和 X_1、Y_1、Z_1,而不能求得 x、y 和 z,因此这个算法是安全的。Diffie-Hellman 协议很容易能扩展到多人间的密钥分配中去,因此这个算法在建立和传输密钥上经常使用。

5.2.2　加密密钥交换协议

1. 加密密钥交换(Encryption Key Exchange,EKE)协议

EKE 协议由 Steve Bellovin 和 Michael Merritt 设计,使用公开密钥和对称密钥实现鉴别与安全。EKE 协议描述如下。

假设 A 和 B 共享一个密钥或是口令 P,那么产生密钥 K 的过程如下所示

(1) A 选取随机的公(私)密钥 AEK,使用 P 作为加密密钥,并且发送 $E_P(AEK)$ 给 B。

(2) B 计算求得 AEK,然后选取随机的对称密钥 BEK,使用 AEK 和 P 加密,发送 $E_P(E_{AEK}(BEK))$ 给 A。

(3) A 计算求得 BEK,那么此时这个数值就是产生的密钥 K。

随后,鉴别和验证:

(4) A 选取随机数字串 R_A,使用 K 加密后,发送 $E_k(R_A)$ 给 B。

(5) B 计算求得 R_A 后,选取随机数字串 R_B,使用 K 加密后,发送 $E_k(R_A,R_B)$ 给 A。

(6) A 计算求得数字串 (R_A,R_B) 后,判断此时的数据串是否含有先前发送的数字串 R_A。若是,则取出数字串 R_B,使用 K 加密后,发送 $E_k(R_B)$ 给 B;否则取消发送。

(7) B 计算求得数字串 R_B 后,判断此时的数据串是否等于先前发送的数字串 R_B,若是,则选用密钥 K 作为通信密钥;否则取消通信。

2. Internet 密钥交换(Internet Key Exchange,IKE)协议

由 RFC 2409 文档描述的 IKE 密钥交换属于一种混合型协议,由 IETF 工作组定义完善。IKE 协议沿用了 ISAKMP(ISAKMP 的含义是密钥管理协议,ISAKMP 本身并不建立会话密钥,但是能够与各种不同的会话密钥建立协议)的基础、Oakley 的模式以及 SKEME 的共享和密钥更新技术,从而提供完整的密钥管理方案。Oakley 密钥决定协议采用混合的 Diffie-Hellman 技术建立会话密钥。IKE 技术主要用来确定鉴别协商双方身份、安全共享联合产生的密钥。

由于目前广泛应用于 VPN 隧道构建的 IKE 密钥交换协议存在潜在的不安全因素,因此这一协议的推广应用有可能暂停,对此不做详细阐述。IKE 协议存在的安全缺陷包括可能导致服务器过载的大量初始安全连接请求,及占用服务器处理能力的大量不必要的安全验证等,这类缺陷可能会招致严重的 DOS 攻击及敏感信息泄露。

3. 基于 Kerberos 的 Internet 密钥协商(Kerberroized Internet Negotiation of Keys,KINT)协议

KINT 是一个新的密钥协商协议,相对于 IKE 而言,它的协商速度更快、计算量更小、更易于实现。KINT 使用 Kerberos 机制实现初期的身份认证和密钥交换,通过 Kerberos 提供对于协商过程的加密和认证保护。KINT 将 Kerberos 快速高效的机制结合到密钥协商过程中,加快了身份认证和密钥交换的过程,缩减了协商所需的时间。

5.3 非对称密钥的管理

无论是对称密钥还是公开密钥,都要涉及密钥保护的问题。一个密钥系统是否是完善的,有时候取决于能否正常地保有密钥。对称密钥加密方法的致命弱点就在于它的密钥管理十分困难,因此很难在电子商务和电子政务中得到广泛应用。非对称密钥的管理相对于对称密钥就要简单得多,因为对于用户 Alice 而言,只需要记住通信的他方——Bob——的公钥,即可以进行正常的加密通信和对 Bob 发送信息的签名验证。非对称密钥的管理主要在于密钥的集中式管理。

5.3.1 非对称密钥的技术优势

在使用对称密码系统时,发送加密信息的时候无须担心被截取(因为截取的人无法破译信息)。然而,如何安全地将密钥传送给需要接收消息的人是一个难点。公开密钥密码系统的一个基本特征就是采用不同的密钥进行加密和解密。使用公开密钥密码系统,公开密钥和私有密钥是成对的,而且公开密钥可以自由分发而无须威胁私有密钥的安全,但是私有密钥一定要保管好。通过公开密钥加密的信息只有配对的私有密钥才能解密。非对称密钥的安全问题在于一个用户如何能正常且正确地获得另一个用户的公钥而不用担心这个公钥是伪造的。

在公开密码系统发明之前,维护一个庞大的密钥管理系统几乎是不可能的。因为在采用对称加密密码系统的情况下,随着用户数目的增加,密钥的需求量按几何级数增加。公开密钥密码系统的发明对一个大规模网络的密钥管理起到了极大的推动作用。虽然公开密钥密码系统有那么多优点,但公开密钥密码系统的工作效率没有对称密钥密码系统好。公钥加密计算复杂,耗用的时间也长,公钥的基本算法比常规的对称密钥加密慢很多。为加快加密过程,通常采取对称密码和公开密钥的混合系统,也就是使用公开密钥密码系统来传送密码,使用对称密钥密码系统来实现对话。例如,假设 Alice 和 Bob 相互要进行通话,他们按照如下步骤进行(参见 2.5 节 电子信封技术)。

1)Alice 想和 Bob 通话,并向 Bob 提出对话请求。

2)Bob 响应请求,并给 Alice 发送 CA 证书(CA 证书是经过第三方认证和签名的,并且无法伪造或篡改)。这个证书中包括了 Bob 的身份信息和 Bob 的公开密钥。

3)Alice 验证 CA 证书,使用一个高质量、快速的常用对称密钥加密法来加密一个普通文本信息和产生一个临时的通话密钥;然后使用 Bob 的公钥去加密该临时会话密钥。再把此会话密钥和已加密文本发送给 Bob。

4)Bob 接收到信息,并使用自己的私钥恢复出会话密钥。

5)Bob 使用临时会话密钥对加密文本解密。

6)双方通过这个会话密钥会话。会话结束,会话密钥也就废弃。

通信的双方为每次进行交换的数据信息生成唯一的对称密钥,并使用公开密钥对该密钥进行加密,然后再将加密后的密钥和使用该对称密钥加密的信息一起发送给相应的通信方。由于对每次信息交换都对应生成了唯一的一把密钥,因此各通信方就不再需要对密钥进行维护和担心密钥的泄露或过期。这种方式的另一优点是,即使泄露了对称密钥也将只影响一次通信,而不会影响到通信双方之间所有的通信。这种方式还提供了通信双方发布对称密钥的一种安全途径,因此适用于建立贸易和电子商务的双方。

5.3.2　非对称密钥管理的实现

公开密钥管理利用数字证书等方式实现通信双方间的公钥交换。国际电信联盟(ITU)制定的 X.509 标准对数字证书进行了定义,该标准等同于国际标准化组织(ISO)与国际电工委员会(IEC)联合发布的 ISO/IEC 9594-8:195 标准。数字证书能够起到标识贸易双方的作用,目前网络上的浏览器,都提供了数字证书的识别功能来作为身份鉴别的手段。目前国际有关的标准化机构都着手制定关于密钥管理的技术标准规范。ISO 与 IEC 下属的信息技术委员会(JTC1)起草的关于密钥管理的国际标准规范主要由 3 部分组成:①密钥管理框架;②采用对称密钥技术的机制;③采用非对称密钥技术的机制。

5.4　密钥管理系统

密钥是密码系统的重要部分,在采用密码技术的现代通信系统中,其安全性主要取决于密钥的保护,而与算法本身或是硬件无关。对密钥的管理是所有加密系统最容易出现漏洞的方面。密钥是最有价值的信息,如果可以获得密钥,那么就可以解密所有由这个密钥加密的内容。因此,产生密钥算法的强度、密钥长度以及密钥的保密和安全管理在保证数据系统安全中极为重要。

5.4.1　基本概念

密钥的管理需要借助于加密、认证、签字、协议、公证等技术。密钥管理系统是依靠可信赖的第三方参与的公证系统。

密钥的种类繁杂,但一般将不同场合的密钥分为以下几类。

(1) 初始密钥

由用户选定或系统分配的,在较长的一段时间内由一个用户专用的秘密密钥。要求它既安全又便于更换。

(2) 会话密钥

会话密钥是两个通信终端用户在一次会话或交换数据时所用的密钥。这类密钥往往由系统通过密钥交换协议动态产生。会话密钥使用的时间很短,从而限制了密码分析者攻击时所能得到的用同一密钥加密的密文量。在不慎丢失会话密钥时,由于使用该会话密钥加密的数据量有限,因此对系统的保密性影响不大。

(3) 密钥加密密钥(Key Encrypting Key,KEK)

用于传送会话密钥时采用的密钥。

(4) 主密钥(Mater Key)

主密钥是对密钥加密密钥进行加密的密钥,存于主机的处理器中。

密钥安全保密是密码系统安全的重要保证,保证密钥安全的原则是除了在有安全保证环境下进行密钥的产生、分配、装入以及存入保密柜内备用外,密钥决不能以明文的形式出现。密钥存储时,还必须保证密钥的机密性、认证性和完善性,防止泄露和修改。

5.4.2　密钥的分配

密钥的分配要解决两个问题:
- 密钥的自动分配机制,自动分配密钥以提高系统的效率;
- 应尽可能减少系统中驻留的密钥量。

密钥分配是密钥管理系统中最为复杂的问题,根据不同的用户要求和网络系统的大小,有不同的解决方法。根据密钥信息的交换方式,密钥分配可以分成 3 类:人工密钥分发;基于中心的密钥分发;基于认证的密钥分发。

（1）人工密钥分发

在很多情况下，用人工的方式给每个用户发送一次密钥。然后，后面的加密信息用这个密钥加密后，再进行传送，这时，用人工方式传送的第一个密钥就是密钥加密密钥。

对一些保密要求很高的部门，采用人工分配是可取的。只要密钥分配人员是忠诚的，并且实施的计划周密，则人工分配密钥是安全的。随着计算机通信技术的发展，人工分配密钥的安全性将会加强。然而，人工分配密钥却不适应现代计算机网络的发展需要，利用计算机网络的数据处理和数据传输能力实现密钥分配自动化，无疑有利于密钥安全，反过来又提高了计算机网络的安全。

（2）基于中心的密钥分发

基于中心的密钥分发利用可信任的第三方，进行密钥分发。可信第三方可以在其中扮演两种角色：

① 密钥分发中心（Key Distribuion Center，KDC）；

② 密钥转换中心（Key Translation Center，KTC）。

上述方案的优势在于，如果用户知道自己的私钥和 KDC 的公钥，就可以通过密钥分发中心获取他将要进行通信的他方的公钥，从而建立正确的保密通信。

大多数的密钥分发方法都适合于特定的应用和情景。例如，依赖于时间戳的密钥分发方案比较适合本地认证环境，因为在这种环境中，所有的用户都可访问大家都信任的时钟服务器。在 Kerberos 中，如果主体 Alice 和 Bob 通信时需要一个密钥，那么，Alice 需要在通信之前先从 KDC 获得一个密钥。这种模型又称为拉模型（pull model）。基于中心的密钥分发的拉模型可以用图 5.4.1 来表示。

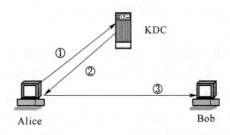

图 5.4.1 拉模型示意

美国金融机构密钥管理标准（ANSI X9.17）要求通信方 Alice 首先要和 Bob 建立联系，然后，让 Bob 从 KDC 取得密钥。这种模型称为推模型（push model），表示是由 Alice 推动 Bob 去和 KDC 联系取得密钥。推模型可用图 5.4.2 来表示。

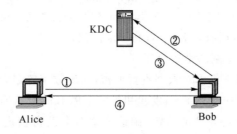

图 5.4.2 推模型示意

在安全性方面,推模型和拉模型没有优劣之分,至于要实现哪种模型要看具体的环境而定。在 Kerberos 实现认证管理的本地网络环境中,把获取密钥的任务交给大量的客户端,这样可以减轻服务器的负担。而在使用 X9.17 设计的广域网环境中,采用由服务器去获得密钥的方案会好一些,因为服务器一般和 KDC 放在一起,而客户端通常和 KDC 离得很远。

(3) 基于认证的密钥分发

基于认证的密钥分发也可以用来建立成对的密钥。基于认证的密钥分发技术又分成两类:

① 用公开密钥加密系统,对本地产生的加密密钥进行加密,来保护加密密钥在发送到密钥管理中心的过程,这个技术叫作密钥传送;

② 加密密钥由本地和远端密钥管理实体一起合作产生密钥。这个技术叫作密钥交换,或密钥协议。最典型的密钥交换协议是 Diffie-Hellman 密钥交换。

5.4.3　计算机网络密钥分配方法

(1) 只使用会话密钥

这个方法适合于比较小的网络系统中不同用户间的保密通信。它由一个专门机构生成密钥后,将其安全发送到每个用户节点,保存在安全的保密装置内。当通信双方通信时,就直接使用这个会话密钥对信息加密。这个密钥被各个节点所共享。但这种只使用一种密钥的通信系统的安全性比较低,而且由于密钥被每个节点共享,容易泄露。在密钥更新时就必须在同一时间,在网内的所有节点(或终端)上进行,比较烦琐。

这种情况不适合现在的开放性、大容量网络系统的需要。

(2) 采用会话和基本密钥

为了提高保密性、可使用两种密钥——会话密钥和基本密钥。对于这种方法,进行数据通信的过程是:主体在发送数据之前首先产生会话密钥,用基本密钥对其加密后,通过网络发送到客体;客体收到后用基本密钥对其解密,双方就可以开始通话了;会话结束,会话密钥消失。由于数据加密密钥只在一次会话内有效,会话结束,会话密钥消失,下次再会话时,再产生新的会话密钥,实现了密钥的动态更新,一次一密,因此大大提高了系统的保密性。

为了防止会话密钥和中间一连串加密结果被非法破译,加密方法和密钥必须保存在一个被定义为保密装置的保护区中。基本密钥必须以秘密信道的方式传送,注入保密装置,不能以明文形式存在于保密装置以外。

基于这种情况的密钥分配已经产生了很多成熟的密钥协议。例如简单的 Wide-Mouth Frog 密钥分配协议,讨论得比较多的 Yahalom 密钥分配协议,可以有效防范重传攻击的 Needham-Schroeder 协议,还有著名的 Kerberos 协议。

(3) 采用非对称密码体制的密钥分配

非对称密钥密码体制不仅可对数据进行加密,实现数字签名,也可用于对称密码体制中密钥的分配。当系统中某一主体 A 想发起和另一主体 B 的秘密通信时,先进行会话密钥的分配。A 首先从认证中心获得 B 的公钥,用该公钥对会话密钥进行加密,然后发送给 B,B 收到该信息后,用自己所唯一拥有的私钥对该信息解密,就可以得到这次通信的会话密钥。这种方法是目前比较流行的密钥分配方法。

5.4.4　密钥注入和密钥存储

1. 密钥注入

密钥的注入通常采用人工方式。特别对于一些很重要的密钥可由多人、分批次独立、分开完成注入，并且不能显示注入的内容，以保证密钥注入的安全。密钥的注入过程应当在一个安全、封闭的环境下进行，以防止可能被窃听，防止电磁泄漏或其他辐射造成的泄密等。当然，进行密钥注入工作的人员应当是绝对可靠的，这是前提条件。

密钥常用的注入方法有：键盘输入、软盘输入、专用密钥注入设备（密钥枪）输入。采用密钥枪或密钥软盘与键盘输入的口令相结合来进行密钥注入，这样更为安全。只有在输入了合法的加密操作口令后，才能激活密钥枪或软盘里的密钥信息。因此，应建立一定的接口规约。在密钥注入过程完成后，不允许存在任何可能导出密钥的残留信息，比如应将使用过的存储区清零。当将密钥注入设备用于远距离传递密钥时，注入设备本身应设计成像加密设备那样的封闭式物理逻辑单元。密钥注入后，还要检验其正确性。

2. 密钥存储

在密钥注入后，所有存储在加密设备里的密钥平时都以加密的形式存放，而对这些密钥的操作口令应该实现严格的保护，专人操作，口令专人拥有或用动态口令卡来进行保护等。这样可以在即使装有密钥的加密设备丢失时也不至于造成密钥的泄露。

而且加密设备应有一定的物理保护措施。一部分最重要的密钥信息应采用掉电保护措施，使得在任何情况下，只要拆开加密设备，这部分密钥就会自动丢掉。

如果采用软件加密的形式，应有一定的软件保护措施。重要的加密设备应有紧急情况下自动消除密钥的功能。在可能的情况下，应有对加密设备进行非法使用的审计，把非法口令输入等事件的发生时间等记录下来。高级专用加密设备应做到：无论通过人工的方法还是自动的（电子、X射线、电子显微镜等）方法都不能从密码设备中读出信息。对当前使用的密钥应有密钥合法性验证措施，以防止被篡改。

通过这些保护措施的使用，应该做到存储时必须保证密钥的机密性、认证性和完整性，防止泄露和篡改。比较好的解决方案是：将密钥储存在磁条卡中，使用嵌入ROM芯片的塑料密钥或智能卡，通过计算机终端上特殊的读入装置把密钥输入到系统中。当用户使用这个密钥时，他并不知道它，也不能泄露它，他只能用这种方法使用它。若将密钥平分成两部分，一半存入终端，一半存入ROM钥卡上。即使丢掉了ROM钥卡也不致泄露密钥。将密钥做成物理形式会使存储和保护它更加直观。对于难以记忆的密钥可用加密形式存储，利用密钥加密密钥来加密。

公钥密码中的公钥不需要机密性保护，但应该提供完整性保护以防止篡改。公钥密码中的私钥必须在所有时间都妥善保管。如果攻击者得到私钥的副本，那么它就可以读取发送给密钥对拥有者的所有机密通信数据，还可以像密钥对的拥有者那样对信息进行数字签名。对私钥的保护包括它们的所有副本。因此必须保护带有密钥的文件，可能包含这个文件的所有备份也应保护。

私钥管理成了公钥系统安全中薄弱的环节，从私钥管理途径进行攻击比单纯破译密码算法的代价要小得多，如何保护用户的私钥成了防止攻击的重点。大多数系统都使用密码对私钥进行保护。这样可以保护密钥不会被窃取,但是密码口令必须精心选择,以防止口令攻击。

下面介绍几种私钥存储方案。

(1) 用口令加密后存放在本地软盘或硬盘中

将私钥用用户口令进行加密后存放在软盘或硬盘中。例如电子邮件安全 PGP 采用的方法是利用私钥环文件来存放用户的私钥,在每对公开/私有密钥对中的私有密钥部分是经过用户口令的单向函数加密后存放的。私有密钥环只存储在创建和拥有密钥对的用户机器上,并且只有知道口令的用户可以访问私有密钥环。

利用口令保护私有密钥非常简洁。但是用户使用时需要插入软盘或者利用存放在硬盘的文件,限制了用户使用的灵活性,例如用户需要在不同的机器上对网络进行访问,就必须将这些数据存入多台硬盘中,而一旦口令或者私钥被修改又需要对每台机器上的数据进行修改。而且存放文件容易被复制,虽然这些数据经过用户的口令加密,但是一旦这些数据被别人复制就存在离线口令猜测攻击漏洞。这种方法适合于机器和用户固定的办公环境。

(2) 存放在网络目录服务器中

将用户的私钥集中存放在特殊的服务器中,用户可以通过一定的安全协议使用口令来获得自己的私钥并修改自己的私钥和口令。这种方式称为私钥存储服务(Private Key Storage Service, PKSS)。在 DCE-PKSS 等协议中就定义了这样的服务。这时用户私钥的安全程度取决于用户口令的好坏和 PKSS 服务器的安全。

采用专有的私钥存储服务器的优点在于由专职系统管理人员和专门的服务器对用户私钥进行集中存储和管理,用户必须通过相应的安全协议证实自己的身份后才能获得加密后的私钥,用户可以不限定在固定的某台机器上,减轻了第一种方法中密钥分散管理带来的不便和负担。但是由于在安全协议的设计中都假定用户选择的口令是随机的,忽略了用户倾向于选择有一定意义的词和字母数字组合作为口令,所以也会遭到口令猜测攻击。

(3) 智能卡存储

智能卡同普通信用卡的大小差不多,并提供了抗修改能力,用于保护其中的用户证书和私钥。利用智能卡来存放用户的私钥比使用口令方式有更高的安全性。智能卡提供了让非授权人更难获取网络存取权限的能力。采用智能卡进行认证时,需要特殊的硬件读卡,但是目前能够提供高安全保护的自带加密算法的加密挑战/响应卡和加密计算器成本还比较高,难以全面推广。

(4) USB Key 存储

USB Key 又称为电子钥匙,外形与普通的 U 盘类似。目前作为数字签名载体的智能卡以及读卡器逐渐开始被 USB Key 产品所替代,后者除能实现智能卡的所有功能之外,还利用 USB 技术将智能卡、读卡器的功能集于一身。USB Key 内置 CPU,可使得用户的私钥不出卡,所有的运算均在硬件内完成,从根本上保证了用户的私钥的安全,杜绝了用户密钥被截取的可能性。USB Key 非常方便随身携带,并且密钥和证书不可导出,USB Key 的硬件不可复制,更显安全可靠。由于使用计算机的 USB 端口,不需要专门的读取设备,不仅如此,USB Key 的热插拔、易携带的特点也成为其迅速占领市场的重要因素。

5.4.5　密钥更换和密钥吊销

（1）密钥更换

密钥的使用是有寿命的，一旦密钥有效期到期，就必须消除原密钥存储区，或者使用随机产生的噪声重写。为了保证加密设备能连续工作，也可以在新密钥生成后，旧密钥还可以保持一段时间，以防止密钥更换期间不能解密的死锁。密钥的更换，可以采用批密钥的方式，即一次注入多个密钥，在更换时可以按照一个密钥生效，另一个密钥废除的形式进行。替代的次序可以采用密钥的序号，如果批密钥的生成与废除是顺序的，则序数低于正在使用的密钥的所有密钥都已过期，相应的存储区清零。

（2）密钥吊销

密钥的寿命不是无限的。由于会话密钥只能存在于一个会话中，所以在会话结束时，这个密钥会被删除，不需要吊销它。一些密钥可能需要在给定的时间段内有效，一般来说，公钥对的有效期为一年到两年。有效的公钥会给出失效日期，在这个日期之后，读到该证书的系统不会认为它是有效的，因此不需要吊销已经失效的证书。不过，此类密钥也可能丢失或者被攻击。在发生这种情况时，密钥的拥有者必须将密钥不再有效并且不应该继续使用这一情况通知其他用户。对于私钥加密系统，如果密钥被攻击，就启用新的密钥。

对于公钥的情况，如果密钥对被攻击或吊销，则没有明显的途径可以通知公钥的潜在使用者这个公钥不再有效。在某些情况下，公钥被发布给公钥服务器。那些希望与密钥的拥有者通信的用户都可以连接到该服务器，以获得有效的公钥。通信他方必须定期访问密钥服务器，以查看密钥是否被吊销，密钥的拥有者必须向所有潜在的密钥服务器发送吊销消息。密钥服务器还必须在原始证书有效期到期之前保留这条吊销信息。

5.5　密钥产生技术

5.5.1　密钥产生的制约条件

1. 通信的双方密钥选择

保密通信的双方间是否能选择合适的密钥，对算法的安全性有致命影响。一个不合适的密钥有可能很容易被对方破解，这种密钥被称为弱密钥。导致弱密钥的产生有以下两种情形。

（1）密钥产生设置的缺陷和密钥空间的减少

对于一个 64 位比特串的密钥，可以有 1 019 种可能的密钥，然而实际上所对应的密钥空间中的密钥值比预计的要少得多。表 5.5.1 给出了不同密钥空间的可能密钥数。

表 5.5.1　不同密钥空间的可能密钥数

	4 字节	5 字节	6 字节	7 字节	8 字节
小写字母(26)	4.6×10^5	1.2×10^7	3.1×10^8	8.0×10^9	2.1×10^{11}
小写字母和数字(36)	1.7×10^6	6.0×10^7	2.2×10^9	7.8×10^8	2.8×10^{12}
字母数字字符(62)	1.5×10^7	9.2×10^8	5.7×10^{10}	3.5×10^{12}	2.2×10^{14}
印刷字符(95)	8.1×10^7	7.7×10^9	7.4×10^{11}	7.0×10^{13}	6.6×10^{15}
ASCII 字符(128)	2.7×10^8	3.4×10^{10}	4.4×10^{12}	5.6×10^{16}	7.2×10^{16}
8 bit ASCII 字符(256)	4.3×10^9	1.1×10^{12}	2.8×10^{14}	7.2×10^{16}	1.8×10^{19}

（2）人为选择的弱密钥

用户通常选择易于记忆的密钥，但这给密码破译提供了便利。

防止产生弱密钥的最佳方案是产生随机密钥，当然，这是不利于记忆的，可以将随机密钥存储在智能卡中。在密钥产生的过程中，需要的是真正的随机数。

密钥产生的制约条件有 3 个：随机性、密钥强度和密钥空间。

2. 密钥的尺度

针对密钥的产生还要考虑密钥的尺度要求。密钥尺度，也就是密钥的长度，对密钥的强度有直接的影响。密钥的尺度涉及两个问题：多长的密钥才适合保密通信的要求；密钥系统对于对称/非对称密钥长度的匹配问题。

（1）密钥尺度的要求与信息的安全需要环境有关，表 5.5.2 示例了不同信息安全需要对于对称/非对称密钥尺度的要求。

表 5.5.2　不同信息安全需要对密码尺度的要求

信息类型	时间	对称密钥的长度	公钥密钥的长度
战场军事信息	数分钟/小时	56～64 bit	384 bit
产品发布、合并、利率	几天/小时	64 bit	512 bit
长期商业计划	几年	112 bit	1 792 bit
贸易秘密	几十年	128 bit	2 304 bit
氢弹秘密	>40 年	128 bit	2 304 bit
间谍身份	>50 年	128 bit	2 304 bit
个人隐私	>50 年	128 bit	2 304 bit
外交秘密	>65 年	至少 128 bit	至少 2 304 bit

表 5.5.2 表明了安全环境对密钥长度的制约，由于计算机技术和密码学的发展，密钥长度已经有了很大的变化，比如使用的对称密钥的长度已经修改为 128～192 bit。

（2）对称/非对称密钥长度的匹配。无论是使用对称密钥算法还是公开密钥算法设计的系统，都应该对密钥长度有具体的要求，以防止穷举等攻击的破译。穷举攻击是指用所有可能的密钥空间中的密钥值破译加密信息。因此，表 5.5.2 表明同时使用 128 bit 的对称密钥算法和 384 bit 的公开密钥算法是没有什么安全意义的，如果希望使用的对称算法的密钥长度是 128 bit，那么使用的公开算法的密钥长度至少应为 2 304 bit。

诚然,使用对称密钥的算法在实现上比公开密钥的算法要快很多,而且密钥长度也要短。但是,公钥技术具有更大的实际使用效果。在表 5.5.2 中介绍的公开密钥算法是 RSA 算法,如果要是使用椭圆曲线算法,密钥长度会有很大的缩短。

5.5.2 如何产生密钥

现代通信技术中需要产生大量的密钥分配给系统中的各个节点或实体,依靠人工产生密钥的方式不能适应现在对密钥大量需求的现状,因此实现密钥产生的自动化,不仅可以减轻人为制造密钥的工作负担,而且可以消除人为差错引起的泄密。

1. 密钥产生的硬件技术

噪声源技术是密钥产生的常用方法。因为噪声源具有产生二进制的随机序列或与之对应的随机数的功能,因此成为密钥产生设备的核心部件。噪声源还有一个功能是在物理层加密的环境下进行信息填充,使网络具有防止流量分析的功能。当采用序列密码时,也有防止乱数空发的功能。噪声源还被用于某些身份验证技术中,如对等实体鉴别。为了防止口令被窃取,常常使用随机应答技术,这时的提问与应答是由噪声源控制的。因此噪声源在信息的安全传输和保密中有着广泛的应用。

噪声源输出随机数序列有以下常见的几种。

(1) 伪随机序列

伪随机序列也称为伪码,具有近似随机序列(噪声)的性质,而又能按一定规律(周期)产生和复制的序列。因为真正的随机序列是只能产生而不能复制的,所以称其是"伪"的随机序列。一般用数学方法和少量的种子密钥来产生。伪随机序列一般都有良好的、能受理论检验的随机统计特性,但当序列的长度超过了唯一解的距离时,就成了一个可预测的序列。常用的伪随机序列有 m 序列、M 序列和 R-S 序列。

(2) 物理随机序列

物理随机序列是用热噪声等客观方法产生的随机序列。实际的物理噪声往往要受到温度、电源、电路特性等因素的限制,其统计特性常带有一定的偏向性,因此也不能算是真正的随机序列。

(3) 准随机序列

准随机序列是用数学方法和物理方法相结合产生的随机序列。这种随机序列可以克服前两者的缺点,具有很好的随机性。

物理噪声源按照产生的方法不同有以下常见的几种。

(1) 基于力学噪声源的密钥产生技术

通常利用硬币、骰子等抛散落地的随机性产生密钥。例如,用 1 表示硬币的正面,用 0 表示硬币的反面,选取一定数量随机地抛撒并记录其落地后的状态,便产生出二进制的密钥。这种方法效率低,而且随机性较差。

(2) 基于电子学噪声源的密钥产生技术

这种方法利用电子方法对噪声器件(如真空管、稳压二极管等)的噪声进行放大、整形处理后产生密钥随机序列。根据噪声迭代的原理将电子器件的内部噪声放大,形成频率随机变化的信号,在外界采样信号 CLK 的控制下,对此信号进行采样锁存,然后输出信号为"0"、

"1"随机的数字序列。

（3）基于混沌理论的密钥产生技术

在混沌现象中，只要初始条件稍有不同，其结果就大相径庭，难以预测，而且在有些情况下，反映这类现象的数学模型又十分简单，甚至一维非线性迭代函数就能显示出这种混沌特性。因此利用混沌理论的方法，不仅可以产生噪声，而且噪声序列的随机性好，产生效率高。

2. 密钥产生的软件技术

X9.17〔X9.17-1985 金融机构密钥管理标准，由 ANSI（Amercian National Standerds Institute)〕标准定义了一种产生密钥的方法，如图 5.5.1 所示。

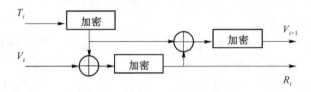

图 5.5.1　ANSI X9.17 密钥产生的过程

X9.17 标准产生密钥的算法是三重 DES，算法的目的并不是产生容易记忆的密钥，而是在系统中产生一个会话密钥或是伪随机数。其过程如下。

假设 $E_k(x)$ 表示用密钥 K 对比特串 x 进行的三重 DES 加密，K 是为密钥发生器保留的一个特殊密钥。V_0 是一个秘密的 64 bit 种子，T 是一个时间标记。产生的随机密钥 R_i 可以通过下面的两个算式来计算：

$$R_i = E_k(E_k(T_i) \oplus V_i)$$
$$V_{i+1} = E_k(E_k(T_i) \oplus R_i)$$

对于 128 bit 和 192 bit 密钥，可以通过上述方法生成几个 64 bit 的密钥后，串接起来就可以。

5.5.3　针对不同密钥类型的产生方法

（1）主机主密钥的产生

这类密钥通常要用诸如掷硬币、骰子，从随机数表中选数等随机方式产生，以保证密钥的随机性，避免可预测性。而任何机器和算法所产生的密钥都有被预测的危险。主机主密钥是控制产生其他加密密钥的密钥，而且长时间保持不变，因此它的安全性是至关重要的。

（2）加密密钥的产生

密钥加密密钥可以由机器自动产生，也可以由密钥操作员选定。密钥加密密钥构成的密钥表存储在主机中的辅助存储器中，只有密钥产生器才能对此表进行增加、修改、删除和更换密钥，其副本则以秘密方式送给相应的终端或主机。一个有 n 个终端用户的通信网，若要求任一对用户之间彼此能进行保密通信，则需要 C_n^2 个密钥加密密钥。当 n 较大时，难免有一个或数个被敌手掌握。因此密钥产生算法应当能够保证其他用户的密钥加密密钥仍有足够的安全性。可用随机比特产生器（如噪声二极管振荡器等）或伪随机数产生器生成这类密钥，也可用主密钥控制下的某种算法来产生。

（3）会话密钥的产生

会话密钥可在密钥加密密钥作用下通过某种加密算法动态地产生，如用初始密钥控制一个非线性移位寄存器或用密钥加密密钥控制 AES 算法产生。初始密钥可用产生密钥加密密钥或主机主密钥的方法生成。

5.6 密钥的分散管理与托管

5.6.1 密钥分散技术

在密钥数据库中，系统的安全依赖于唯一的主密钥。这样，一旦主密钥被偶然或蓄意泄露，整个系统就容易受到攻击。如果主密钥被丢失或损坏，则系统的全部信息便不可访问。因此就提出了密钥的分散管理问题。

密钥的分散管理就是把主密钥复制给多个可靠的用户保管，而且可以使每个持密钥者具有不同的权力。其中权力大的用户可以持有几个密钥，权力小的用户只持有一个密钥。也就是说密钥分散把主密钥信息进行分割，不同的密钥持有者掌握其相应权限的主密钥信息。密钥的分散管理如图 5.6.1 所示。

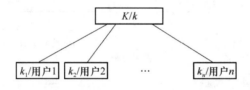

图 5.6.1 密钥分散

在这个密钥模型下，网络中所有节点都拥有公钥 K，把私有密钥 k 分配给 n 个不同的子系统。这样，不同子系统的私有密钥分别是 $k_1,\cdots,k_n$。即各个子系统分别掌握私钥的一部分信息，而要进行会话的真实密钥是所有这些子系统所掌握的不同密钥的组合，但不是简单的合并。这样做的好处是，攻击者只有将各个子系统全部破解，才能得到完整的密钥。但是，这种机制也有很明显的缺陷，就是节点多的话，要得到所有 n 个子系统的私有密钥才能完成认证，这会导致系统效率不高。采用存取门限机制可以解决认证过程复杂，低效的问题。一般来说，门限子系统的个数不应该少于 n 个子系统的一半，这样才能保证系统的安全。假设实际密钥 k，通过 3 个服务器进行分散管理，而设定的门限值是 2，即只要能获得两个服务器所掌握的密钥信息，就可以获得实际进行通信的密钥 k。

通过这种门限存取机制可以大大提高系统的运行效率，使得这种机制的实现具有了可行性。

密钥管理的复杂性主要体现在密钥的分配和存储上，对于不是主密钥的其他密钥，也可以分散存储。为了提高密钥管理的安全性，采用如下两种措施：

① 尽量减少在网络系统中所使用的密钥的个数；

② 采用 (k,w) 门陷体制增强主密钥的保密强度，即将密钥 E 分成 w 个片段，密钥由 k

$(k<w)$个密钥片段产生,小于或等于$k-1$个片段都不能正确产生E,这样小于或等于$k-1$个密钥片段的泄露不会威胁到E的安全性。

目前有 3 种基本的网络管理结构:集中式、层次式和分布式结构,可以实现密钥的分散管理,其中层次式结构是一种重要的网络管理结构。层次式结构使用了对管理者进行管理(Manager of Managers)的概念,每个域管理者只负责他自己的域的管理,并不知道其他域的存在,更高级的管理者从下级的域管理者获得信息,在域管理者之间不进行直接通信,这个结构具有很好的扩展性和较好的灵活性。

5.6.2 密钥的分散、分配和分发

① 密钥的分散是指主密钥在密钥的管理系统中具有重要地位,因此它的安全至关重要,所以需要将主密钥按照权限分散在几个高级用户(或是机构)中保管。这样可以避免攻击者破获主密钥的可能性。

② 密钥分配是指用户或是可信的第三方为通信双方产生密钥进行协商的过程。

③ 密钥分发是指密钥管理系统与用户间的密钥协商过程。

上述三者的区别和联系如图 5.6.2 所示。

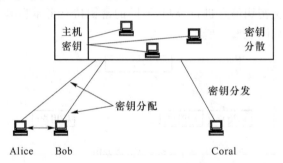

图 5.6.2　密钥的分散、分配和分发示意图

5.6.3 密钥的托管技术

随着加密技术的快速发展,给保密通信和电子商务起到了良好的推动作用。但是,也使得政府法律职能部门难以跟踪截获犯罪嫌疑人员的通信,为此,产生了密钥托管技术。1993年 4 月美国政府公布托管加密标准(Escrowed Encryption Standard,EES),提出了密钥托管的新概念,即提供强密码算法实现用户的保密通信,并使获得合法授权的法律执行机构利用密钥托管机构提供的信息,恢复出会话密钥从而对通信实施监听。自从美国政府公布托管加密标准 EES 以来,该领域受到了世界广泛的关注。密钥托管技术的硬件技术,包括对EES 进行分析和改进,并提出更完善的硬件实现方案;密钥托管技术的软件技术,主要是提出各种新的密钥托管加密方案,以满足各种不同的托管要求,并对其安全性进行分析。但由于密钥托管本身非常复杂,致使有些问题目前仍有许多争论,并且就密钥托管加密技术而言,由于其集密钥管理、密码、认证、数字签名、零知识证明、秘密共享等于一身,因此实现起来非常困难。

密钥托管是指用户向 CA 申请数据加密证书之前,必须把自己的密钥分成 t 份交给可信赖的 t 个托管人。任何一位托管人都无法通过自己存储的部分用户密钥恢复完整的用户密码。只有这 t 个人存储的密钥合在一起才能得到用户的完整密钥。

1. 密钥托管的重要功能

(1) 防抵赖。在商务活动中,通过数字签名即可验证自己的身份,可防抵赖。但当用户改变了自己的密码,他就可抵赖没有进行过此商务活动。为了防止这种抵赖有几种办法,一种是用户在改密码时必须向 CA 说明,不能自己私自改变。另一种是密钥托管,当用户抵赖时,其他 t 位托管人就可出示他们存储的密钥合成用户的密钥,使用户没法抵赖。

(2) 政府监听。政府、法律职能部门或合法的第三者为了跟踪、截获犯罪嫌疑人员的通信,需要获得通信双方的密钥。这时合法的监听者就可通过用户的委托人收集密钥片后得到用户密钥,就可进行监听。

(3) 密钥恢复。如果用户遗忘了密钥想恢复密钥,就可从委托人那里收集密钥片恢复密钥。

2. 密钥托管加密系统的组成

密钥托管加密系统按照功能的不同,逻辑上可分为五大部分。即

- 用户安全部分(User Security Component,USC);
- 密钥托管部分(Key Escrow Component,KEC);
- 政府监听部分〔数据恢复部分(Data Recovery Component,DRC)〕;
- 法律授权部分(Court Authorization Component,CAC);
- 外部攻击部分(Outsider Attack Component,OAC)。

其中前 4 部分属于内部主要成分,第 5 部分属于外部主要成分。

(1) 用户安全部分。USC 主要是指能提供数据加解密及密钥托管功能的硬件设备或软件程序,其中密钥托管功能可提供一个用来解密密文的数据恢复域(Data Recovery Field,DRF)。USC 主要由以下几部分组成。

① 数据加解密算法。USC 内要提供一个数据加解密算法,它是整个密钥托管加密系统的基础,其中安全强度、加密速度和密钥长度是衡量算法优劣的主要参数。算法主要分为古典算法和非古典算法两大类。

② 存储的身份和密钥。USC 要存储用户、USC 或托管代理等的身份以及用户的密钥、USC 族密钥等,其中用户密钥应该唯一标识 USC。这些身份和密钥信息可被监听机构用来追踪消息的源及解密被加密的数据等。

③ DRF 机制。USC 必须提供一种机制把密文和加密密钥 K 捆绑到数据恢复密钥(即把密文和 DRF 捆绑在一起),使得监听机构能由 DRF 来解密加密数据,其中被捆绑的数据恢复密钥由托管代理掌握。DRF 除了包含会话密钥 K 的加密复制外,还包含一些身份号、加解密算法模型、校验和等信息。整个 DRF 最后用一个族密钥加密,其中它的有效性要由一种认证机制来保证。

(2) 密钥托管部分。KEC 由密钥托管代理操作,主要用来管理数据恢复密钥的存储和释放,它也可能是一个公开密钥证书管理系统或一个密钥管理中心的一部分。KEC 包含以下几个元素。

① 托管代理。它是 KEC 的操作者。

② 数据恢复密钥。它主要用来恢复数据加密密钥,这部分内容主要包含秘密共享门限方案、密钥的产生和分配、托管时间、密钥更新、部分特性及密钥的存储等。

③ 数据恢复服务。KEC 提供的服务主要是释放托管信息给 DRC,服务的项目大致有:释放数据恢复密钥、释放派生密钥、解密密钥和执行门限方案等。

④ 托管密钥的保护。它主要用来克服密钥的损坏或丢失。

(3) 政府监听部分。DRC 使用由 KEC 提供的信息和 DRF 中的信息把被加密的数据恢复到明文,它主要包含以下两个方面。

① 数据加密密钥的恢复。为了解密被加密的数据,DRC 必须获得数据加密密钥 K。

② 有关解密的保护。DRC 可使用技术上的、过程上的和法律上的保护措施来控制解密,例如,数据恢复可被限制到一个特殊的周期。

(4) 法律授权部分。CAC 的主要职责是根据 DRC 截获的信息和有关法律条文及实际情况进行综合考虑,确定给 DRC 监听以适当的授权,其中授权内容主要包括。

① 监听时间界限。法律授权机构授予监听机构的"order"中规定了通信的监听时间,使得监听机构只能监听该时间内的用户通信。

② 监听目标界限。法律授权机构授予监听机构的"order"中规定了通信的监听对象,一种是一般对象监听,即监听机构根据委托代理给予的用户 A 的信息可监听用户 A 与任何用户之间的通信,另一种是特定对象监听,即监听机构根据委托代理给予的信息只能监听特定的两个用户,如 A 与 B 之间的通信。

(5) 外部攻击部分。除以上 4 部分外的所有攻击该密钥托管加密系统的成员都属于该部分,其中主要是对密钥托管加密信道的攻击。

5.6.4 部分密钥托管技术

1995 年,Shamir 提出部分密钥托管的方案,其目的是为了在监听时延迟恢复密钥,从而阻止了政府大规模实施监听事件的发生。所谓部分密钥托管,就是把整个私钥 c 分成两个部分 x_0 和 a,使得 $c = x_0 + a$,其中 a 是小比特数,x_0 是被托管的密钥。x_0 被分成许多份子密钥,它们分别被不同的托管机构托管,只有足够多的托管机构合在一起才能恢复 x_0。监听机构在实施监听时依靠托管机构只能得到 x_0,要得到用户的私钥 c,就需穷搜出 a。从上面的描述可以看出,一旦监听机构对某个用户实施监听后,监听机构就可以知道用户的私钥 c。这样,用户不得不重新申请密钥。这对诚实合法的用户来说是不公平的。

小 结

本章主要讨论了为什么要进行密钥管理和如何进行密钥管理的问题,分别对公钥管理技术和对称密钥管理技术进行了说明。将这两种技术统一形成了密钥管理系统。密钥管理系统是涉及密钥的产生、传输、验证、使用、更新、备份、销毁和有效期等环节的综合过程。密钥管理是一个非常复杂的过程。密钥的生存周期是指授权使用该密钥的周期。在实际中,存储密钥最安全的方法就是将其放在物理上安全的地方。密钥登记包括将产生的密钥与特定的应用绑定在一起。密钥管理的重要内容就是解决密钥的分发问题。密钥销毁包括清除一个密钥的所有踪迹。密钥分发技术是将密钥发送到数据交换的两方,而其他人无法看到的地方。

密钥管理系统的存在,对于相同密钥管理系统内的用户间的数据传输,有了安全上的保障。对于不同密钥管理系统内的用户,必须通过分层管理实现。分层管理的实质,是不同密钥管理系统间的相互认证。对于单一密钥管理系统而言,也要考虑密钥分散管理的问题。最后,介绍了密钥托管技术。

思 考 题

1. 为什么要引进密钥管理技术?
2. 密钥管理系统涉及密钥管理的哪些方面?
3. 什么是密钥托管?

第 6 章

访问控制技术

国际标准化组织(ISO)在网络安全标准 ISO7498-2 中定义了 5 种层次型安全服务,即:身份认证服务、访问控制服务、数据保密服务、数据完整性服务和不可否认服务,因此,访问控制是信息安全的一个重要组成部分。

互联网络的蓬勃发展,为信息资源的共享提供了更加完善的手段,也给信息安全提供了更为丰富的研究材料。信息安全的目的是为了保护在信息系统中存储和处理的信息的安全,自 20 世纪 70 年代起,Denning、Bell、Lapadula 和 Biba 等人对信息安全模型进行了大量的基础研究,特别是可信计算机评估标准 TCSEC(该准则以"阻止非授权用户对敏感信息的访问"为主要目标)问世以后,系统安全模型得到了广泛的研究,并在各种系统中实现了多种安全模型。

本章主要涉及以下几个方面:访问控制的模型;访问控制的策略;访问控制的实现;安全级别与访问控制;访问控制与授权;访问控制与审计。

6.1 访问控制的模型

访问控制模型是一种从访问控制的角度出发,描述安全系统,建立安全模型的方法。

访问控制是指主体依据某些控制策略或权限对客体本身或是其资源进行的不同授权访问。访问控制包括 3 个要素,即主体、客体和控制策略。

(1) 主体(Subject):是指一个提出请求或要求的实体,是动作的发起者,但不一定是动作的执行者。主体可以是用户或其他任何代理用户行为的实体(例如进程、作业和程序)。这里规定实体(Entity)表示一个计算机资源(物理设备、数据文件、内存或进程)或一个合法用户。主体是可以对其他实体施加动作的主动实体,简记为 S。有时也称为用户(User)或访问者(被授权使用计算机的人员),记为 U。主体的含义是广泛的,可以是用户所在的组织(以后称为用户组)、用户本身,也可是用户使用的计算机终端、卡机、手持终端(无线)等,甚至可以是应用服务程序或进程。

(2) 客体(Object):是接受其他实体访问的被动实体,简记为 O。客体的概念也很广泛,凡是可以被操作的信息、资源、对象都可以认为是客体。在信息社会中,客体可以是信息、文件、记录等的集合体,也可以是网络上的硬件设施,无线通信中的终端,甚至一个客体可以包含另外一个客体。

(3) 控制策略:是主体对客体的操作行为集和约束条件集,简记为 KS。简单地讲,控制策略是主体对客体的访问规则集,这个规则集直接定义了主体对客体的作用行为和客体对主体的条件约束。访问策略体现了一种授权行为,也就是客体对主体的权限允许,这种允许不超越规则集。

访问控制系统 3 个要素之间的行为关系如图 6.1.1 所示,可以使用三元组(S,O,P)来表示,其中 S 表示主体,O 表示客体,P 表示许可。当主体 S 提出一系列正常的请求信息 I_1,…,I_n,通过信息系统的入口到达控制规则集 KS 监视的监控器,由 KS 判断是否允许或拒绝这次请求,因此这种情况下,必须先要确认是合法的主体,而不是假冒的欺骗者,也就是对主体进行认证。主体通过验证,才能访问客体,但并不保证其有权限可以对客体进行操作。客体对主体的具体约束由访问控制表来控制实现,对主体的验证一般会鉴别用户的标识和用户密码。用户标识(User Identification,UID)是一个用来鉴别用户身份的字符串,每个用户有且只能有唯一的一个用户标识,以便与其他用户区别。当一个用户注册进入系统时,他必须提供其用户标识,然后系统执行一个可靠的审查来确信当前用户是对应用户标识的那个用户。

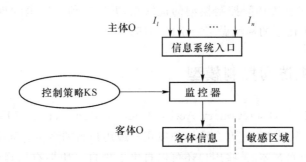

图 6.1.1 访问控制关系示意图

多级安全信息系统:由于用户的访问涉及访问的权限控制规则集合,对于图 6.1.1 中将敏感信息与通常资源分开隔离的系统,称之为多级安全信息系统。多级安全信息系统的实例见 Bell-LaPadula 模型,分类见 6.4 节。多级安全系统必然要将信息资源按照安全属性分级考虑,安全类别有两种类型,一种是有层次的安全级别(Hierarchical Classification),分为 TS、S、C、RS、U 5 级,它们分别是绝密级别(Top Secret)、秘密级别(Secret)、机密级别(Confidential)、限制级别(Restricted)和无级别级(Unclassified);另一种是无层次的安全级别,不对主体和客体按照安全类别分类,只是给出客体接受访问时可以使用的规则和管理者。

访问控制的实现首先要考虑对合法用户进行验证,然后是对控制策略的选用与管理,最后要对非法用户或是越权操作进行管理。所以,访问控制包括认证、控制策略实现和审计 3 方面的内容。

(1) 认证:主体对客体的识别认证和客体对主体检验认证。主体和客体的认证关系是相互的,当一个主体受到另外一个客体的访问时,这个主体也就变成了客体。一个实体可以在某一时刻是主体,而在另一时刻是客体,这取决于当前实体的功能是动作的执行者还是动作的被执行者。

(2) 控制策略的具体实现:体现在如何设定规则集合,从而确保正常用户对信息资源的合法使用,既要防止非法用户,也要考虑敏感资源的泄露,对于合法用户而言,也不能越权行使控制策略所赋予其权力以外的功能。

(3) 审计:审计的重要意义在于,比如客体的管理者(即管理员)有操作赋予权,他有可能滥用这一权力,这是无法在策略中加以约束的。必须对这些行为进行记录,从而达到威慑和保证访问控制正常实现的目的。

访问控制安全模型一般包括主体、客体,以及为识别和验证这些实体的子系统和控制实体间访问的监视器。由于网络传输的需要,访问控制的研究发展很快,提出了许多访问控制模型。建立规范的访问控制模型,是实现严格访问控制策略所必需的。20 世纪 70 年代,Harrison,Ruzzo 和 Ullman 提出了 HRU 模型。接着,Jones 等人在 1976 年提出了 Take-Grant 模型。随后,1985 年美国军方提出可信计算机系统评估准则 TCSEC,其中描述了两种著名的访问控制策略:自主访问控制模型(DAC)和强制访问控制模型(MAC)。基于角色的访问控制(RBAC)是由 Ferraiolo 和 Kuhn 在 1992 年提出的。考虑到网络安全和传输流,又提出了基于对象和基于任务的访问控制。

本节在探讨现有信息系统安全模型的基础上,主要分析信息流模型、Bell-LaPadula(BLP)模型和 Biba 模型等访问控制模型的优缺点,并针对信息安全的现实要求,也对基于角色、基于对象、基于任务的模型做了一定的阐述。

6.1.1　自主访问控制模型

自主访问控制模型(Discretionary Access Control Model ,DAC Model)是根据自主访问控制策略建立的一种模型,允许合法用户以用户或用户组的身份访问策略规定的客体,同时阻止非授权用户访问客体,某些用户还可以自主地把自己所拥有的客体的访问权限授予其他用户。自主访问控制又称为任意访问控制。Linux、Unix、Windows NT 或是 Server 版本的操作系统都提供自主访问控制的功能。在实现上,首先要对用户的身份进行鉴别,然后就可以按照访问控制列表所赋予用户的权限,允许和限制用户使用客体的资源。主体控制权限的修改通常由特权用户(管理员)或是特权用户组实现。

任意访问控制对用户提供的这种灵活的数据访问方式,使得 DAC 广泛应用在商业和工业环境中;由于用户可以任意传递权限,那么,没有访问某一文件权限的用户 A 就能够从有访问权限的用户 B 那里得到访问权限或是直接获得该文件;因此,DAC 模型提供的安全防护还是相对比较低的,不能给系统提供充分的数据保护。

自主访问控制模型的特点是授权的实施主体(可以授权的主体、管理授权的客体、授权组)自主负责赋予和回收其他主体对客体资源的访问权限。DAC 模型一般采用访问控制矩阵和访问控制列表来存放不同主体的访问控制信息,从而达到对主体访问权限的限制目的。访问控制矩阵和访问控制列表的具体实现见 6.3 节。

6.1.2 强制访问控制模型

强制访问控制模型(Mandatory Access Control Model，MAC Model)最初是为了实现比 DAC 更为严格的访问控制策略,美国政府和军方开发了各种各样的控制模型,这些方案或模型都有比较完善和详尽的定义。随后,逐渐形成强制访问控制模型,并得到广泛的商业关注和应用。在 DAC 访问控制中,用户和客体资源都被赋予一定的安全级别,用户不能改变自身和客体的安全级别,只有管理员才能够确定用户和组的访问权限。和 DAC 模型不同的是,MAC 是一种多级访问控制策略,它的主要特点是系统对访问主体和受控对象实行强制访问控制,系统事先给访问主体和受控对象分配不同的安全级别属性,在实施访问控制时,系统先对访问主体和受控对象的安全级别属性进行比较,再决定访问主体能否访问该受控对象。MAC 对访问主体和受控对象标识两个安全标记:一个是具有偏序关系的安全等级标记;另一个是非等级分类标记。主体和客体在分属不同的安全类别时,用 SC 表示它们构成的一个偏序关系,比如 TS 表示绝密级,就比密级 S 要高,当主体 S 的安全类别为 TS,而客体 O 的安全类别为 S 时,用偏序关系可以表述为 SC(S)≥SC(O)。根据偏序关系,主体对客体的访问主要有 4 种方式:

(1) 向下读(rd,read down)

主体安全级别高于客体信息资源的安全级别时允许查阅的读操作;

(2) 向上读(ru,read up)

主体安全级别低于客体信息资源的安全级别时允许的读操作;

(3) 向下写(wd,write down)

主体安全级别高于客体信息资源的安全级别时允许执行的动作或是写操作;

(4) 向上写(wu,write up)

主体安全级别低于客体信息资源的安全级别时允许执行的动作或是写操作。

由于 MAC 通过分级的安全标签实现了信息的单向流通,因此它一直被军方采用,其中最著名的是 Bell-LaPadula 模型和 Biba 模型:Bell-LaPadula 模型具有只允许向下读、向上写的特点,可以有效地防止机密信息向下级泄露;Biba 模型则具有不允许向下读、向上写的特点,可以有效地保护数据的完整性。

下面对 MAC 模型中的几种主要模型、Lattice 模型、Bell-LaPadula 模型和 Biba 模型作简单的阐述。

1. Lattice 模型

在 Lattice 模型中,每个资源和用户都服从于一个安全类别。这些安全类别称为安全级别,也就是在本章开始所描述的 5 个安全级别:TS,S,C,R,U。在整个安全模型中,信息资源对应一个安全类别,用户所对应的安全级别必须比可以使用的客体资源高才能进行访问。Lattice 模型是实现安全分级的系统,这种方案非常适用于需要对信息资源进行明显分类的系统。

2. Bell-LaPadula 模型

BLP(Bell and LaPadula,1976)模型是典型的信息保密性多级安全模型,主要应用于军事系统。BLP 模型通常是处理多级安全信息系统的设计基础,客体在处理绝密级数据和秘密级数据时,要防止处理绝密级数据的程序把信息泄露给处理秘密级数据的程序。BLP模型的出发点是维护系统的保密性,有效地防止信息泄露,这与后面讨论的维护信息系统数据完整性的Biba模型正好相反。

Lattice模型没有考虑特洛伊木马等不安全因素的潜在威胁,这样,低安全级用户有可能复制比较敏感的信息。在军方术语中,特洛伊木马的最大作用是降低整个系统的安全级别。考虑到这种攻击行为,Bell和LaPadula设计了一种模型抵抗这种攻击,称为Bell-La-Padula模型。Bell-LaPadula模型可以有效防止低级用户和进程访问安全级别比他们高的信息资源,此外,安全级别高的用户和进程也不能向比他安全级别低的用户和进程写入数据。上述Bell-LaPadula模型建立的访问控制原则可以用以下两点简单表示:①无向上读;②无向下写。

BLP模型的安全策略包括强制访问控制和自主访问控制两部分:强制访问控制中的安全特性要求对给定安全级别的主体,仅被允许对相同安全级别和较低安全级别上的客体进行"读";对给定安全级别的主体,仅被允许向相同安全级别或较高安全级别上的客体进行"写";任意访问控制允许用户自行定义是否让个人或组织存取数据。Bell-LaPadula模型用偏序关系可以表示为:

① rd,当且仅当 $SC(S) \geqslant SC(O)$,允许读操作;

② wu,当且仅当 $SC(S) \leqslant SC(O)$,允许写操作。

显然BLP模型只能"向下读、向上写"的规则忽略了完整性的重要安全指标,使非法、越权篡改成为可能。

BLP模型为通用的计算机系统定义了安全性属性,即以一组规则表示什么是一个安全的系统,尽管这种基于规则的模型比较容易实现,但是它不能更一般地以语义的形式阐明安全性的含义,因此,这种模型不能解释主-客体框架以外的安全性问题。例如,如何处理可信主体的问题,可信主体可以是管理员或是提供关键服务的进程,像设备驱动程序和存储管理功能模块,这些可信主体若不违背BLP模型的规则就不能正常执行它们的任务,而BLP模型对这些可信主体可能引起的泄露危机没有任何处理和避免的方法。

3. Biba 模型

Biba模型(Biba,1977)在研究BLP模型的特性时发现,BLP模型只解决了信息的保密问题,其在完整性定义方面存在有一定缺陷。BLP模型没有采取有效的措施来制约对信息的非授权修改,因此使非法、越权篡改成为可能。考虑到上述因素,Biba模型模仿BLP模型的信息保密性级别,定义了信息完整性级别,在信息流向的定义方面不允许从级别低的进程到级别高的进程,也就是说用户只能向比自己安全级别低的客体写入信息,从而防止非法用户创建安全级别高的客体信息,避免越权、篡改等行为的产生。Biba模型可同时针对有层次的安全级别和无层次的安全种类。

Biba模型的两个主要特征是:

① 禁止向上"写",这样使得完整性级别高的文件一定是由完整性高的进程所产生的,从而保证了完整性级别高的文件不会被完整性低的文件或完整性低的进程中的信息所覆盖;

② Biba模型没有下"读"。

Biba模型用偏序关系可以表示为:

① ru,当且仅当 SC(S)≤SC(O),允许读操作；

② wd,当且仅当 SC(S)≥SC(O),允许写操作。

Biba 模型是和 BLP 模型相对立的模型,Biba 模型改正了被 BLP 模型所忽略的信息完整性问题,但在一定程度上却忽视了保密性。

MAC 访问控制模型和 DAC 访问控制模型属于传统的访问控制模型,对这两种模型的研究也比较充分。在实现上,MAC 和 DAC 通常为每个用户赋予对客体的访问权限规则集,考虑到管理的方便,在这一过程中还经常将具有相同职能的用户聚为组,然后再为每个组分配许可权。用户自主地把自己所拥有的客体的访问权限授予其他用户的这种做法,其优点是显而易见的。但是如果企业的组织结构或是系统的安全需求处于变化的过程中时,那么就需要进行大量烦琐的授权变动,系统管理员的工作将变得非常繁重,更主要的是容易发生错误,造成一些意想不到的安全漏洞。考虑到上述因素,引入新的机制加以解决,即基于角色的访问控制模型。

6.1.3 基于角色的访问控制模型

首先要介绍一下角色的概念,角色(Role)是指一个可以完成一定事务的命名组,不同的角色通过不同的事务来执行各自的功能。事务(Transaction)是指一个完成一定功能的过程,可以是一个程序或程序的一部分。角色是代表具有某种能力的人或是某些属性的人的一类抽象,角色和组的主要区别在于:用户属于组是相对固定的,而用户能被指派到哪些角色则受时间、地点、事件等诸多因素影响。角色比组的抽象级别要高,角色和组的关系可以这样考虑,作为饰演的角色,我是一名学生,我就只能享有学生的权限(区别于老师),但是我又处于某个班级中,就同时能享有本"组"组员的权限。

基于角色的访问控制模型(Role-based Access Model,RBAC Model)的基本思想是将访问许可权分配给一定的角色,用户通过饰演不同的角色获得角色所拥有的访问许可权。这是因为在很多实际应用中,用户并不是可以访问的客体信息资源的所有者(这些信息属于企业或公司),这样的话,访问控制应该基于员工的职务而不是基于员工在哪个组或谁是信息的所有者,即访问控制是由各个用户在部门中所担任的角色来确定的,例如,一个学校可以有教工、老师、学生和其他管理人员等角色。

RBAC 从控制主体的角度出发,根据管理中相对稳定的职权和责任来划分角色,将访问权限与角色相联系,这点与传统的 MAC 和 DAC 将权限直接授予用户的方式不同；通过给用户分配合适的角色,让用户与访问权限相联系。角色成为访问控制中访问主体和受控对象之间的一座桥梁。

角色可以看作是一组操作的集合,不同的角色具有不同的操作集,这些操作集由系统管理员分配给角色。在下面的实例中,我们假设 Tch 1,Tch 2,Tch 3,…,Tch i 是对应的教师,Stud 1, Stud 2, Stud3,…,Stud j 是相应的学生,Mng 1, Mng 2, Mng 3,…,Mng k 是教务处管理人员,那么老师的权限为 Tch MN={查询成绩、上传所教课程的成绩}；学生的权限为 Stud MN={查询成绩、反映意见}；教务管理人员的权限为 Mng MN={查询、修改成绩、打印成绩清单}。那么,依据角色的不同,每个主体只能执行自己所规定的访问功能。用户在一定的部门中具有一定的角色,其所执行的操作与其所扮演的角色的职能相匹配,这正是基于角色的访问控制(RBAC)的根本特征,即依据 RBAC 策略,系统定义了各种角色,每种角色可以完成一定的职能,不同的用户根据其职能和责任被赋予相应的角色,一旦某个用户成为某角色的成员,则此用户可以完成该角色所具有的职能。

在该例中,系统管理员负责授予用户各种角色的成员资格或撤销某用户具有的某个角色。例如学校新进一名教师 Tch x,那么系统管理员只需将 Tch x 添加到教师这一角色的成员中即可,而无须对访问控制列表做改动。同一个用户可以是多个角色的成员,即同一个用户可以扮演多种角色,比如一个用户可以是老师,同时也可以作为进修的学生。同样,一个角色可以拥有多个用户成员,这与现实是一致的,一个人可以在同一部门中担任多种职务,而且担任相同职务的可能不止一人。因此 RBAC 提供了一种描述用户和权限之间的多对多关系,角色可以划分成不同的等级,通过角色等级关系来反映一个组织的职权和责任关系,这种关系具有反身性、传递性和非对称性特点,通过继承行为形成了一个偏序关系,比如 Mng MN>Tch MN>Stud MN。RBAC 中通常定义不同的约束规则来对模型中的各种关系进行限制,最基本的约束是"相互排斥"约束和"基本限制"约束,分别规定了模型中的互斥角色和一个角色可被分配的最大用户数。

RBAC 中引进了角色的概念,用角色表示访问主体具有的职权和责任,灵活地表达和实现了企业的安全策略,使系统权限管理在企业的组织视图这个较高的抽象集上进行,从而简化了权限设置的管理,从这个角度看,RBAC 很好地解决了企业管理信息系统中用户数量多、变动频繁的问题。

相比较而言,RBAC 是实施面向企业的安全策略的一种有效的访问控制方式,它具有灵活性、方便性和安全性的特点,目前在大型数据库系统的权限管理中得到普遍应用。角色由系统管理员定义,角色成员的增减也只能由系统管理员来执行,即只有系统管理员有权定义和分配角色。用户与客体无直接联系,他只有通过角色才享有该角色所对应的权限,从而访问相应的客体。因此用户不能自主地将访问权限授给别的用户,这是 RBAC 与 DAC 的根本区别所在。RBAC 与 MAC 的区别在于:MAC 是基于多级安全需求的,而 RBAC 则不是。

6.1.4　基于任务的访问控制模型

上述几个访问控制模型都是从系统的角度出发去保护资源(控制环境是静态的),在进行权限的控制时没有考虑执行的上下文环境。数据库、网络和分布式计算的发展,组织任务进一步自动化,与服务相关的信息进一步计算机化,这促使人们将安全问题方面的注意力从独立的计算机系统中静态的主体和客体保护,转移到随着任务的执行而进行动态授权的保护上。此外,上述访问控制模型不能记录主体对客体权限的使用,权限没有时间限制,只要主体拥有对客体的访问权限,主体就可以无数次地执行该权限。考虑到上述原因,引入工作流的概念加以阐述。工作流是为完成某一目标而由多个相关的任务(活动)构成的业务流程。工作流所关注的问题是处理过程的自动化,对人和其他资源进行协调管理,从而完成某项工作。当数据在工作流中流动时,执行操作的用户在改变,用户的权限也在改变,这与数据处理的上下文环境相关。传统的 DAC 和 MAC 访问控制技术,则无法予以实现,上述的RBAC 模型,也需要频繁地更换角色,且不适合工作流程的运转。这就迫使人们必须考虑新的模型机制,也就是基于任务的访问控制模型。

基于任务的访问控制模型(Task-based Access Control Model,TBAC Model)是从应用和企业层角度来解决安全问题,以面向任务的观点,从任务(活动)的角度来建立安全模型和实现安全机制,在任务处理的过程中提供动态实时的安全管理。

在 TBAC 中,对象的访问权限控制并不是静止不变的,而是随着执行任务的上下文环境而发生变化。TBAC 首要考虑的是在工作流的环境中对信息的保护问题:在工作流环境中,数据的处理与上一次的处理相关联,相应的访问控制也是如此,因而 TBAC 是一种上下文相关的访问控制模型。其次,TBAC 不仅能对不同工作流实行不同的访问控制策略,而且还能对同一工作流的不同任务实例实行不同的访问控制策略。从这个意义上说,TBAC 是基于任务的,这也表明,TBAC 是一种基于实例(Instance-Based)的访问控制模型。

TBAC 模型由工作流、授权结构体、受托人集、许可集 4 部分组成。

任务(Task)是工作流程中的一个逻辑单元,是一个可区分的动作,与多个用户相关,也可能包括几个子任务。授权结构体是任务在计算机中进行控制的一个实例。任务中的子任务,对应于授权结构体中的授权步。

授权结构体(Authorization Unit)是由一个或多个授权步组成的结构体,它们在逻辑上是联系在一起的。授权结构体分为一般授权结构体和原子授权结构体。一般授权结构体内的授权步依次执行,原子授权结构体内部的每个授权步紧密联系,其中任何一个授权步失败都会导致整个结构体的失败。

授权步(Authorization Step)表示一个原始授权处理步,是指在一个工作流程中对处理对象的一次处理过程。授权步是访问控制所能控制的最小单元,由受托人集(Trustee Set)和多个许可集(Permissions Set)组成。

受托人集是可被授予执行授权步的用户的集合,许可集则是受托集的成员被授予授权步时拥有的访问许可。当授权步初始化以后,一个来自受托人集中的成员将被授予授权步,称这个受托人为授权步的执行委托者,该受托人执行授权步过程中所需许可的集合称为执行者许可集。授权步之间或授权结构体之间的相互关系称为依赖(Dependency),依赖反映了基于任务的访问控制的原则。授权步的状态变化一般自我管理,依据执行的条件而自动变迁状态,但有时也可以由管理员进行调配。

一个工作流的业务流程由多个任务构成。而一个任务对应于一个授权结构体,每个授权结构体由特定的授权步组成。授权结构体之间以及授权步之间通过依赖关系联系在一起。在 TBAC 中,一个授权步的处理可以决定后续授权步对处理对象的操作许可,上述许可集合称为激活许可集。执行者许可集和激活许可集一起称为授权步的保护态。

TBAC 模型一般用五元组(S,O,P,L,AS)来表示,其中 S 表示主体,O 表示客体,P 表示许可,L 表示生命期(Lifecycle),AS 表示授权步。由于任务都是有时效性的,所以在基于任务的访问控制中,用户对于授予他的权限的使用也是有时效性的。因此,若 P 是授权步 AS 所激活的权限,那么 L 则是授权步 AS 的存活期限。在授权步 AS 被激活之前,它的保护态是无效的,其中包含的许可不可使用。当授权步 AS 被触发时,它的委托执行者开始拥有执行者许可集中的权限,同时它的生命期开始倒计时。在生命期间,五元组有效。生命期终止时,五元组无效,委托执行者所拥有的权限被回收。

TBAC 的访问政策及其内部组件的关系一般由系统管理员直接配置。通过授权步的动态权限管理,TBAC支持最小特权原则和最小泄露原则,在执行任务时只给用户分配所需的权限,未执行任务或任务终止后用户不再拥有所分配的权限;而且在执行任务过程中,当某一权限不再使用时,授权步自动将该权限回收;另外,对于敏感的任务需要不同的用户执行,这可通过授权步之间的分权依赖实现。

TBAC从工作流中的任务角度建模,可以依据任务和任务状态的不同,对权限进行动态管理。因此,TBAC非常适合分布式计算和多点访问控制的信息处理控制以及在工作流、分布式处理和事务管理系统中的决策制定。

6.1.5 基于对象的访问控制模型

基于对象的访问控制(Object-based Access Control Model,OBAC Model):DAC或MAC模型的主要任务都是对系统中的访问主体和受控对象进行一维的权限管理,当用户数量多、处理的信息数据量巨大时,用户权限的管理任务将变得十分繁重,并且用户权限难以维护,这就降低了系统的安全性和可靠性。对于海量的数据和差异较大的数据类型,需要用专门的系统和专门的人员加以处理,要是采用RBAC模型的话,安全管理员除了维护用户和角色的关联关系外,还需要将庞大的信息资源访问权限赋予有限个角色。当信息资源的种类增加或减少时,安全管理员必须更新所有角色的访问权限设置,而且,如果受控对象的属性发生变化,同时需要将受控对象不同属性的数据分配给不同的访问主体处理时,安全管理员将不得不增加新的角色,并且还必须更新原来所有角色的访问权限设置以及访问主体的角色分配设置,这样的访问控制需求变化往往是不可预知的,造成访问控制管理的难度和工作量巨大。在这种情况下,有必要引入基于受控对象的访问控制模型。

控制策略和控制规则是OBAC访问控制系统的核心所在,在OBAC模型中,将访问控制列表与受控对象或受控对象的属性相关联,并将访问控制选项设计成为用户、组或角色及其对应权限的集合;同时允许对策略和规则进行重用、继承和派生操作。这样,不仅可以对受控对象本身进行访问控制,受控对象的属性也可以进行访问控制,而且派生对象可以继承父对象的访问控制设置,这对于信息量巨大、信息内容更新变化频繁的管理信息系统非常有益,可以减轻由于信息资源的派生、演化和重组等带来的分配、设定角色权限等的工作量。

OBAC从信息系统的数据差异变化和用户需求出发,有效地解决了信息数据量大、数据种类繁多、数据更新变化频繁的大型管理信息系统的安全管理。OBAC从受控对象的角度出发,将访问主体的访问权限直接与受控对象相关联,一方面定义对象的访问控制列表,增、删、修改访问控制项易于操作,另一方面,当受控对象的属性发生改变,或者受控对象发生继承和派生行为时,无须更新访问主体的权限,只需要修改受控对象的相应访问控制项即可,从而减少了访问主体的权限管理,降低了授权数据管理的复杂性。

6.1.6 信息流模型

从安全模型所控制的对象来看,一般有两种不同的方法来建立安全模型:一种是信息流模型;另一种是访问控制模型。

信息流模型主要着眼于对客体之间的信息传输过程的控制,通过对信息流向的分析可以发现系统中存在的隐蔽通道,并设法予以堵塞。信息流是信息根据某种因果关系的流动,信息流总是从旧状态的变量流向新状态的变量。信息流模型的出发点是彻底切断系统中信息流的隐蔽通道,防止对信息的窃取。隐蔽通道就是指系统中非正常使用的、不受强制访问控制正规保护的通信方式。隐蔽通道的存在显然危及系统敏感信息的保护。信息流模型需要遵守的安全规则是:在系统状态转换时,信息流只能从访问级别低的状态流向访问级别高的状态。信息流模型实现的关键在于对系统的描述,即对模型进行彻底的信息流分析,找出所有的信息流,并根据信息流安全规则判断其是否为异常流。若是就反复修改系统的描述或模型,直到所有的信息流都不是异常流为止。信息流模型是一种基于事件或踪迹的模型,其焦点是系统用户可见的行为。现有的信息流模型无法直接指出哪种内部信息流是被允许的,哪种是不被允许的,因此在实际系统的实现和验证中没有太多的帮助和指导。

6.2 访问控制策略

6.2.1 安全策略

1. 安全策略建立的需要和目的

安全的领域非常广泛繁杂,构建一个可以抵御风险的安全框架涉及很多细节。就算是最简单的安全需求,也可能会涉及密码学、代码重用等实际问题。做一个相当完备的安全分析不得不需要专业人员给出许许多多不同的专业细节和计算环境,这通常会使专业的框架师也望而生畏。如果能够提供一种恰当的、符合安全需求的整体思路,就会使这个问题容易得多,也更加有明确的前进方向。能够提供这种帮助的就是安全策略。一个恰当的安全策略总会把自己关注的核心集中到最高决策层认为必须值得注意的那些方面。概括地说,一种安全策略实质上表明:当设计所涉及的那个系统在进行操作时,必须明确在安全领域的范围内,什么操作是明确允许的,什么操作是一般默认允许的,什么操作是明确不允许的,什么操作是默认不允许的。不要求安全策略做出具体的措施规定以及确切说明通过何种方式能够达到预期的结果,但是应该向安全构架的实际搭造者们指出在当前的前提下,什么因素和风险才是最重要的。就这个意义而言,建立安全策略是实现安全的最重要的工作,也是实现安全技术管理与规范的第一步。

2. 安全策略的具体含义和实现

安全策略的前提是具有一般性和普遍性,如何能使安全策略的这种普遍性和所要分析的实际问题的特殊性相结合(即使安全策略与当前的具体应用紧密结合)是面临的最主要的问题。控制策略的制定是一个按照安全需求、依照实例不断精确细化的求解过程。安全策略的制定者总是试图在安全设计的每个设计阶段分别设计和考虑不同的安全需求与应用细节,这样可以将一个复杂的问题简单化。但是设计者要考虑到实际应用的前瞻性,有时候并不知道这些具体的需求与细节是什么;为了能够描述和了解这些细节,就需要在安全策略的指导下,对安全涉及的相关领域做细致的考查和研究。借助这些手段能够迫使人们增加对于将安全策略应用到实际中或是强加于实际应用而导致的问题的认知。总之,对上述问题认识得越充分,能够实现和解释的过程就更加精确细化,这一精确细化的过程有助于帮助建立和完善从实际应用中提炼抽象出来的、用确切语言表述的安全策略。反过来,这个重新表述的安全策略就能够更易于去完成安全框架中所设定的细节。

ISO 7498 标准是目前国际上普遍遵循的计算机信息系统互联标准,1989 年 12 月国际标准化组织(ISO)颁布了该标准的第二部分,即 ISO 7498-2,并首次确定了开放系统互联(OSI)参考模型的信息安全体系结构。我国将其作为 GB/T 9387-2 标准,并予以执行。按照 ISO 7498-2 中 OSI 安全体系结构中的定义,访问控制的安全策略有以下两种实现方式:基于身份的安全策略和基于规则的安全策略。目前使用的两种安全策略建立的基础都是授权行为。就其形式而言,基于身份的安全策略等同于 DAC 安全策略,基于规则的安全策略等同于 MAC 安全策略。

3. 安全策略的实施原则

安全策略的制定实施也是围绕主体、客体和安全控制规则集三者之间的关系展开的。

① 最小特权原则:最小特权原则是指主体执行操作时,按照主体所需权利的最小化原则分配给主体权力。最小特权原则的优点是最大限度地限制主体实施授权行为,可以避免来自突发事件、错误和未授权用户主体的危险。也就是说,为了达到一定目的,主体必须执行一定操作,但他只能做他被允许做的,其他除外。

② 最小泄露原则:最小泄露原则是指主体执行任务时,按照主体所需要知道的信息最小化的原则分配给主体权力。

③ 多级安全策略:多级安全策略是指主体和客体间的数据流向和权限控制按照安全级别的绝密(TS)、秘密(S)、机密(C)、限制(RS)和无级别(U)5 级来划分。多级安全策略的优点是避免敏感信息的扩散。具有安全级别的信息资源,只有安全级别比它高的主体才能够访问。

6.2.2 基于身份的安全策略

基于身份的安全策略(Identification-based Access Control Policies,IDBACP)的目的是过滤对数据或资源的访问,只有能通过认证的那些主体才有可能正常使用客体的资源。基于身份的安全策略的实例如图 6.2.1 所示,这是以访问控制矩阵的形式实现的。基于身份的策略包括基于个人的策略和基于组的策略。

1. 基于个人的策略

基于个人的策略(Individual-based Access Control Policies,IDLBACP)是指以用户为中心建立的一种策略,这种策略由一些列表组成,这些列表限定了针对特定的客体,哪些用户可以实现何种策操作行为。例如,在图 6.2.1 中,对文件 2 而言,授权用户 B 有只读的权力,授权用户 A 则被允许读和写;对授权用户 N 而言,具有对文件 1、2 和文件 N 的读写权力。

权限　文件 授权用户	文件 1	文件 2	...	文件 N
用户 A(X)	读、写	读、写		读、写
用户 B(X)		读		
⋮				
用户 N(X)	读、写	读、写		读、写

图 6.2.1　基于身份的策略示例

由图 6.2.1 可以看出,策略的实施默认使用了最小特权原则,对于授权用户 B,只具有读文件 2 的权利。

2. 基于组的策略

基于组的策略(Group-based Access Control Policies,GBACP)是基于个人的策略的扩充,指一些用户被允许使用同样的访问控制规则访问同样的客体。在图 6.2.2 中,授权用户 A 对文件 1 有读和写的权力,授权用户 N 同样被允许对文件 1 的读和写,则对于文件 1 而言,A 和 N 基于同样的授权规则;对于所有的文件而言,从文件 1、2 到 N,授权用户 A 和 N 都基于同样的授权规则,那么 A 和 N 可以组成一个用户组 G,这样图 6.2.1 的实现可以用图 6.2.2 表示,并且访问控制矩阵可以省略一行。

权限　文件 授权用户	文件 1	文件 2	...	文件 N
用户 B		读		
⋮				
用户组 G 用户 N(X) 用户 A(X)	读、写	读、写		读、写

图 6.2.2　基于身份的组策略示例

基于身份的安全策略有两种基本的实现方法:能力表和访问控制列表。这两种实现机制将在下一节阐述,这是通过被授权访问的信息为访问者所拥有,还是被访问数据的一部分来进行区分的。

6.2.3　基于规则的安全策略

基于规则的安全策略中,授权通常依赖于敏感性。在一个安全系统中,数据或资源应该标注安全标记,代表用户进行活动的进程可以得到与其原发者相应的安全标记。

基于规则的安全策略在实现上,由系统通过比较用户的安全级别和客体资源的安全级别来判断是否允许用户进行访问。

6.3 访问控制的实现

6.3.1 访问控制的实现机制

建立访问控制模型和实现访问控制都是抽象和复杂的行为,实现访问的控制不仅要保证授权用户使用的权限与其所拥有的权限对应,制止非授权用户的非授权行为;还要保证敏感信息的交叉感染。为了便于讨论这一问题,以文件的访问控制为例对访问控制的实现做具体说明。通常用户访问信息资源(文件或是数据库),可能的行为有读、写和管理。为方便起见,用 Read 或是 R 表示读操作,Write 或是 W 表示写操作,Own 或是 O 表示管理操作。之所以将管理操作从读写中分离出来,是因为管理员也许会对控制规则本身或是文件的属性等做修改,也就是修改在下文中提到的访问控制表。

6.3.2 访问控制表

访问控制表(Access Control Lists,ACL)是以文件为中心建立的访问权限表。图 6.3.1清晰地表明了这种关系。目前,大多数 PC、服务器和主机都使用 ACL 作为访问控制的实现机制。访问控制表的优点在于实现简单,任何得到授权的主体都可以有一个访问表,例如授权用户 A_1 的访问控制规则存储在文件 1 中,A_1 的访问规则可以由 A_1 下面的权限表 ACL A_1 来确定,权限表限定了用户 A_1 的访问权限。

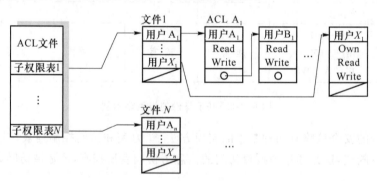

图 6.3.1 访问控制表的实现示例

6.3.3 访问控制矩阵

访问控制矩阵(Access Control Matrix,ACM)是通过矩阵形式表示访问控制规则和授权用户权限的方法;也就是说,对每个主体而言,都拥有对哪些客体的哪些访问权限;而对客体而言,又有哪些主体对它可以实施访问;将这种关联关系加以阐述,就形成了控制矩阵。其中,特权用户或特权用户组可以修改主体的访问控制权限。访问控制的实现如图 6.3.2所示。访问控制矩阵的实现很易于理解,但是查找和实现起来有一定的难度,而且,如果用户和文件系统要管理的文件很多,那么控制矩阵将会呈几何级数增长,这样对于增长的矩阵而言,会有大量的空余空间。

权限 文件 用户	文件 1	文件 2	...	文件 N
用户 A	O,R,W			
用户 B		R		
⋮				
用户 N	R,W			O,R,W

图 6.3.2 访问控制矩阵的表示

6.3.4 访问控制能力列表

能力是访问控制中的一个重要概念,它是指请求访问的发起者所拥有的一个有效标签(ticket),它授权标签表明的持有者可以按照何种访问方式访问特定的客体。访问控制能力表(Access Control Capabilitis Lists,ACCL)是以用户为中心建立访问权限表,ACCL的具体实现如图 6.3.3 所示。例如,访问控制权限表 ACCL F_1 表明了授权用户 A 对文件 1 的访问权限,用户 AF 表明了用户 A 对文件系统的访问控制规则集。因此,ACCL 的实现与ACL 正好相反。定义能力的重要作用在于能力的特殊性,如果赋予哪个主体具有一种能力,事实上是说明了这个主体具有了一定对应的权限。能力的实现有两种方式,传递的和不可传递的。一些能力可以由主体传递给其他主体使用,另一些则不能。能力的传递牵扯到了授权的实现,下面会具体阐述访问控制的授权管理。

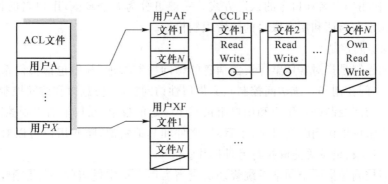

图 6.3.3 访问控制能力列表的实现示例

6.3.5 访问控制安全标签列表

安全标签是限制和附属在主体或客体上的一组安全属性信息。安全标签的含义比能力更为广泛和严格,因为它实际上还建立了一个严格的安全等级集合。访问控制标签列表(Access Control Security Labels Lists,ACSLL)是限定一个用户对一个客体目标访问的安全属性集合。访问控制标签列表的实现示例如图 6.3.4 所示,左侧为用户对应的安全级别,右侧为文件系统对应的安全级别。假设请求访问的用户 A 的安全级别为 S,那么 A 请求访问文件 2 时,由于 S<TS,访问会被拒绝;当用户 A 请求访问文件 N 时,因为S>C,所以允许访问。

用户	安全级别
A	S
B	C
...	...
X	TS

文件	安全级别
1	S
2	TS
...	...
N	C

图 6.3.4　访问控制标签列表的实现示例

安全标签能对敏感信息加以区分,这样就可以对用户和客体资源强制执行安全策略,因此,强制访问控制经常会用到这种实现机制。

6.3.6　访问控制实现的具体类别

访问控制是网络安全防范和保护的重要手段,它的主要任务是维护网络系统安全、保证网络资源不被非法使用和非常访问。通常在技术实现上包括以下几部分。

(1) 接入访问控制

接入访问控制为网络访问提供了第一层访问控制,是网络访问的第一道屏障,它控制哪些用户能够登录到服务器并获取网络资源,并控制准许用户入网的时间和准许他们在哪台工作站入网。例如,ISP 服务商实现的就是接入服务。用户的接入访问控制是对合法用户的验证,通常使用用户名和口令的认证方式。一般可分为 3 个步骤:用户名的识别与验证、用户口令的识别与验证和用户账号的缺省限制检查。

(2) 资源访问控制

资源访问控制是指对客体整体资源信息的访问控制管理,其中包括文件系统的访问控制(文件目录访问控制和系统访问控制)、文件属性访问控制、信息内容访问控制。

文件目录访问控制是指用户和用户组被赋予一定的权限,在权限的规则控制许可下,哪些用户和用户组可以访问哪些目录、子目录、文件和其他资源,哪些用户可以对其中的哪些文件、目录、子目录、设备等能够执行何种操作。

系统访问控制是指一个网络系统管理员应当为用户指定适当的访问权限,这些访问权限控制着用户对服务器的访问;应设置口令锁定服务器控制台,以防止非法用户修改、删除重要信息或破坏数据;应设定服务器登录时间限制、非法访问者检测和关闭的时间间隔;应对网络实施监控,记录用户对网络资源的访问,对非法的网络访问,能够用图形、文字或声音等形式报警等。

文件属性访问控制:当使用文件、目录和网络设备时,应给文件、目录等指定访问属性。属性安全控制可以将给定的属性与要访问的文件、目录和网络设备联系起来。

(3) 网络端口和节点的访问控制

网络中的节点和端口往往加密传输数据,这些重要位置的管理必须防止黑客发动的攻击。对于管理和修改数据,应该要求访问者提供足以证明身份的验证器(如智能卡)。

访问控制实现的具体管理位置如图 6.3.5 所示。

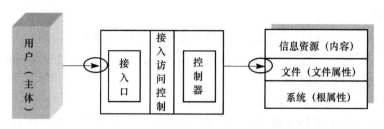

图 6.3.5 访问控制实现的具体管理位置

6.4 安全级别与访问控制

访问控制的具体实现是与安全的级别联系在一起的,安全级别有两个含义:一个是主客体信息资源的安全类别,它又分为有层次的安全级别(Hierarchical Classification)和无层次的安全级别;另一个是访问控制系统实现的安全级别,这和计算机系统的安全级别是一样的,分为 4 级:具体为 D、C(C_1、C_2)、B(B_1、B_2、B_3)和 A 共 4 部分。

下面对计算机系统的安全级别进行介绍。

1. D 级别

D 级别是最低的安全级别,对系统提供最小的安全防护。系统的访问控制没有限制,无须登录系统就可以访问数据,这个级别的系统包括 DOS、Windows98 等。

2. C 级别

C 级别有两个子系统,C_1 级和 C_2 级。

C_1 级称为选择性保护级(Discrtionary Security Protection)可以实现自主安全防护,对用户和数据进行分离,保护或限制用户权限的传播。

C_2 级具有访问控制环境的权力,比 C_1 的访问控制划分得更为详细,能够实现受控安全保护、个人账户管理、审计和资源隔离。这个级别的系统包括 Unix、Linux 和 Windows NT 系统。

C 级别属于自由选择性安全保护,在设计上有自我保护和审计功能,可对主体行为进行审计与约束。C 级别的安全策略主要是自主存取控制,可以实现:

① 保护数据确保非授权用户无法访问;

② 对存取权限的传播进行控制;

③ 个人用户数据的安全管理。

C 级别的用户必须提供身份证明(比如口令机制),才能够正常实现访问控制,因此用户的操作与审计自动关联。C 级别的审计能够针对实现访问控制的授权用户和非授权用户,建立、维护以及保护审计记录不被更改、破坏或受到非授权存取。这个级别的审计能够实现对所要审计的事件、事件发生的日期与时间、涉及的用户、事件类型、事件成功或失败等进行记录,同时能通过对个体的识别,有选择地审计任何一个或多个用户。C 级别的一个重要特点是有对于审计生命周期保证的验证,这样可以检查是否有明显的旁路可绕过或欺骗系统,检查是否存在明显的漏洞(违背对资源的隔离,造成对审计或验证数据的非法操作)。

3. B 级别

B 级别包括 B_1、B_2 和 B_3 3 个级别,B 级别能够提供强制性安全保护和多级安全。强制防护是指定义及保持标记的完整性,信息资源的拥有者不具有更改自身的权限,系统数据完全处于访问控制管理的监督下。

- B_1 级称为标识安全保护(Labeled Security Protection)。
- B_2 级称为结构保护级别(Security Protection),要求访问控制的所有对象都有安全标签以实现低级别的用户不能访问敏感信息,对于设备、端口等也应标注安全级别。
- B_3 级别称为安全域保护级别(Security Domain),这个级别使用安装硬件的方式来加强域的安全,比如用内存管理硬件来防止无授权访问。B_3 级别可以实现:

① 引用监视器参与所有主体对客体的存取以保证不存在旁路;

② 审计跟踪能力强,可以提供系统恢复过程;

③ 支持安全管理员角色;

④ 用户终端必须通过可信通道才能实现对系统的访问;

⑤ 防止篡改。

B 级安全级别可以实现自主存取控制和强制存取控制,通常的实现包括:

① 所有敏感标识控制下的主体和客体都有标识;

② 安全标识对普通用户是不可变更的;

③ 可以审计:

- 任何试图违反可读输出标记的行为;
- 授权用户提供的无标识数据的安全级别和与之相关的动作;
- 信道和 I/O 设备的安全级别的改变;
- 用户身份和与相应的操作;

④ 维护认证数据和授权信息;

⑤ 通过控制独立地址空间来维护进程的隔离。

B 级安全级别应该保证:

① 在设计阶段,应该提供设计文档、源代码以及目标代码,以供分析和测试;

② 有明确的漏洞清除和补救缺陷的措施;

③ 无论是形式化的,还是非形式化的模型都能被证明该模型可以满足安全策略的需求。

4. A 级别

A 级别称为验证设计级(Verity Design),是目前最高的安全级别,在 A 级别中,安全的设计必须给出形式化设计说明和验证,需要有严格的数学推导过程,同时应该包含秘密信道和可信分布的分析,也就是说要保证系统的部件来源有安全保证,例如对这些软件和硬件在生产、销售、运输中进行严密跟踪和严格的配置管理,以避免出现安全隐患。

6.5 访问控制与授权

6.5.1 授权行为

授权是资源的所有者或者控制者准许他人访问这种资源，这是实现访问控制的前提。对于简单的个体和不太复杂的群体，可以考虑基于个人和组的授权，即便是这种实现，管理起来也有可能是困难的。当面临的对象是一个大型跨国集团时，如何通过正常的授权以便保证合法的用户使用公司公布的资源，而不合法的用户不能得到访问控制的权限，这是一个复杂的问题。

授权是指客体授予主体一定的权力，通过这种权力，主体可以对客体执行某种行为，例如登录、查看文件、修改数据、管理账户等。授权行为是指主体履行被客体授予权力的那些活动。因此，访问控制与授权密不可分。授权表示的是一种信任关系，需要建立一种模型对这种关系进行描述。本节将阐述信任模型的建立与信任管理。

6.5.2 信任模型

1. 概念和定义

信任模型（Trust Model）是指建立和管理信任关系的框架。信任关系是指如果主体能够符合客体所假定的期望值，那么称客体对主体是信任的。信任关系可以使用期望值来衡量，并用信任度表示。主客体间建立信任关系的范畴称为信任域，也就是主客体和信任关系的范畴集合，信任域是服从于一组公共策略的系统集。

2. 信任模型

信任模型有 3 种基本类型：层次信任模型、网状信任模型和对等信任模型。

（1）层次信任模型

层次信任模型是实现最简单的模型，使用也最为广泛。建立层次信任模型的基础是所有的信任用户都有一个可信任根。例如通常所说的根管理员，事实上就是处于根的位置。所有的信任关系都基于根来产生。层次信任模型的示意图如图 6.5.1 所示，这是一个简单的 3 层信任结构。层次信任关系是一种链式的信任关系，比如可信任实体 A_1 可以表示为这样一个信任链：(R,C_1,A_1)，说明可以由 A_1 向上回溯到产生它的信任根 R。这种链式的信任关系称为信任链。层次信任模型是一种双向信任的模型，假设 A_i 和 B_j 是要建立信任关系的双方，A_i 和 B_j 间的信任关系很容易建立，因为它们都基于可信任根 R。层次信任模型对应于层状结构，有一个根节点 R 作为信任的起点，也就是信任源。这种建立信任关系的起点或是依赖点称为信任锚。信任源负责下属的信任管理，下属再负责下面一层的信任管理，这种管理方向是不可逆的。这个模型的信任路径是简单的，从根节点到叶子节点的通路构成了简单唯一的信任路径。

层次信任模型的优点在于结构简单，管理方面易于实现。它的缺点是 A_i 和 X_k 的信任关系必须通过根来实现，而可信任根 R 是默认的，无法通过相互关系来验证信任。一旦信任根出现问题,那么信任的整个链路就被破坏了。现实世界中,往往要建立一个统一信任的根是困难的。对于不在一个信任域中的两个实体如何来建立信任关系?如果用一个统一的层次信任模型来实现时,需要在建立信任的框架中预留有未来的发展余量,而且必须强迫信任域中的各方都统一信任可信任根 R。

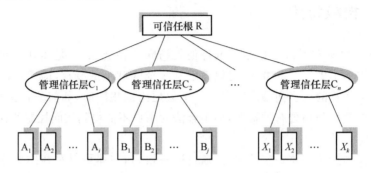

图 6.5.1   层次信任模型示意图

层次信任模型适用于孤立的、层状的企业,对于有组织边界交叉的企业,要应用这种模型是很困难的。另外,在层次信任模型的内部必须保持相同的管理策略。层次信任模型主要在以下 3 种环境中使用:

① 严格的层次结构;

② 分层管理的 PKI 商务环境;

③ PEM(Privacy-Enhanced Mail,保密性增强邮件)环境。

(2) 对等信任模型

对等信任模型是指两个或两个以上对等的信任域间建立的信任关系,对等信任模型的示意图如图 6.5.2 所示。相对而言,对等信任关系灵活一些,它可以解决任意已经建立信任关系的两个信任模型之间的交互信任。不同信任域的 A_1 和 X_1 之间的信任关系要通过对等信任域 R_1 和 R_2 的相互认证才能实现,因此这种信任关系在 PKI 领域中又叫作交叉认证。建立交叉认证的两个实体间是对等的关系,因为它们既是被验证的主体,又是进行验证的客体。对等信任模型不会建立在信任域以外,这是因为如果任意两个主客体都建立对等信任的话,那么对于 N 个主客体而言,需要建立 $N(N-1)/2$ 个信任链。

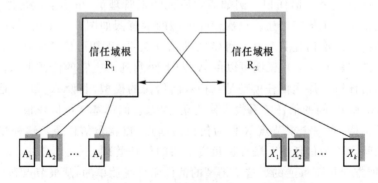

图 6.5.2   对等信任模型示意图

对等信任模型这种结构非常适合表示动态变化的信任组织结构,这样,引入一个可信任域是易于实现的。但是在构建有效的认证路径时,也就是说,假定 A_1 和 X_k 是建立信任的双方,那么,很难在整个信任域中确定 R_2 是否是 X_k 的最适当的信任源。

（3）网状信任模型

网状信任模型可以看成是对等信任模型的扩充。因为没有必要在任意两个对等的信任域建立交叉认证,完全可以通过建立一个网络拓扑结构的信任模型来实现,也就是建立信任域间的间接信任关系。网状信任模型的示例如图 6.5.3 所示。假设 R_1,$R_2 \sim R_{11}$ 是不同的信任域,它们之间的信任关系用实线箭头表示。那么分别位于 R_1 和 R_5 信任域下的主体 A 和 B 间可以建立的信任链共有 3 条,通过图中的虚线来表示。

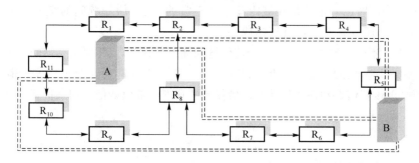

图 6.5.3　网状信任模型示意图

建立一个恰当合理的信任网络模型比想象的要复杂得多。在 6.3 节曾经探讨过安全标签列表的实现,这是引入安全级别和考虑保护敏感信息的必然。同样,在建立的对等或是非对等的信任集合中,很难想象一个安全级别低（例如 C 级别）的信任域和一个安全级别高（例如 S 级别）的信任域,在它们中间建立的信任模型是什么样子的。因为对整个信任域的信任链的可信程度很难不令人质疑,例如,S 级别可能需要通过使用智能卡才能通过访问控制最初的验证,而 C 级别也许只是进行简单的 IP 地址检验就可以任意访问客体的信息资源。在建立信任模型,实现访问控制的过程中,不但要选择合适的信任模型,保护客体的资源,也应该避免主体的信息资源暴露在攻击和危险的情况下;这种情况下,主客体信息的交换有时候更多地依赖于可信第三方。在第 3 章中讲述的 Kerberos 系统就是依赖于可信第三方实现相互信任的最好例子。

另外,网络资源和时限也是一个问题,尽管 A 和 B 间有 3 条信任链可以实现,但总是希望耗用最少的时间,也就是说,走最短的路径,那么,怎样来计算这条路径也是一个困难的问题。

其次,跨越多个可信域根建立的漫长的非层状的信任路径被认为是不可信的,显然在这样的信任关系实现上,构造合理的信任路径和检验适当的信任锚都是巨大的挑战。因为不得不对不同的信任锚进行验证,不得不建立一个从被信任发起方开始到信任到达者所在信任域的完整的信任路径,每一个验证者还需要建立自己到信任锚的路径。同时,一定要检测出来并丢弃信任路径中的封闭环路;对可能存在的多条路径也要进行过滤和优先级的设置。

6.5.3　信任管理系统

阐述信任模型很容易产生一个问题,这就是在实际中是由谁在管理信任。如果我们就是信任中的主体,我们凭什么信任他们。这就是信任管理需要解决的问题。

信任管理的产生和现状:信任管理的产生是一个漫长而复杂的过程,这和企业的发展与市场的制约有很大关系。现代企业有向大型化、集团化发展的趋势,一个企业往往包括多个职能部门,分别完成生产、管理、结算等功能,而这些职能部门又可划分为多个各司其职的更小的部门。与此同时,企业内部的职能划分越来越细,独立运作能力也越来越强,可以独立地和别的企业的相应或相关职能部门进行交易。所以在现实的商业运作中企业内部的多级管理,和企业间的无级别贸易是并存的。这种关系必然反映在信任管理中,所以如何实现和约束正确的信任关系来访问资源和进行交易,建立相应的信任关系是重要的。目前,层次信任模型的建立和管理在一定的信任域内建立是正常的,但在信任域间的交叉认证和混合多级信任模型方面,还没有就信任管理达成一致。

信任管理包含了两个方面,一是对于信任链的维护与管理,二是对信任域间信任关系的管理与维护。用户是信任的主要参与者,因此用户有必要对信任链加以管理,也就是说应该由他自己来判断是否该相信谁和该相信什么。信任域的管理通常由认证机构来负责。

6.6　访问控制与审计

6.6.1　审计跟踪概述

审计是对访问控制的必要补充,是访问控制的一个重要内容。审计会对用户使用何种信息资源、使用的时间以及如何使用(执行何种操作)进行记录与监控。审计和监控是实现系统安全的最后一道防线,处于系统的最高层。审计与监控能够再现原有的进程和问题,这对于责任追查和数据恢复非常有必要。

审计跟踪是系统活动的流水记录。该记录按事件从始至终的途径,顺序检查、审查和检验每个事件的环境及活动。审计跟踪通过书面方式提供应负责任人员的活动证据以支持访问控制职能的实现(职能是指记录系统活动并可以跟踪到对这些活动应负责任人员的能力)。

审计跟踪记录系统活动和用户活动。系统活动包括操作系统和应用程序进程的活动;用户活动包括用户在操作系统中和应用程序中的活动。通过借助适当的工具和规程,审计跟踪可以发现违反安全策略的活动、影响运行效率的问题以及程序中的错误。

审计跟踪不但有助于帮助系统管理员确保系统及其资源免遭非法授权用户的侵害,同时还能提供对数据恢复的帮助。

6.6.2　审计内容

审计跟踪可以实现多种安全相关目标,包括个人职能、事件重建、入侵检测和故障分析。

(1) 个人职能(Individual Accountability)

审计跟踪是管理人员用来维护个人职能的技术手段。如果用户知道他们的行为活动被记录在审计日志中,相应的人员需要为自己的行为负责,他们就不太会违反安全策略和绕过安全控制措施。例如审计跟踪可以记录改动前和改动后的记录,以确定是哪个操作者在什么时候做了哪些实际的改动,这可以帮助管理层确定错误到底是由用户、操作系统、应用软件还是由其他因素造成的。允许用户访问特定资源意味着用户要通过访问控制和授权实现他们的访问,被授权的访问有可能会被滥用,导致敏感信息的扩散,当无法阻止用户通过其合法身份访问资源时,审计跟踪就能发挥作用。审计跟踪可以用于检查和检测用户的活动。

（2）事件重建(Reconstruction of Events)

在发生故障后,审计跟踪可以用于重建事件和数据恢复。通过审查系统活动的审计跟踪可以比较容易地评估故障损失,确定故障发生的时间、原因和过程。通过对审计跟踪的分析就可以重建系统和协助恢复数据文件;同时,还有可能避免下次发生此类故障的情况。

（3）入侵检测(Intrusion Detection)

审计跟踪记录可以用来协助入侵检测工作。如果将审计的每一笔记录都进行上下文分析,就可以实时发现或是过后预防入侵检测活动。实时入侵检测可以及时发现非法授权者对系统的非法访问,也可以探测到病毒扩散和网络攻击。

（4）故障分析(Problem Analysis)

审计跟踪可以用于实时审计或监控。

小　结

访问控制是客体对主体提出的访问请求后,对这一申请、批准、允许、撤销的全过程进行的有效控制,从而确保只有符合控制策略的主体才能合法访问。访问控制涉及主体、客体和访问策略,三者之间关系的实现构成了不同的访问模型,访问控制模型是探讨访问控制实现的基础。针对不同的访问控制模型会有不同的访问控制策略,访问控制策略的制定应该符合安全原则。本章具体介绍了两种访问控制策略,这就是基于身份的安全策略和基于规则的安全策略,可以用 4 种不同的机制加以实现。

实现访问控制的目的在于提供主体和客体一定的安全防护,确保不会有非法者使用合法或敏感信息,也确保合法者能够正确使用信息资源,从而实现安全的分级管理。

访问控制的主体能够访问与使用客体的信息资源的前提是主体必须获得授权,授权与访问控制密不可分。授权的几种模型是建立和分发信任的基础。

审计是访问控制的重要内容与补充,审计可以对用户使用何种信息资源、使用的时间以及如何使用进行记录与监控。审计的意义在于客体对其自身安全的监控,便于查漏补缺,追踪异常事件,从而达到威慑和追踪不法使用者的目的。

访问控制的最终目的是通过访问控制策略显式地准许或限制主体的访问能力及范围,从而有效地限制和管理合法用户对关键资源的访问,防止和追踪非法用户的侵入以及合法用户的不慎操作等行为对权威机构所造成的破坏。

思 考 题

1. 什么是访问控制？访问控制包括哪几个要素？

2. 什么是自主访问控制？什么是强制访问控制？这两种访问控制有什么区别？说明你会在什么情况下选择强制访问控制？

3. 审计的重要意义在于什么？你将通过什么方式来达到审计的目的？除了书上讲的内容外，你还能想到其他的审计方式吗？

4. 在本章6.5节讲述了3种信任模型，事实上，也可以对这3种模型进行扩展，这就是混合信任模型。你能结合书上的模型，想象一下怎么实现对等信任模型和层次信任模型结合的模型吗？可以的话，给出模型的具体结构。

第7章

网络的攻击与防范

人们的生活已经无法脱离对网络与计算机的依赖,但是网络是开放的、共享的,因此,网络与计算机系统安全就成为科学研究的一个重大课题。而对网络与计算机安全的研究不能仅限于防御手段,还要从非法获取目标主机的系统信息、非法挖掘系统弱点等技术进行研究。正所谓对症下药,只有了解了攻击者的手法,才能更好地采取措施来保护网络与计算机系统的正常运行。

7.1 网络的攻击

计算机网络的发展历史不长,但发展速度很快。计算机网络是计算机技术和通信技术紧密结合的产物,它涉及通信与计算机两个领域,它的诞生使计算机体系结构发生了巨大变化,在当今社会经济中起着非常重要的作用。目前计算机网络发展的特点是:互联、高速、智能与更为广泛的应用。Internet 是覆盖全球的信息基础设施之一,对于用户来说,它像是一个庞大的远程计算机网络。用户可以利用 Internet 实现全球范围的电子邮件、电子传输、信息查询、语音与图像通信服务功能。它将对推动世界经济、社会、科学、文化的发展产生不可估量的作用。

7.1.1 黑客与网络攻击

“黑客”一词由英语“hacker”音译而来,是指专门研究、发现计算机系统和网络漏洞的计算机爱好者,他们通常非常精通计算机硬件和软件知识,并有能力通过创新的方法剖析系统。“黑客”通常会去寻找网络中的漏洞,但是往往并不去破坏计算机系统。黑客对计算机网络有着狂热的兴趣和执着的追求,他们不断地研究计算机系统和网络知识,发现系统和网络中存在的漏洞,喜欢挑战高难度的网络系统并从中找到漏洞,提出解决和修补漏洞的方法,从而进一步完善系统。

有些黑客逾越尺度,运用自己的知识做出有损他人权益的事情,称这种人为 cracker,译作“骇客”。骇客指的是那些利用网络漏洞破坏网络的人,他们往往会通过计算机系统漏洞来入侵,他们也具备广泛的电脑知识,但与黑客不同的是他们以破坏为目的。

遗憾的是,现在人们已经把 hacker 和 cracker 混为一谈,人们通常将入侵计算机系统的人统称为黑客。

黑客在网上的攻击活动每年以 10 倍的速度增长,他们修改网页进行恶作剧,窃取网上信息兴风作浪,非法进入主机破坏程序、阻塞用户、窃取密码、串入银行网络转移金钱、进行电子邮件骚扰。黑客可能会试图攻击网络设备,使网络设备瘫痪。他们利用网络安全的脆弱性,无孔不入! 美国每年因黑客而造成的经济损失近百亿美元。

理论上开放系统都会有漏洞的,正是这些漏洞被一些拥有很高技术水平和超强耐性的黑客所利用。黑客们最常用的手段是获得超级用户口令,他们总是先分析目标系统正在运行哪些应用程序,目前可以获得哪些权限,有哪些漏洞可加以利用,并最终利用这些漏洞获取超级用户权限,再达到他们的目的。黑客攻击是黑客自己开发或利用已有的工具寻找计算机系统和网络的缺陷和漏洞,并对这些缺陷实施攻击。

黑客技术是双刃剑,应该辩证地看待,他们的存在促进了网络的自我完善,可以使厂商和用户们更清醒地认识到我们这个网络还有许多的地方需要改善,对黑客技术的研究有利于网络安全。

网络战已经成为现代战争的一种潮流,很早就有人提出了"信息战"的概念并将信息武器列为继原子武器、生物武器、化学武器之后的第四大武器。在未来的信息战中,"黑客技术"将成为主要手段。对黑客技术的研究有利于国家安全,对于国家安全具有重要的战略意义。

7.1.2　网络攻击技术回顾与演变

由于系统脆弱性的客观存在,操作系统、应用软件、硬件设备不可避免地存在一些安全漏洞,网络协议本身的设计也存在一些安全隐患,这些都为攻击者采用非正常手段入侵系统提供了可乘之机。Internet 目前已经成为全球信息基础设施的骨干网络,Internet 本身所具有的开放性和共享性对信息的安全问题提出了严峻的挑战。

常见的网络安全问题表现为:网站被黑、数据被改、数据被窃、秘密泄露、越权浏览、非法删除、病毒侵害、系统故障等。秘密泄露,防不胜防。

十几年前,网络攻击还仅限于破解口令和利用操作系统已知漏洞等有限的几种方法,然而目前网络攻击技术已经随着计算机和网络技术的发展逐步成为一门完整的科学,它囊括了攻击目标系统信息收集、弱点信息挖掘分析、目标使用权限获取、攻击行为隐蔽、攻击实施、开辟后门以及攻击痕迹清除等各项技术。围绕计算机网络和系统安全问题进行的网络攻击与防范也受到了人们的广泛重视。

近年来网络攻击技术和攻击工具发展很快,使得一般的计算机爱好者要想成为一名准黑客非常容易,网络攻击技术和攻击工具的迅速发展使得各个单位的网络信息安全面临越来越大的风险。只有加深对网络攻击技术发展趋势的了解,才能够尽早采取相应的防护措施。

目前应该特别注意网络攻击技术和攻击工具正在以下几个方面快速发展。

1. 攻击技术手段在快速改变

如今各种黑客工具唾手可得,各种各样的黑客网站到处都是。网络攻击的自动化程度和攻击速度不断提高,扫描工具的发展,使得黑客能够利用更先进的扫描模式来改善扫描效果,提高扫描速度;目前扫描技术同时也在朝着分布式、可扩展和隐蔽扫描技术方向发展。利用分工协同的扫描方式配合灵活的任务配置和加强自身隐蔽性来实现大规模、高效率的安全扫描。安全脆弱的系统更容易受到损害;以前需要依靠人启动软件工具发起的攻击,发展成为可以由攻击工具自己发动新的攻击;攻击工具的开发者正在利用更先进的技术武装攻击工具,攻击工具的特征比以前更难发现,也越来越复杂。攻击工具更加成熟,并已经发展到可以通过升级或更换工具的一部分迅速变化自身,进而发动迅速变化的攻击,且在每一次攻击中会出现多种不同形态的攻击工具;技术交流不断,网络攻击已经从个人独自思考转变为有组织的技术交流、培训。

2. 安全漏洞被利用的速度越来越快

安全问题的技术根源是软件和系统的安全漏洞,正是一些别有用心的人利用了这些漏洞,才造成了安全问题。新发现的各种系统与网络安全漏洞每年都要增加一倍,每年都会发现安全漏洞的新类型,网络管理员需要不断用最新的软件补丁修补这些漏洞。黑客经常能够抢在厂商修补这些漏洞前发现这些漏洞并发起攻击。防火墙被攻击者渗透的情况越来越多,配置防火墙目前仍然是防范网络入侵者的主要保护措施,但是,现在出现了越来越多的攻击技术,如可以实现绕过防火墙和 IDS 的攻击。据美国金融时报报道,每 20 秒发生一次计算机安全事件,1/3 的防火墙被突破。

3. 有组织的攻击越来越多

攻击的群体在改变,从个体变化为有组织的群体。各种各样的黑客组织不断涌现,进行协同作战。在攻击工具的协调管理方面,随着分布式攻击工具的出现,黑客可以容易地控制和协调分布在 Internet 上的大量已部署的攻击工具。目前,分布式攻击工具能够更有效地发动拒绝服务攻击,扫描潜在的受害者,危害存在安全隐患的系统。

4. 攻击的目的和目标在改变

从早期的以个人表现的无目的的攻击向有意识有目的的攻击转变。攻击目标也在改变,从早期的以军事敌对为目标向民用目标转变,民用计算机受到越来越多的攻击,公司甚至个人的电脑都成了攻击目标。更多的职业化黑客的出现,使网络攻击更加有目的性。黑客们已经不再满足于简单、虚无缥缈的名誉追求,更多的攻击背后是丰厚的经济利益。

5. 攻击行为越来越隐蔽

攻击者已经具备了反侦破、动态行为、攻击工具更加成熟等特点。反侦破是指黑客越来越多地采用具有隐蔽攻击工具特性的技术,使安全专家需要耗费更多的时间来分析新出现的攻击工具和了解新的攻击行为。动态行为是指现在的自动攻击工具可以根据随机选择、预先定义的决策路径或通过入侵者直接管理,来变化它们的模式和行为,而不是像早期的攻击工具那样,仅能够以单一确定的顺序执行攻击步骤。

6. 攻击者的数量不断增加,破坏效果越来越大

由于用户越来越多地依赖计算机网络提供各种服务,完成日常业务,黑客攻击网络基础设施造成的破坏影响越来越大。Internet 上的安全是相互依赖的,每台与 Internet 连接的计算机遭受攻击的可能性,与连接到全球 Internet 上其他计算机系统的安全状态直接相关。

由于攻击技术的进步,攻击者可以较容易地利用分布式攻击系统,对受害者发动破坏性攻击。随着黑客软件部署的自动化程度和攻击工具管理技巧的提高,安全威胁的不对称性将继续增加。攻击者的数量也在不断增加。

7.1.3　网络攻击的整体模型描述

网络攻击模型将攻击过程划分为以下阶段:

① 攻击身份和位置隐藏;

② 目标系统信息收集;

③ 弱点信息挖掘分析;

④ 目标使用权限获取;

⑤ 攻击行为隐藏;

⑥ 攻击实施;

⑦ 开辟后门;

⑧ 攻击痕迹清除。

攻击身份和位置隐藏:隐藏网络攻击者的身份及主机位置。可以通过利用被入侵的主机(肉鸡)作跳板、利用电话转接技术、盗用他人账号上网、通过免费网关代理、伪造 IP 地址、假冒用户账号等技术实现。

目标系统信息收集:确定攻击目标并收集目标系统的有关信息,目标系统信息收集包括系统的一般信息(软硬件平台、用户、服务、应用等);系统及服务的管理、配置情况;系统口令安全性;系统提供服务的安全性等信息。

弱点信息挖掘分析:从收集到的目标信息中提取可使用的漏洞信息。包括系统或应用服务软件漏洞、主机信任关系漏洞、目标网络使用者漏洞、通信协议漏洞、网络业务系统漏洞等。

目标使用权限获取:获取目标系统的普通或特权账户权限。获得系统管理员口令、利用系统管理上的漏洞获取控制权(如缓冲区溢出)、令系统运行特洛伊木马、窃听账号口令输入等。

攻击行为隐藏:隐蔽在目标系统中的操作,防止攻击行为被发现。连接隐藏,冒充其他用户、修改 logname 环境变量、修改 utmp 日志文件、IP SPOOF;隐藏进程,使用重定向技术 ps 给出的信息、利用木马代替 ps 程序;文件隐藏,利用相似字符串麻痹管理员;利用操作系统可加载模块特性,隐藏攻击时产生的信息等。

攻击实施:实施攻击或者以目标系统为跳板向其他系统发起新的攻击。攻击其他网络和受信任的系统;修改或删除信息;窃听敏感数据;停止网络服务;下载敏感数据;删除用户账号;修改数据记录。

开辟后门:在目标系统中开辟后门,方便以后入侵。放宽文件许可权;重新开放不安全服务,如 TFTP 等;修改系统配置;替换系统共享库文件;修改系统源代码、安装木马;安装嗅探器;建立隐蔽通信信道等。

攻击痕迹清除:清除攻击痕迹,逃避攻击取证。篡改日志文件和审计信息;改变系统时间,造成日志混乱;删除或停止审计服务;干扰入侵检测系统的运行;修改完整性检测标签等。

典型的网络攻击的一般流程如图 7.1.1 所示。

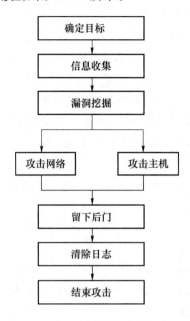

图 7.1.1 典型的网络攻击的一般流程

攻击过程中的关键阶段是弱点挖掘和权限获取;攻击成功的关键条件之一是目标系统存在安全漏洞或弱点;网络攻击难点是目标使用权的获得。能否成功攻击一个系统取决于多方面的因素。

7.2 网络攻击实施和技术分析

"网络攻击"是指任何非授权而进入或试图进入他人计算机网络的行为。这种行为包括对整个网络的攻击,也包括对网络中的服务器或单个计算机的攻击。攻击的目的在于干扰、破坏、摧毁对方服务器的正常工作,攻击的范围从简单地使某种服务器无效到完全破坏整个网络。

7.2.1 权限获取及提升

攻击一般从确定攻击目标、收集信息开始,然后对目标系统进行弱点分析,根据目标系统的弱点想方设法获得权限。下面讨论攻击者如何获得权限以及如何进行权限的提升。

1. 通过网络监听获取权限

监听技术最初是提供给系统管理员用的,主要是对网络的状态、信息流动和信息内容等进行监视,相应的工具被称为网络分析仪。但网络监听也成了黑客使用最多的技术,主要用于监视他人的网络状态、攻击网络协议、窃取敏感信息等目的。

网络监听是攻击者获取权限的一种最简单而且最有效的方法,在网络上,监听效果最好的地方是在网关、路由器、防火墙一类的设备处,通常由网络管理员来操作。而对于攻击者来说,使用最方便的是在一个以太网中的任何一台上网的主机上进行监听。网络监听常常能轻易地获得用其他方法很难获得的信息。

目前多数的计算机网络使用共享的通信信道,通信信道的共享意味着计算机有可能接收发向另一台计算机的信息。由于 Internet 中使用的大部分协议都是很早以前设计的,许多协议的实现都是建立在通信双方充分信任的基础之上的。在通常的网络环境下,用户的所有信息,包括用户名和口令信息都是以明文的方式在网上传输。因此,对于网络攻击者来说,进行网络监听并获得用户的各种信息并不是一件很困难的事。当实现了网络监听,获取了 IP 包,根据上层协议就可以分析网络传输的数据,例如在 POP3 协议里,密码通常是明文传递的(假如邮件服务系统没有特别地对密码进行加密的话),在监听到的数据包里可以按照协议截取出密码,类似的协议有 SMTP、FTP 等。这样便很容易地获取到了系统或普通用户权限。

对于一台联网的计算机,只需安装一个监听软件,然后就可以坐在机器旁浏览监听到的信息了。

最简单的监听程序包括内核部分和用户分析部分。其中内核部分负责从网络中捕获和过滤数据。用户分析部分负责界面、数据转化与处理、格式化、协议分析,如果在内核没有过滤数据包,还要对数据进行过滤。

一个较为完整的网络监听程序一般包括以下步骤:

- 数据包捕获;
- 数据包过滤与分解;
- 数据分析。

2. 基于网络账号口令破解获取权限

口令破解是网络进攻最基本的方法之一,口令窃取是一种比较简单、低级的入侵方法,但由于网络用户的急剧扩充和人们的忽视,使得口令窃取成为危及网络核心系统安全的严重问题。口令是系统的大门,网上绝大多数的系统入侵是通过窃取口令进行的。

每个操作系统都有自己的口令数据库,用以验证用户的注册授权。以 Windows 和 Unix 为例,系统口令数据库都经过加密处理并单独维护存放。

常用的破解口令的方法有以下几种。

(1) 强制口令破解

通过破解获得系统管理员口令,进而掌握服务器的控制权,是黑客的一个重要手段。破解获得管理员口令的方法有很多,下面是 3 种最为常见的方法。

① 猜解简单口令:很多人使用自己或家人的生日、电话号码、房间号码、简单数字或者身份证号码中的几位;也有的人使用自己、孩子、配偶或宠物的名字;还有的系统管理员使用"password",甚至不设密码,这样黑客可以很容易通过猜想得到密码。

② 字典攻击:如果猜解简单口令攻击失败后,黑客开始试图字典攻击,即利用程序尝试字典中的单词的每种可能。字典攻击可以利用重复的登录或者收集加密的口令,并且试图同加密后的字典中的单词匹配。黑客通常利用一个英语词典或其他语言的词典。他们也使用附加的各类字典数据库,比如名字和常用的口令。

③ 暴力猜解:同字典攻击类似,黑客尝试所有可能的字符组合方式。一个由 4 个小写

字母组成的口令可以在几分钟内被破解,而一个较长的由大小写字母组成的口令,包括数字和标点,其可能的组合达 10 万亿种。如果每秒钟可以试 100 万种组合,可以在一个月内破解。

强制口令破解就是入侵者先用其他方法找出目标主机上的合法用户账号,然后编写一个程序,采用字典穷举法自动循环猜测用户口令直至完成系统注册。这类程序在互联网上随处可见,它们从字典中依次取出每一个单词,从 aa、ab 这样的组合开始尝试每一种逻辑组合,直到系统注册成功或所有的组件测试完毕,理论上只要有足够的时间就能完成系统登录,它仍然是入侵者们最常用的攻击手段之一。

(2) 获取口令文件

很多时候,入侵者会仔细寻找攻击目标的薄弱环节和系统漏洞,伺机复制目标中存放的系统文件,然后用口令破解程序破译。目前一些流行的口令破解程序能在 7~10 天内破译 16 位的操作系统口令。

以 Unix 操作系统为例,用户的基本信息都放在 password 文件中,而所有的口令则经过 DES 加密方法加密后专门存放在 shadow 文件中,并处于严密地保护之下,但由于系统可能存在缺陷或人为产生的错误,入侵者仍然有机会获取文件,一旦得到口令文档,入侵者就会用专门破解 DES 加密的方法进行口令破解。

3. 通过网络欺骗获取权限

通过网络欺骗获取权限就是使攻击者通过获取信任的方式获得权限。

(1) 社会工程

社会工程学(Social Engineering),是一种通过对受害者的心理弱点、本能反应、好奇心、信任、贪婪等心理陷阱进行诸如欺骗、伤害等危害手段,取得自身利益的手法。近年来已呈现出迅速上升甚至滥用的趋势。

当攻击者用尽口令攻击、溢出攻击、脚本攻击等手段还是一无所获时,他可能还会想到利用社会工程学的知识进行渗透。社会工程学利用受害者的心理弱点、结合心理学知识来获得目标系统的敏感信息。在套取到所需要的信息之前,社会工程学的实施者都必须掌握大量的相关知识基础;花时间去从事资料的收集与进行必要的(如交谈性质的)沟通行为。与以往的入侵行为相类似,社会工程学在实施以前都是要完成很多相关的准备工作的,这些工作甚至比其本身还要繁重。

社会工程学看似简单的欺骗,却包含了复杂的心理学因素,其可怕程度要比直接的技术入侵大得多,攻击者利用的是心理漏洞,需要“打补丁”的是人。社会工程学是未来入侵与反入侵的重要对抗领域。

(2) 网络钓鱼

网络钓鱼 (Password harvesting fishing, Phishing)就是通过欺骗手段获取敏感的个人信息(如口令、信用卡详细信息等)的攻击方式。攻击者通过大量发送声称来自于银行或其他知名机构的欺骗性垃圾邮件,意图引诱收信人给出敏感信息(如用户名、口令、账号 ID、ATM PIN 码或信用卡详细信息),欺骗手段一般是假冒成确实需要这些信息的可信方。随着在线金融服务和电子商务的普及,大量的互联网用户开始享受这些在线服务所带来的便利,然而这也给了网络攻击者利用欺骗的形式骗取他们享受在线服务所必需的个人敏感信息的机会。

最典型的网络钓鱼攻击是将收信人引诱到一个精心设计的与目标组织的网站非常相似的钓鱼网站上,并获取收信人在此网站上输入的个人敏感信息,通常这个攻击过程不会让受害者警觉,这些个人信息对黑客们具有非常大的吸引力,因为这些信息使得他们可以假冒受害者进行欺诈性金融交易,从而获得经济利益。由于能够直接获取经济利益,同时钓鱼者可以通过一系列技术手段使得他们的踪迹很难被追踪,所以网络钓鱼已经逐渐成为职业黑客们最钟爱的攻击方式,同时也成为危害互联网用户的重大安全威胁之一。

7.2.2 缓冲区溢出攻击技术原理分析

从广义上讲,漏洞是在硬件、软件、协议的具体实现或系统安全策略上存在的安全方面的脆弱性,这些脆弱性存在的直接后果是允许非法用户未经授权获得访问权限或提高其访问权限,从而可以使非法用户能在未授权情况下访问或破坏系统。下面介绍缓冲区溢出攻击的原理。

通过缓冲区溢出来改变在堆栈中存放的过程返回地址,从而改变整个程序的流程,使它转向任何攻击者想要它去的地方,这就为攻击者提供了可乘之机。

下面举一个例子说明一下什么是缓冲区溢出。

```
void function(char * str)
{
    char buffer[16];
    strcpy(buffer,str);
}
void main()
{
    char large_string[256];
    int i;
    for( i = 0; i< = 255; i+ + )
      {large_string[i] = ´A´;}
    function(large_string);
}
```

在这段程序中就存在缓冲区溢出问题。由于传递给 function 的字符串长度要比 buffer 大很多,而 function 没有经过任何长度校验直接用 strcpy 将长字符串拷入 buffer。如果执行这个程序的话,当执行 strcpy 时,程序将 256 字节复制到 buffer 中,但是 buffer 只能容纳 16 字节,那么这时会发生什么情况呢? 因为 C 语言并不进行边界检查,所以结果是 buffer 后面的 240 字节的内容也被覆盖掉了,这其中自然也包括 ebp、ret 地址、large_string 地址。因为 A 的十六进制为 0x41h,因此 ret 地址变成了 0x41414141h,所以当过程结束返回时,它将返回到 0x41414141h 地址处继续执行,但由于这个地址并不在程序实际使用的虚存空间范围内,所以系统会报 Segmentation Violation。

从上面的例子中不难看出,攻击者利用堆栈溢出攻击最常见的方法是:在长字符串中嵌入一段代码,并将函数的返回地址覆盖为这段代码的起始地址,这样当函数返回时,程序就转而开始执行这段攻击者自编的代码了。当然前提条件是在堆栈中可以执行代码。一般来说，这段代码都是执行一个 Shell 程序(如\bin\sh)，因此当攻击者入侵一个带有堆栈溢出缺陷且具有 suid -root 属性的程序时，攻击者会获得一个具有 root 权限的 Shell。这段代码一般被称为 Shell Code。攻击者在要溢出的 buffer 前加入多条 NOP 指令的目的是增加猜测 Shell Code 起始地址的机会。几乎所有的处理器都支持 NOP 指令来执行 null 操作(NOP 指令是一个任何事都不做的指令)，这通常被用来进行延时操作。攻击者利用 NOP 指令来填充要溢出的 buffer 的前部，如果返回地址能够指向这些 NOP 字符串的任意一个，则最终将执行到攻击者的 Shell Code。

7.2.3　拒绝服务攻击技术原理分析

DoS 攻击，其全称为 Denial of Service，又被称为拒绝服务攻击。直观地说，就是攻击者过多地占用系统资源直到系统繁忙、超载而无法处理正常的工作，甚至导致被攻击的主机系统崩溃。攻击者的目的很明确，即通过攻击使系统无法继续为合法的用户提供服务。实际上，DoS 攻击早在 Internet 普及以前就存在了。当时的拒绝服务攻击是针对单台计算机的，简单地说，就是攻击者利用攻击工具或病毒不断地占用计算机上有限的资源，如硬盘、内存和 CPU 等，直到系统资源耗尽而崩溃、死机。

随着 Internet 在整个计算机领域乃至整个社会中的地位越来越重要，针对 Internet 的 DoS 再一次猖獗起来。它利用网络连接和传输时使用的 TCP/IP、UDP 等各种协议的漏洞，使用多种手段充斥和侵占系统的网络资源，造成系统网络阻塞而无法为合法的 Internet 用户进行服务。

DoS 攻击具有各种各样的攻击模式，是分别针对各种不同的服务而产生的。它对目标系统进行的攻击可以分为以下 3 类：

① 消耗稀少的、有限的并且无法再生的系统资源；

② 破坏或者更改系统的配置信息；

③ 对网络部件和设施进行物理破坏和修改。

当然，以消耗各种系统资源为目的的拒绝服务攻击是目前最主要的一种攻击方式。计算机和网络系统的运行使用的相关资源很多，例如网络带宽、系统内存和硬盘空间、CPU 时钟、数据结构以及连接其他主机或 Internet 的网络通道等。针对类似的这些有限的资源，攻击者会使用各不相同的拒绝服务攻击形式以达到目的。

分布式拒绝服务攻击(Distributed Denial of Service，DDoS)是一种比较新的黑客攻击方法，最早出现于 1999 年夏天。从 2000 年 2 月开始，这种攻击方法开始大行其道。2000 年 2 月 7 日，在雅虎网站因遭到外来攻击而瘫痪的第二天，美国另外几家著名的 Internet 网站又接连遭到攻击，并造成短时间瘫痪。分布式拒绝服务攻击使用与普通的拒绝服务攻击相同的方法，但是发起攻击的源是多个，通常来说，至少要有数百台甚至上千台主机才能达到满意的效果。

DDoS 的理论和技术很早就为网络界所认识，而近年来分布式拒绝服务开始被攻击者采用并有泛滥趋势。它利用了 TCP/IP 协议本身的漏洞和缺陷。攻击者利用成百上千个"被控制"节点向受害节点发动大规模的协同攻击。通过消耗带宽、CPU 和内存等资源,达到使被攻击者的性能下降甚至瘫痪和死机,从而造成其他合法用户无法正常访问。和 DoS 比较起来,其破坏性和危害程度更大,涉及范围更广,也更难发现攻击者。

DDoS 攻击的原理如图 7.2.1 所示,这个过程可以分为以下几个步骤:

① 探测扫描大量主机来寻找可以入侵的目标主机;

② 入侵有安全漏洞的主机并且获取控制权;

③ 在每台入侵主机中安装攻击程序;

④ 利用已经入侵的主机继续进行扫描和入侵。

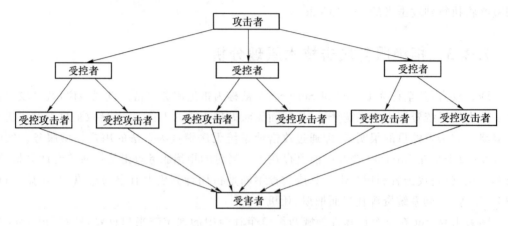

图 7.2.1 DDoS 攻击原理

7.3 网络防范的策略和方法

7.3.1 网络安全策略

网络安全策略是对网络安全的目的、期望和目标,以及实现它们所必须运用的策略的论述,为网络安全提供管理方向和支持,是一切网络安全活动的基础,指导企业网络安全体系结构的开发和实施。它不仅包括局域网的信息存储、处理和传输技术,还包括保护企业所有的信息、数据、文件和设备资源的管理和操作手段。

1. 物理安全策略

物理安全策略的目的是保护计算机系统、网络服务器、打印机等硬件实体和通信链路免受自然灾害、人为破坏和搭线攻击,包括安全地区的确定、物理安全边界、物理接口控制、设备安全、防电磁辐射等。

物理接口控制是指安全地区应该通过合适的入口控制进行保护,从而保证只有合法员工才可以访问这些地区。设备安全是为了防止资产的丢失、破坏,防止商业活动的中断,建立完备的安全管理制度,防止非法进入计算机控制室和各种偷窃、破坏活动的发生。抑制和防止电磁泄漏(即 TEMPEST 技术)是物理安全策略的一个主要问题。目前主要的防护措施有两类。一类是对传导发射的防护,主要采取对电源线和信号线加装性能良好的滤波器,减小传输阻抗和导线间的交叉耦合。另一类是对辐射的防护,这类防护措施又可分为以下两种：一是采用各种电磁屏蔽措施，如对设备的金属屏蔽和各种接插件的屏蔽，同时对机房的下水管、暖气管和金属门窗进行屏蔽和隔离；二是干扰的防护措施，即在计算机系统工作的同时，利用干扰装置产生一种与计算机系统辐射相关的伪噪声向空间辐射来掩盖计算机系统的工作频率和信息特征。

2．访问控制策略

访问控制是网络安全防范和保护的主要策略，它的目标是控制对特定信息的访问，保证网络资源不被非法使用和非常访问。它也是维护网络系统安全、保护网络资源的重要手段。访问控制可以说是保证网络安全最重要的核心策略之一。访问控制包括用户访问管理，以防止未经授权的访问；网络访问控制，保护网络服务；操作系统访问控制，防止未经授权的计算机访问；应用系统的访问控制，防止对信息系统中信息的未经授权的访问，监控对系统的访问和使用，探测未经授权的行为。

3．信息安全策略

信息安全的策略是要保护信息的机密性、真实性和完整性。因此，应对敏感或机密数据进行加密。信息加密过程是由形形色色的加密算法来具体实施，它以很小的代价提供很大的安全保护。在目前情况下，信息加密仍然是保证信息机密性的主要方法。信息加密的算法是公开的，其安全性取决于密钥的安全性，应建立并遵守用于对信息进行保护的密码控制的使用策略，密钥管理基于一套标准、过程和方法，用来支持密码技术的使用。信息加密的目的是保护网内的数据、文件、口令和控制信息，保护网上传输的数据。网络加密常用的方法有链路加密、端点加密和节点加密 3 种。链路加密的目的是保护网络节点之间的链路信息安全；端点加密的目的是对源端用户到目的端用户的数据提供保护；节点加密的目的是对源节点到目的节点之间的传输链路提供保护。

4．网络安全管理策略

网络安全管理策略包括：确定安全管理等级和安全管理范围；制定有关网络操作使用规程和人员出入机房管理制度；制定网络系统的维护制度和应急措施等。加强网络的安全管理，制定有关规章制度，对于确保网络安全、可靠地运行，将起到十分有效的作用。

在网络安全中，采取强有力的安全策略，对于保障网络的安全性是非常重要的。

7.3.2　网络防范的方法

要提高计算机网络的防御能力，加强网络的安全措施，否则该网络将是个无用的甚至会危及国家安全的网络。无论是在局域网还是在广域网中，都存在着自然和人为等诸多因素的脆弱性和潜在威胁，网络的防御措施应该能全方位地应对各种不同的威胁和脆弱性，这样才能确保网络信息的保密性、完整性和可用性。下面从 4 个层次阐述网络防范的方法。

1．实体层次防范对策

在组建网络的时候，要充分考虑网络的结构、布线、路由器、网桥的设置、位置的选择，加固重要的网络设施，增强其抗摧毁能力。与外部网络相连时，采用防火墙屏蔽内部网络结构，对外界访问进行身份验证、数据过滤，在内部网络中进行安全域划分、分级权限分配。对外部网络的访问，将一些不安全的站点过滤掉，对一些经常访问的站点做成镜像，可大大提高效率，减轻线路负担。网络中的各个节点要相对固定，严禁随意连接，一些重要的部件安排专门的场地人员维护、看管,防止自然或人为的破坏,加强场地安全管理,做好供电、接地、灭火的管理,与传统意义上的安全保卫工作的目标相吻合。防范的目的是保护计算机系统、网络服务器、打印机等硬件实体和通信链路免受自然灾害、人为破坏和搭线攻击;建立完备的安全管理制度,防止非法进入计算机控制室和各种偷窃、破坏活动的发生。

2. 能量层次防范对策

能量层次的防范对策是围绕着控制电磁权而展开的物理能量的对抗。攻击者通过运用强大的物理能量干扰、压制或嵌入对方的信息网络;另一方面又通过运用探测物理能量的技术手段对计算机辐射信号进行采集与分析,获取秘密信息。防范的对策主要是做好计算机设施的防电磁泄漏、抗电磁脉冲干扰,在重要部位安装干扰器、建设屏蔽机房等。

3. 信息层次防范对策

信息层次的计算机网络对抗主要包括计算机病毒对抗、黑客对抗、密码对抗、软件对抗、芯片陷阱等多种形式。信息层次的计算机网络对抗是网络对抗的关键层次,是网络防范的主要环节。它与计算机网络在物理能量领域对抗的主要区别表现在:信息层次的对抗中获得控制信息权的决定因素是逻辑的,而不是物理能量的,取决于对信息系统本身的技术掌握水平,是知识和智力的较量,而不是电磁能量强弱的较量。信息层次的防范对策主要是防范黑客攻击和计算机病毒。对黑客攻击的防范,主要从访问控制技术、防火墙技术和信息加密技术等方面进行防范。

4. 管理层次防御对策

实现信息安全,不但要依靠先进的技术,而且也得依靠严格的安全管理。建立相应的网络安全管理办法,加强内部管理,建立合适的网络安全管理系统,加强用户管理和授权管理,建立安全审计和跟踪体系,提高整体网络安全意识。重要环节的安全管理要采取分权制衡的原则,要害部位的管理权限如果只交给一个人管理,一旦出问题就将全线崩溃。分权可以相互制约,提高安全性。要有安全管理的应急响应预案,一旦出现相关的问题马上采取相应的措施。

安全的本质是攻防双方不断利用脆弱性知识进行的博弈;攻防双方不断地发现漏洞并利用这些信息达到各自的目的。

网络安全是相对的、动态的。例如,随着操作系统和应用系统漏洞的不断发现以及口令很少更改等情况的发生,整个系统的安全性就受到了威胁,这时候若不及时进行打安全补丁或更换口令,就很可能被一直在企图入侵却未能成功的黑客轻易攻破。

攻击方受防御方影响,防御方受攻击方影响是攻防博弈的基本假定。作为博弈一方的攻击方,受防御方和环境影响而存在不确定性,所以攻击方有风险。作为博弈另一方的防御方,受攻击方和环境影响而存在不确定性,所以防御方也有风险。防御方必须坚持持续改进原则,其安全机制既含事前保障,亦含事后监控。

随着网络技术的发展,网络攻击技术也发展很快,安全产品的发展仍处在比较被动的局面。安全产品只是一种防范手段,最关键还是靠人,要靠人的分析判断能力去解决,这就使得网络管理人员和网络安全人员要不断更新这些方面的知识,在了解安全防范的同时也应该多了解些网络攻击的方法,只有这样才能知彼知己,在网络攻防的博弈中占据有利地位。

7.4 网络防范的原理及模型

7.4.1 网络防范的原理

面对当前如此猖獗的黑客攻击,必须做好网络的防范工作。网络防范分为积极防范和消极防范,下面介绍这两种防范的原理。

积极安全防范的原理是:对正常的网络行为建立模型,把所有通过安全设备的网络数据拿来和保存在模型内的正常模式相匹配,如果不在这个正常范围以内,那么就认为是攻击行为,对其做出处理。这样做的最大好处是可以阻挡未知攻击,如攻击者新发现的不为人所知的攻击方式。对这种方式来说,建立一个安全的、有效的模型就可以对各种攻击做出反应了。

例如,包过滤路由器对所接收的每个数据包做允许拒绝的决定。路由器审查每个数据报以便确定其是否与某一条包过滤规则匹配。管理员可以配置基于网络地址、端口和协议的允许访问的规则,只要不是这些允许的访问,都予以禁止。

但对正常的网络行为建立模型有时是非常困难的,例如在入侵检测技术中,异常入侵检测技术就是根据异常行为和使用计算机资源的异常情况对入侵进行检测,其优点是可以检测到未知的入侵,但是入侵性活动并不总是与异常活动相符合,因而就会出现漏检和虚报。

消极安全防范的原理是:对已经发现的攻击方式,经过专家分析后给出其特征进而来构建攻击特征集,然后在网络数据中寻找与之匹配的行为,从而起到发现或阻挡的作用。它的缺点是使用被动安全防范体系,不能对未被发现的攻击方式做出反应。

消极安全防范的一个主要特征就是针对已知的攻击,建立攻击特征库,作为判断网络数据是否包含攻击特征的依据。使用消极安全防范模型的产品,不能对付未知攻击行为,并且需要不断更新的特征库。例如在入侵检测技术中,误用入侵检测技术就是根据已知的入侵模式来检测入侵。入侵者常常利用系统和应用软件中的弱点攻击,而这些弱点易编成某种模式,如果入侵者的攻击方式恰好与检测系统中的模式库相匹配,则入侵者即被检测到。其优点是算法简单、系统开销小,但是缺点是被动,只能检测出已知攻击,模式库要不断更新。

为更好地实现网络安全,应将两种防范原理结合使用。

7.4.2 网络安全模型

为实现整体网络安全的工作目标,有两种流行的网络安全模型:P2DR 模型和 APP-DRR 模型。

P2DR 模型是动态安全模型(可适应网络安全模型)的代表性模型。在整体安全策略的控制和指导下,在综合运用防护工具(如防火墙、操作系统身份认证、加密等手段)的同时,利用检测工具(如漏洞评估、入侵检测等系统)了解和评估系统的安全状态,通过适当的反应将系统调整到"最安全"和"风险最低"的状态。P1DR 模型如图 7.4.1 所示。

根据 P2DR 模型的理论,安全策略是整个网络安全的依据。不同的网络需要不同的策略,在制定策略之前,需要全面考虑局域网络中如何在网络层实现安全性,如何控制远程用户访问的安全性,对广域网上的数据传输实现安全加密传输和用户认证等问题。对这些问题做出详细回答,并确定相应的防护手段和实施办法,就是针对企业网络的一份完整的安全策略。策略一旦制定,应当作为整个企业安全行为的准则。

图 7.4.1　P2DR 安全模型示意图

而 APPDRR 模型则包括以下环节:

网络安全=风险分析(A)+制定安全策略(P)+系统防护(P)+实时监测(D)+实时响应(R)+灾难恢复(R)

通过对以上 APPDRR 的 6 个元素的整合,形成一套整体的网络安全结构,如图 7.4.2所示。

事实上,对于一个整体网络的安全问题,无论是 P2DR 还是 APPDRR,都将如何定位网络中的安全问题放在最为关键的地方。这两种模型都提到了一个非常重要的环节——P2DR 中的检测环节和 APPDRR 中的风险分析。在这两种安全模型中,这个环节并非仅仅指的是狭义的检测手段,而是一个复杂的分析与评估的过程。通过对网络中的安全漏洞及可能受到的威胁等内容进行评估,获取安全风险的客观数据,为制定信息安全方案提供依据。网络安全具有相对性,其防范策略是动态的。因而,网络安全防范模型是一个不断重复改进的循环过程。

关于网络安全防范的原理以及模型的具体应用在后面的章节继续介绍。

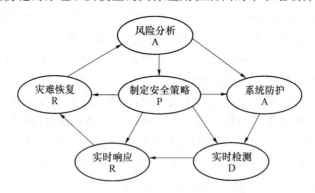

图 7.4.2　APPDRR 动态安全模型

小　结

对网络与计算机安全的研究不能仅限于防御手段,还要对网络的攻击技术进行研究,只有了解了攻击者的手法,才能更好地采取措施来保护网络与计算机系统的正常运行。本章对网络攻击技术进行了回顾,并讨论了其发展趋势。

"网络攻击"是指任何非授权而进入或试图进入他人计算机网络的行为。攻击的目的在于干扰、破坏、摧毁对方服务器的正常工作。攻击的范围从简单地使某种服务器无效到完全破坏整个网络。网络攻击模型将攻击过程划分为以下阶段：①攻击身份和位置隐藏；②目标系统信息收集；③弱点信息挖掘分析；④目标使用权限获取；⑤攻击行为隐藏；⑥攻击实施；⑦开辟后门；⑧攻击痕迹清除。对网络攻击实施的一些技术原理进行了分析，主要有权限获取及提升、缓冲区溢出和拒绝服务攻击，以加深对网络攻击的了解。

网络安全策略是一切网络安全活动的基础，它为网络安全提供管理方向和支持，指导企业网络安全结构体系的开发和实施。本章从4个方面介绍了网络安全策略，同时也介绍了网络安全的防范方法。网络安全防范的原理分为积极安全防范的原理和消极安全防范的原理，为了更好地实现网络安全，应将两种防范原理结合使用。为实现整体网络安全的工作目标，有两种流行的网络安全模型：P2DR 模型和 APPDRR 模型。这两种模型都基于风险分析，并且是一个不断重复改进的循环过程。

思 考 题

1. 简述网络攻击的一般过程。
2. 查阅相关资料，对本章提到的网络攻击方法给出防范措施。
3. 简述网络安全策略。
4. 网络安全防范的原理包括哪两个方面？讨论其各自优缺点。
5. 谈谈你对网络安全模型的理解和认识。

第**8**章

系 统 安 全

系统是软硬件运行的一个统一体,也是安全威胁的对象。其中,操作系统、应用系统和数据库系统构成了软件和信息管理系统运行的基础,也是本章重点讨论的对象。操作系统、应用系统和数据库系统的弱点是黑客攻击的重点,目的是获得其控制权限和对数据的操作权限。因此,对系统的安全防范是信息安全中的一个重要环节。

8.1 操作系统安全

获得对操作系统的控制权是攻击者攻击的一个重要目的。而通过身份认证缺陷、系统漏洞等途径对操作系统的攻击是攻击者获得系统控制权常用的攻击手段。本节针对操作系统安全威胁和防范机制进行阐述。

8.1.1 操作系统攻击技术

对操作系统的威胁有多种手段,下面从主动攻击和被动攻击等几方面进行介绍。

1. 针对认证的攻击

操作系统通过认证手段鉴别并控制计算机用户对系统的登录和访问,但由于操作系统提供了多种认证登录手段,利用系统在认证机制方面的缺陷或者不健全之处,可以实施对操作系统的攻击。包括利用字典攻击或者暴力破解等手段获取操作系统的账号口令;利用Windows 的 IPC＄功能实现空连接并传输恶意代码;利用远程终端服务即 3389 端口开启远程桌面控制等。

2. 基于漏洞的攻击

系统漏洞是攻击者对操作系统进行攻击时经常利用的手段。在系统存在漏洞的情况下,通过攻击脚本,可以使攻击者远程获得对操作系统的控制。Windows 操作系统的漏洞由微软公司每月定期以安全公告的形式对外公布,对系统威胁最大的漏洞包括:远程溢出漏洞、本地提权类漏洞、用户交互类漏洞等。

3. 直接攻击

直接攻击是攻击者在对方防护很严密的情况下通常采用的一种攻击方法。例如当操作系统的补丁及时打上,并配备防火墙、防病毒、网络监控等基本防护手段时,通过上面的攻击手段就难以奏效。此时,攻击者采用电子邮件,以及 QQ、MSN 等即时消息软件,发送带有恶意代码的信息,诱骗对方点击,安装恶意代码。这种攻击手段,可直接穿过防火墙等防范手段对系统进行攻击。

4. 被动攻击

被动攻击是在没有明确的攻击目标,并且对方防范措施比较严密的情况下的一种攻击手段。主要是通过建立或者攻陷一个对外提供服务的应用服务器、篡改网页内容、设置恶意代码、诱骗普通用户点击的情况下,对普通用户进行的攻击。由于普通用户不知道网页被篡改后含有恶意代码,自己点击后被动地安装上恶意软件,从而被实施了对系统的有效渗透。

5. 攻击成功后恶意软件的驻留

攻击一旦成功后,恶意软件的一个主要功能是对操作系统的远程控制,并通过信息回传、开启远程连接、进行远程操作等手段造成目标计算机的信息泄露。恶意软件一旦入侵成功,将采用多种手段在目标计算机进行驻留,例如通过写入注册表实现开机自动启动,采用 rootkit 技术进行进程、端口、文件的隐藏等,目的就是实现自己在操作系统中不被发现,以更长久地对目标计算机进行控制。

8.1.2　操作系统安全机制

操作系统为了实现自身的安全,要通过多种机制防范用户和攻击者非法存取计算机资源,保证系统的安全性和文件的完整性。

1. 身份认证机制

身份认证机制是操作系统保证正常用户登录过程的一种有效机制,它通过对登录用户的鉴别,证明登录用户的合法身份,从而保证系统的安全。口令登录验证机制是大多数商用操作系统所采用的基本身份认证机制。但单纯的口令验证不能可靠地保证登录用户的合法性,现有的各种口令窃取方法对登录口令的盗用和滥用会给系统带来较大的风险。虽然通过定期更改口令、采用复杂口令等方式可以在一定程度上增加口令的安全性,但口令登录机制在安全管理方面存在的固有缺陷仍然不可能从根本上弥补。

为了弥补登录口令机制的不足,现有操作系统又增加了结合令牌的口令验证机制。登录过程中,除了要正确输入登录口令外,还要正确输入令牌所提供的验证码。令牌可以以软硬件形式存在,硬件令牌可随身携带,在登录口令失窃的情况下,由于拥有者是唯一持有令牌的用户,只要令牌不丢失即可保证登录的安全性,从而避免了单纯依靠登录口令的弊端。登录口令和令牌相结合的方式为操作系统提供了较高的安全性。

2. 访问控制机制

访问控制机制是计算机保证资源访问过程安全性的一项传统技术。通过对主体和客体访问权限的限制,防止非法用户对系统资源的越权和非法访问。访问控制机制包括自主访问控制机制、强制访问控制机制、基于角色的访问控制机制等几类主要机制。基于角色的访问控制机制主要用于数据库的访问控制,强制访问控制机制主要用于较高安全等级的操作系统,自主访问控制机制在现有商用操作系统中应用普遍。

自主访问控制机制根据用户的身份及其允许访问的权限决定其对访问资源的具体操

作。主要通过访问控制列表和能力控制列表等方法实现。这种机制下,文件的拥有者可以自主地指定系统中的其他用户对资源的访问权限。这种方法灵活性高,但也使系统中对资源的访问存在薄弱环节。

3. 安全审计机制

操作系统的审计机制就是对系统中有关活动和行为进行记录、追踪并通过日志予以标识。主要目的就是对非法及合法用户的正常或者异常行为进行检测和记录,以标识非法用户的入侵和合法用户的误操作行为等。现在 C_2 级以上的商业操作系统都具有安全审计功能,通过将用户管理、用户登录、进程启动和终止、文件访问等行为进行记录,便于系统管理员通过日志对审计的行为进行查看,从而对一些异常行为进行辨别和标识。

审计过程为系统进行事故原因的查询、定位、事故发生前的预测、报警以及异常事件发生后的及时响应与处理提供了详尽可靠的证据,为有效追查、分析异常事件提供了时间、登录用户、具体行为等详尽信息。

8.1.3 Windows 7 的安全机制

Windows 7 在安全机制方面提供了丰富的手段,保证系统用户具有较全面的安全性。

Windows 安全服务可以让用户具备登录一次即可访问系统所有资源的能力;提供用户身份验证及授权能力;实现内部和外部资源间的安全通信;具有设置及管理必要安全性策略的能力;实现自动化的安全性审核;能与其他操作系统和安全协议的互操作性;支持使用 Windows 安全设置功能进行应用程序开发的可扩展架构。

1. 安全模板

安全模板(Security Template)是安全配置的实际体现,它是一个可以存储一组安全设置的文件。Windows 包含一组标准安全模板,模板适用的范围从低安全性域客户端设置到高安全性域控制器设置。安全模板能够配置账户和本地策略、事件日志、受限组、文件系统、注册表以及系统服务等项目的安全设置。安全模板都以. inf 格式的文本文件存在,用户可以方便地复制、粘贴、导入或导出某些模板。此外,安全模板并不引入新的安全参数,而只是将所有现有的安全属性组织到一个位置以简化安全性管理,并且提供了一种快速批量修改安全选项的方法。

2. Action Center

Windows 7 中,微软引进了全新的 Action Center 这个概念,作为原先安全中心的改进版。在此,用户可以轻松读取系统维护和安全提示,诊断和修复系统问题。Action Center 中除了包括原先的安全设置,还包含了其他管理任务所需的选项,如 Backup,Trouble-shooting And Diagnostics 以及 Windows Update 等功能。

3. 账户策略

Windows 7 操作系统在账户策略中规定了对用户的密码策略和账户锁定策略,可对用户的密码长度、密码复杂性要求、密码锁定时间等进行灵活配置,以对非法口令探测进行约束和限制。用户账户控制(UAC)的目的是为了帮助用户更好的保护系统安全,防止恶意软件的入侵。UAC 可将所有控制,包括管理员控制以标准控制权限运行;如果用户进行的某些操作需要管理员特权,则需要先请求获得许可。在 Windows 7 中,UAC 给用户提供了更多的选择,在 Action Center 中,用户可以针对 UAC 进行配置。

4. 支持 NTFS 和加密文件系统(EFS)

NTFS 文件系统为用户访问文件和文件夹提供了权限限制,属于自主访问控制机制。管理员通过 NTFS 文件系统的权限限制,可以授权或者约束用户对文件的访问权限。Windows 提供了加密文件系统 EFS 来保护本地系统,如硬盘中的数据安全。EFS 能让用户对本地计算机中的文件或文件夹进行加密,非授权用户是不能对这些加密文件进行读写操作的。Windows 7 的加密文件系统(EFS)基于公开密码,并利用 CryptoAPI 结构默认的 EFS 设置。EFS 可以很容易地加密文件,加密时,EFS 自动生成一个加密密钥。当加密一个文件夹时,文件夹内的所有文件和子文件被自动加密了,数据就会更加安全。

5. 安全账号管理器

Windows 7 中对用户账号的安全管理使用了安全账号管理器 SAM(Security Account Manager),它是 Windows 的用户账号数据库,所有用户的登录名及口令等相关信息都会保存在这个文件中。Windows 系统对 SAM 文件中的资料全部进行了加密处理,一般的编辑器是无法直接读取这些信息的。

6. DNS 安全扩展

Windows 7 支持 DNSSec (域名系统安全),将安全性扩展到了 DNS 平台。有了 DNS-Sec,一个 DNS 区域就可以使用数字签名技术,并通过这种技术鉴定所收到的数据的可信度。DNS 客户端并不在自身实施 DNS 授权,而是等待服务器返回授权结果。

7. 安全审核

Windows 7 包含了安全性审核功能,允许用户监视与安全性相关的事件(如失败的登录尝试),因此,可以检测到攻击者和试图危害系统数据的事件。在 Windows 审核事件类型中,最常见的有对对象的访问(如文件和文件夹);用户和组账户的管理;用户登录和注销的时间等。审计过程为系统进行事故原因的查询、定位、事故发生前的预测、报警以及异常事件发生后的及时响应与处理提供了详尽可靠的证据,为有效追查分析异常事件提供了时间、登录用户、具体行为等详尽信息。

8.2 软件系统安全

在众多应用系统中,往往运行了多种软件系统实现其对外服务的功能。软件的安全性也是影响系统安全的一个重要方面。

8.2.1 软件系统攻击技术分析

常见的利用软件缺陷对应用软件系统发起攻击的技术包括:缓冲区溢出攻击、堆溢出攻击、栈溢出攻击、格式化串漏洞利用等,在上述漏洞利用成功后,往往借助于 ShellCode 跳转或者执行攻击者的恶意程序。

1. 缓冲区溢出利用

如果应用软件存在缓冲区溢出漏洞,可利用此漏洞实施对软件系统的攻击。

缓冲区是内存中存放数据的地方。在程序试图将数据放到机器内存中的某一个位置的时候,如果没有足够的空间就会发生缓冲区溢出。攻击者写一个超过缓冲区长度的字符串,程序读取该段字符串,并将其植入缓冲区。由于该字符串长度超出常规的长度,这时可能会出现两个结果:一是过长的字符串覆盖了相邻的存储单元,导致程序出错,严重的可导致系统崩溃;另一个结果就是利用这种漏洞可以执行任意指令,从而达到攻击者的某种目的。

程序运行的时候,将数据类型等保存在内存的缓冲区中。为了不占用太多的内存,一个由动态分配变量的程序在程序运行时才决定给它们分配多少内存空间。如果在动态分配缓冲区中放入超长的数据,就会发生溢出,这时候程序就会因为异常而返回。如果攻击者用自己攻击代码的地址覆盖返回地址,这个时候,通过 eip 改变返回地址,可以让程序转向攻击者的程序段。如果在攻击者编写的 ShellCode 里面集成了文件的上传、下载等功能,获取到 root 权限,那么就相当于完全控制了被攻击方,也就达到了攻击者的目的。

2. 栈溢出利用

程序每调用一个函数,就会在堆栈里申请一定的空间,我们把这个空间称为函数栈,而随着函数调用层数的增加,函数栈一块块地从高端内存向低端内存地址方向延伸。反之,随着进程中函数调用层数的减少,即各函数调用的返回,函数栈会一块块地被遗弃而向内存的高地址方向回缩。各函数栈大小随着函数性质的不同而不等,由函数的局部变量的数目决定。进程对内存的动态申请是发生在 Heap(堆)里的。也就是说,随着系统动态分配给进程的内存数量的增加,Heap 有可能向高端地址或低端地址延伸,依赖于不同 CPU 的实现。但一般来说是向内存的高端地址方向增长的。

当发生函数调用时,先将函数的参数压入栈中,然后将函数的返回地址压入栈中,这里的返回地址通常是 Call 的下一条指令的地址。例如,定义 buffer 时程序分配了 24 个字节的空间,在 strcpy 执行时向 buffer 里复制字符串时并未检查长度,如果向 buffer 里复制的字符串超过 24 个字节,就会产生溢出。如果向 buffer 里复制的字符串的长度足够长,把返回地址覆盖后程序就会出错。一般会报段错误或者非法指令,如果返回地址无法访问,则产生段错误,如果不可执行则视为非法指令。

3. 堆溢出利用

堆内存由很多分配的大块内存区组成,每一块都含有描述内存块大小和其他一些细节信息的头部数据。如果堆缓冲区溢出,攻击者能重写相应堆的下一块存储区,包括其头部。如果重写堆内存区中下一个堆的头部信息,则在内存中可以写进任意数据。然而由于不同目标软件各自特点不同,使堆溢出攻击的实施较为困难。

4. 格式化串漏洞利用

所谓格式化串,就是在 * printf()系列函数中按照一定的格式对数据进行输出,可以输出到标准输出,即 printf(),也可以输出到文件句柄、字符串等,对应的函数有 fprintf、sprintf、snprintf、vprintf、vfprintf、vsprintf、vsnprintf 等。能被黑客利用的地方也就出在这一系列的 * printf()函数中。在正常情况下这些函数只是把数据输出,不会造成什么问题,但是 * printf()系列函数有 3 条特殊的性质,这些特殊性质如果被黑客结合起来利用,就会形成漏洞。

可以被黑客利用的 * printf()系列函数的 3 个特性:

(1) 参数个数不固定造成访问越界数据;

（2）利用％n 格式符写入跳转地址；

（3）利用附加格式符控制跳转地址的值。

5．Shellcode 技术

缓冲区溢出成功后，攻击者如希望控制目标计算机，必须用 ShellCode 实现各种功能。ShellCode 是一堆机器指令集，基于 x86 平台的汇编指令实现，用于溢出后改变系统的正常流程，转而执行 ShelloCode 代码从而完成对目标计算机的控制。1996 年 Aleph One 在 Underground 发表的论文给这种代码起了一个 ShellCode 的名称，从而延续至今。

8.2.2　开发安全的程序

大部分的溢出攻击是由于不良的编程习惯造成。现在常用的 C 和 C++语言因为宽松的程序语法限制而被广泛使用，它们在营造了一个灵活高效的编程环境的同时，也在代码中潜伏了很大的风险隐患。

为避免溢出漏洞的出现，在编写程序的同时就需要将安全因素考虑在内，软件开发过程中可利用多种防范策略，如编写正确的代码、改进 C 语言函数库、数组边界检查、使堆栈向高端地址方向增长、程序指针完整性检查等，以及利用保护软件的保护策略（如使用 StackGuard 对付恶意代码等）来进行保证程序的安全性。

目前有几种基本的方法保护缓冲区免受溢出的攻击和影响。

1．规范代码写法，加强程序验证

由于 C 语言中的几个会造成 buffer 溢出的函数的存在，因此必须在编写程序的时候加强对程序进行验证以及错误处理。尽管很多时候人们知道程序存在漏洞，却因为各方面的问题，忽视了安全性验证以及容错机制。所以，具有安全漏洞的程序依然大大存在，即便该程序是由一个有经验的编程人员写出来的。所以，规范代码写法，加强程序验证只能适当地减少一些溢出的可能性，却不能完全避免溢出的出现，更不可能消除它的存在。所以还需要采取下面一些防范方式。

2．通过操作系统使得缓冲区不可执行，从而阻止攻击者植入攻击代码

这种方法有效地阻止了很多缓冲区溢出的攻击，但是攻击者并不一定要植入攻击代码来实现缓冲区溢出的攻击，所以这种方法还是存在很多弱点的。

3．利用编译器的边界检查来实现缓冲区的保护

这个方法使得缓冲区溢出不可能出现，从而完全消除了缓冲区溢出的威胁，但是相对而言代价比较大。

4．在程序指针失效前进行完整性检查

虽然这种方法不能使所有的缓冲区溢出失效，但它的确阻止了绝大多数的缓冲区溢出攻击，而能够逃脱这种方法保护的缓冲区溢出也很难实现。

8.2.3　IIS 应用软件系统的安全性

IIS4.0 和 5.0 版本曾经出现过严重的缓冲区溢出漏洞，在介绍了软件系统攻击技术和防范技术后，下面从 IIS 的安全性入手，简要介绍应用软件的安全性防范措施。

IIS(Internet Information Server)是 Windows 系统中的 Internet 信息和应用程序服务器。利用 IIS 可以方便地配置 Windows 平台,并且 IIS 和 Windows 系统管理功能完美地融合在一起,使系统管理人员获得和 Windows 完全一致的管理。

为有效防范针对 IIS 的溢出漏洞攻击,首先需要了解 IIS 缓冲区溢出漏洞在什么地方,然后进行修补。

IIS4.0 和 IIS5.0 的应用非常广,但由于这两个版本的 IIS 存在很多安全漏洞,它们的使用也带来了很多安全隐患。IIS 常见漏洞包括:idc&ida 漏洞、.htr 漏洞、NT Site Server Adsamples 漏洞、.printer 漏洞、Unicode 解析错误漏洞、Webdav 漏洞等。因此,了解如何加强 Web 服务器的安全性,防范由 IIS 漏洞造成的入侵就显得尤为重要。

例如,缺省安装时,IIS 支持两种脚本映射:管理脚本(.ida 文件)、Internet 数据查询脚本(.idq 文件)。这两种脚本都由 idq.dll 来处理和解释。而 idq.dll 在处理某些 URL 请求时存在一个未经检查的缓冲区,如果攻击者提供一个特殊格式的 URL,就可能引发一个缓冲区溢出。通过精心构造发送的数据,攻击者可以改变程序执行流程,从而执行任意代码。当成功地利用这个漏洞入侵系统后,攻击者就可以在远程获取"Local System"的权限了。

在"Internet 服务管理器"中,右击网站目录,选择"属性",在网站目录属性对话框的"主目录"页面中,点击"配置"按钮。在弹出"应用程序配置"对话框的"应用程序映射"页面,删除无用的程序映射。在大多数情况下,只需要留下.asp 一项即可,将.ida、.idq、.htr 等全部删除,以避免利用.ida、.idq 等这些程序映射存在的漏洞对系统进行攻击。

8.3 数据库安全

现有的计算机信息系统多采用数据库存储和管理大量的关键数据,因此数据库的安全问题也是系统安全的一个关键环节。了解针对数据库的攻击技术,并采取相应的数据库安全防范措施,也是系统安全技术人员需要关注的重点。

8.3.1 数据库攻击技术分析

针对数据库的攻击有多种方式,最终目标是得到对数据库的访问权限或者控制数据库服务器。主要的数据库攻击手段包括以下几种。

1. 弱口令入侵

易于猜测的密码对于攻击来说是脆弱的,获取目标数据库服务器的管理员口令有多种方法和工具,例如针对 MS SQL 服务器的 SQLScan 字典口令攻击、SQLdict 字典口令攻击、SQLServerSniffer 嗅探口令攻击等工具。获取了 MS SQL 数据库服务器的口令后,即可利用 SQL 语言远程连接并进入 MS SQL 数据库内获得敏感信息。大多数应用程序的部署体系结构都包括从数据库服务器中分离出数据访问代码。因此,必须防止网络窃听者窃取诸如应用程序特定数据或数据库登录凭据等敏感数据。

2. SQL 注入攻击

SQL 注入攻击的具体过程,首先是由攻击者通过向 Web 服务器提交特殊参数,向后台数据库注入精心构造的 SQL 语句,达到获取数据库里的表的内容或者挂网页木马,进一步利用网页木马再挂上木马。它的特点是,攻击者通过提交特殊参数和精心构造的 SQL 语句后,根据返回的页面判断执行结果、获取信息等。因为 SQL 注入是从正常的 WWW 端口访问,而且表面上看起来跟一般的 Web 页面访问没什么区别,所以目前通用的防火墙都不会对 SQL 注入发出警报,如果管理员没有查看 IIS 日志的习惯,可能被入侵了很长时间也没有察觉。SQL 注入的手法相当灵活,在注入的时候会碰到很多意外的情况。在实际攻击过程中,攻击者根据具体情况进行分析,构造巧妙的 SQL 语句,从而达到渗透的目的,而渗透的程度和网站的 Web 应用程序的安全性以及安全配置等有很大关系。

3. 利用数据库漏洞进行攻击

除了上述攻击手段之外,还可以利用数据库本身的漏洞实施攻击,获取对数据的访问权或者对数据库的控制权,或者利用漏洞实施权限的提升。不同数据库的漏洞利用效果不同。例如,Oracle 9.2.0.1.0 存在认证过程的缓冲区溢出漏洞,攻击者通过提供一个非常长的用户名,会使认证出现溢出,允许攻击者获得对数据库的控制,这使得没有正确的用户名和密码也可获得对数据库的控制。在权限提升方面,可利用 Oracle 的 left outer joins 漏洞实现。当攻击者利用 left outer joins SQL 实现查询功能时,数据库不做权限检查,使攻击者获得他们一般不能访问的表的访问权限。

数据库的安全威胁如图 8.1 所示。

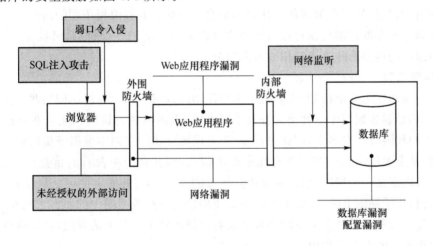

图 8.1 数据库的安全威胁

8.3.2 数据库安全的基本技术

1. 数据库的完整性

数据库的完整性包括:

(1) 实体完整性(Entity Integrity),是指表和它模仿的实体一致;

(2) 域完整性(Domain Integrity),某一数据项的值是合理的;

(3) 参照(引用)完整性(Reference Integrity),在一个数据库的多个表中保持一致性;

(4) 用户定义完整性(User-defined Integrity),由用户自定义;

（5）分布式数据完整性（Distributed Data Integrity）。

数据库的完整性可通过数据库完整性约束机制来实现。这种约束是一系列预先定义好的数据完整性规划和业务规则，这些数据规则存放于数据库中，防止用户输入错误的数据，以保证所有数据库中的数据是合法的、完整的。

数据库的完整性约束有以下几种：非空约束、缺省值约束、唯一性约束、主键约束、外部键约束、规则约束。这种约束是加在数据库表的定义上的，它与应用程序中维护数据库完整性不同，它不用额外地编写程序，代价小而且性能高。在多网络用户的客户/服务器（Client/Server）体系下，需要对多表进行插入、删除、更新等操作时，使用存储过程可以有效防止多客户同时操作数据库时带来的"死锁"和破坏数据完整性的问题。此外，通过封锁机制，可以避免多个事务并发执行存取同一数据时出现的数据不一致问题。

2. 存取控制机制

访问控制是数据库系统的基本安全需求之一。为了使用访问控制来保证数据库安全，必须使用相应的安全策略和安全机制保证其实施。数据库通常采用的存取控制机制是基于角色的存取控制模型。

基于角色的存取控制模型的特征就是根据安全策略划分出不同的角色，对每个角色分配不同的操作许可，同时为用户指派不同的角色，用户通过角色间接地对数据进行存取。

角色由数据库管理员管理和分配，用户和客体无直接关系，他只有通过角色才可以拥有角色所拥有的权限，从而存取客体。用户不能自主地将存取权限授予别的用户。

基于角色的存取控制机制可以为用户提供强大而灵活的安全机制，可以让管理员按照接近部门组织的自然形式来进行用户权限划分。

3. 视图机制

可以将视图作为安全机制，限制可由用户使用的数据。用户可以访问某些数据，进行查询和修改，但是表或数据库的其余部分是不可见的，也不能进行访问。无论在基础表（一个或多个）上的权限集合有多大，都必须授予、拒绝或废除访问视图中数据子集的权限。

例如，某个表的 salary 列中含有保密职员信息，但其余列中含有的信息可以由所有用户使用。可以定义一个视图，它包含表中除敏感的 salary 列外所有的列。只要表和视图的所有者相同，授予视图上的 SELECT 权限就使用户得以查看视图中的非保密列而无须对表本身具有任何权限。通过定义不同的视图及有选择地授予视图上的权限，可以将用户、组或角色限制在不同的数据子集内。

4. 数据库加密

一般而言，数据库系统提供的基本安全技术能够满足普通的数据库应用，但对于一些重要部门或敏感领域的应用，仅靠上述这些措施难以保证数据的安全性。某些用户（尤其是一些内部用户）仍可能非法获取用户名和口令，越权使用数据库，甚至直接打开数据库文件窃取或篡改信息。因此，有必要对数据库中存储的重要数据进行加密处理，以实现数据存储的安全保护。

较之传统的数据加密技术，数据库加密系统有其自身的要求和特点。数据库数据的使用方法决定了它不可能以整个数据库文件为单位进行加密。当符合检索条件的记录被检索出来后，就必须对该记录迅速解密，然而该记录是数据库文件中随机的一段，无法从中间开始解密。因此，必须解决随机地从数据库文件中某一段数据开始解密的问题，故数据库加密只能对数据库中的数据进行部分加密。

8.3.3 SQL Server 和 Oracle 的安全防范

为了有效防止针对数据库的攻击,要从前台的 Web 页面和后台的数据库服务器设置等多个层次进行统一考虑。

1. 编写安全的 Web 页面

SQL 注入漏洞是因为 Web 程序员所编写的 Web 应用程序没有严格地过滤从客户端提交至服务器的参数而引起的。所以,要防范 SQL 注入攻击,首先要从编写安全的 Web 应用程序做起。

对于客户端提交过来的参数,都要进行严格地过滤,检查当中是否存在着特殊字符。要注意的特殊字符有:单引号,双引号,当前使用的数据库服务器所支持的注释符号,例如,SQL Server 所使用的注释号是"--",MySQL 所使用的注释号是"/ * "等。除此之外,还有 SQL 语句中所使用的关键字,这些关键字包括:select、insert、update、and、where 等。除了严格检验参数,还要注意不向客户端返回程序发生异常的错误信息,这是因为 SQL 注入很大程度上是依赖于程序的异常信息来获取服务器的信息的,所以不能为攻击者留下任何线索。

2. 设置安全的数据库服务器

(1) SQL Server

SQL Server 的安全性设置要通过安装、设置和维护 3 个阶段进行综合考虑。

在安装阶段,将数据库默认自动或者手动安装,并且使用 Windows 认证,这将把暴力攻击 SQL Server 本地认证机制的攻击者拒之门外。为数据库分配一个强壮的 SA 账户密码,也是安装过程中需要考虑的一个重要事情。

在设置阶段,使用服务器网络程序(Server Network Utility)可禁用所有的 netlib,这将使对数据库的远程访问无效,同时也将使 SQL Server 不再响应 SQLPing 等对数据库的扫描和探测行为。激活数据库的日志功能可以在攻击者进行暴力破解时进行有效鉴别。此外,禁止 SQL Server Enterprise Manager 自动为服务账号分配权限、禁用 Ad Hoc 查询、设置操作系统访问控制列表、清除危险的扩展存储过程等措施将阻止一些攻击者对数据库的非法操作。

在维护阶段,及时更新服务包和漏洞补丁,分析异常的网络通信数据包,创建 SQL Server 警报等方法,可以为管理员提供针对数据库的更加有效的防范。

(2) Oracle

Oracle 数据库的安全性防范措施也需要综合考虑多方面的因素,包括设置监听器密码,在运行监听器控制程序连接相关的监听器时,通过密码保护监听器的安全;删除 PL/SQL 外部存储功能,堵住攻击者对其的非法使用;确保所有数据库用户的默认密码已经更改为安全的新密码;为保证数据库实例的安全,及时更新最新补丁也是非常重要的一项安全措施。当然,如果 Oracle 数据库的前端是一个 Web 服务器,则 Web 前端将是外部攻击者的第一站,Oracle 的安全也离不开 Web 前端的安全。

8.4 数据备份和恢复

攻击者最终的目标还是系统中关键的数据信息,如何有效保证数据的完整性、保密性、防止数据不被破坏、不被窃取,这也是系统安全研究的一个重点内容。

8.4.1 数据的安全威胁

随着社会对计算机和网络的依赖性越来越大,如何保证计算机中数据的完整性和可用性,成为每一个计算机使用者关心的重点。数据的完整性和可用性就是保证计算机系统中的数据和信息处于一种完整和未受损的状态。

针对数据完整性和可用性最常见的威胁来自于攻击者或者计算机操作员、硬件故障、网络故障和灾难。

攻击者的目的是对信息进行窃取或者破坏,计算机操作员也存在误删、误改的误操作行为,这些都对数据的安全性构成了巨大的威胁。而除了人为造成的问题之外,硬件故障和网络故障也是计算机运行过程中常见的故障,它们也将破坏数据的安全属性,严重时将造成数据的丢失。而往往在毫无防备的情况下突然袭来的灾难,使系统数据的安全属性遭受更严重的挑战,所有系统连同数据顷刻间将全部毁坏。为此,针对数据的安全威胁进行应对,将有效提高数据的完整性和可用性。

8.4.2 数据备份和恢复技术

为保证数据的完整性和可用性,常常采用备份、归档、分级存储、镜像、RAID 以及远程容灾等技术实现对数据的安全保障。在这几种技术的基础上,发展起来多种数据备份和恢复技术,下面进行简要介绍。

1. 高可用性系统

高可用性系统的主要功能是保证在计算机系统的软硬件出现单点故障时,通过集群软件实现业务的正常切换,保证业务不间断、不停顿。高可用性系统是一组通过高速网络连接的计算机集合,通过高可用集群软件相互协作,作为一个整体对外提供服务。在集群中的每台服务器都分别运行后台检测进程和控制进程,定时收集磁盘、网络和串口等信息,当检测进程发现集群中某台服务器出现故障后,将对这台故障服务器进行接管处理,接管后 IP 地址动态切换,并由集群中的正常服务器自动启动故障服务器的应用程序和数据库,保证系统和应用服务不间断。

高可用性系统通过多个服务器的相互备份实现了服务器单点故障时业务的正常进行,例如,服务机的双网卡或者多网卡,以及 RAID 冗余磁盘阵列等。由于集群系统在计算上的内在关联性,决定了节点之间的数据交换量较大,特别是当集群内节点数增加到几十乃至几百时,内部网络传输数据的速率是整个系统计算速度的瓶颈。较高的传输带宽和尽量低的传输延时是高可用系统所追求的主要目标。

2．网络备份

传统的单机备份，备份设备连接到服务器，所以服务器负担重，备份操作安全性差。当服务器采用双机或集群时，备份设备只能通过其中的一台服务器进行备份。当网络中业务主机较多，并且需要实施备份操作的系统平台和数据库版本不同时，通过网络备份服务器对局域网中的不同业务主机数据进行备份就是一个最佳的选择。

网络备份是通过在网络备份服务器上安装备份服务器端软件，在需要进行数据备份的业务主机上安装网络备份客户端软件，客户端软件将备份的数据通过网络传到备份服务器进行备份。网络备份使每台服务器负担减轻，备份操作安全性高，而且通过一台网络备份服务器可备份多台业务主机和服务器。网络备份可通过网络备份软件跨平台实时备份正在使用的数据库和文件，支持多服务器环境平行作业备份操作。通过网络备份软件也可以很好地对备份介质进行管理，实现全自动备份和恢复，可实现定时备份，并支持完全备份、增量备份、差量备份等多种备份策略。网络备份为局域网中的数据备份提供了高效的备份管理手段。

3．SAN 备份

网络备份技术在具有自身优势的同时缺点也十分明显，它占用大量网络资源，也占用一定的主机资源，同时备份时间较长。更加高效的备份技术——存储区域网 SAN（Storage Area Network）——出现后解决了这些问题。

SAN 是一种采用光纤接口将磁盘阵列和前端服务器连接起来的高速专用子网。SAN 结构允许服务器连接任何存储设备，即 SAN 将多个存储设备通过光交换网络与服务器互联，使存储系统有更好的可靠性和扩展性。

SAN 减少了对局域网网络资源的占用，改善了数据传输性能；改善了数据访问途径和访问速度，服务器可以通过光纤网络高速、远距离地访问共享存储设备。管理人员也可以集中管理存储系统，强化备份和恢复策略，提高整个系统的效率。同时，通过光纤交换机和集线器，存储设备可以无限扩展，主机节点的增加和替换可以最小限度地减少对系统的影响。SAN 结构以一种共享存储系统的方式支持异构服务器的集群，保证了系统的高可用性。它支持所有服务器和存储设备的硬件互联，服务器增加存储容量变得非常简单。

4．归档和分级存储管理

归档和分级存储管理是与网络备份不同的另一种数据备份技术。它可用来解决网络上数据不断增长，造成数据量过大、计算机存储空间无法满足数据库存储需求的情况。

归档是指将数据复制或者打包存放，以便能长时间地进行保存。归档的主要作用是长期保存数据，将有价值的数据安全地保存较长的时间。文件归档可以通过文档服务器对重要文档进行统一备份管理。普通信息数据一般通过数据压缩工具进行压缩，然后定期复制后存储下来。另一种常用的归档方法是使用备份系统，将关键数据备份到可移动介质中进行存放。

分级存储管理是一种对用户和管理员而言都透明的、提供归档功能的自动化备份系统。分级存储管理与归档的区别在于它把数据进行了迁移，而不是纯粹地复制。分级存储管理系统选择将文件进行迁移，然后将文件复制到存储介质中，当文件被正确地复制后，一个与原文件具有相同名字的标志文件被创建，但它只占用比原文件小得多的磁盘空间。当用户想访问这个标志文件时，分级存储管理介入进来，将原始数据从正确的存储介质中恢复过来。分级存储管理主要用于当数据变得越来越陈旧时,陈旧的数据将从计算机的存储介质中转移到另一种存储介质中存放,以节省原计算机系统中有限的存储空间。

5. 数据容灾系统

数据备份系统和高可用性系统可以避免由于软硬件故障、人为操作失误和病毒造成的数据完整性和可用性的破坏。但是,当计算机系统遭受如地震、火灾和恐怖袭击时,上述技术仍然无法解决。这时,就要靠数据容灾系统保护数据的完整可用性。

数据容灾系统主要原理是在远程建立一套和本地计算机系统功能相同的计算机系统,当本地计算机系统受到意外灾难后,在远程仍然保存了完整的数据。

数据容灾系统除了在本地包含高可用性系统和数据备份系统之外,还包括数据远程复制系统和远程高可用性系统。数据远程复制系统主要保证本地数据中心和远程备份数据中心的数据一致性,数据远程复制一般通过软件数据复制和硬件数据复制技术实现,具体复制方式主要包括同步方式和异步方式。远程高可用性系统主要保证本地发生灾难后,业务及时切换到远程备份系统,它基于本地高可用性系统,实现远程故障的诊断、分类,并及时采取相应的故障接管措施。

8.4.3 数据库的备份和恢复

以上介绍了数据备份和恢复技术,对于数据库系统的单点故障,可以采用数据库的备份和恢复措施。数据库管理系统提供了数据库的备份和恢复机制来保障数据的可用性和完整性,当计算机的软硬件发生故障时,可以利用备份恢复被破坏的数据库文件、控制文件和其他文件,从而使数据库在故障发生后数据不丢失,最大限度保证数据的安全和整个系统的连续运行。

1. 数据库的备份

数据库有三种标准方式:导出、脱机备份和联机备份。导出方式是数据库的逻辑备份,其他两种备份方式都是物理文件备份。

(1) 导出

导出就是读取数据库记录集,然后写入到一个叫作导出转储文件的二进制文件中。可以导出指定表的数据、指定用户的所有对象及数据或数据库中的所有对象。可以对整个数据库执行全导出;或增量导出,也就是导出上次导出后修改过的全部表;或累积导出,也就是导出上次全导后修改过的表。

数据导出后,若要恢复使用由导出生成的文件,可以使用导入实用程序。使用导出方式,可以把任何数据库对象恢复到导出时的状态。

(2) 脱机备份

脱机备份是在数据库正常关闭后,对数据库文件进行的物理备份。脱机备份要备份的文件包括所有数据文件、所有控制文件、所有联机重做日志和 init. ora 文件。使用脱机备份,可以把数据库恢复到关闭时的状态。

(3) 联机备份

联机备份是为正在归档(Archivelog)模式下运行的数据库进行的物理备份。联机备份要执行的操作包括:逐个表空间备份数据文件,也就是设置表空间为备份状态,备份表空间的数据文件,然后将表空间恢复到正常状态;备份归档重做日志文件,也就是记录归档重做日志目标目录中的文件,然后有选择地删除或压缩它们;通过 alter database backup controlfile 命令备份控制文件。使用联机备份,可以将数据库恢复到任何时间点的状态。

对于以上三种备份方式,脱机备份能简单快速地备份,但执行脱机备份时必须关闭数据库,并且不能进行时间点的恢复;而执行联机备份时数据库可以是打开的,并且可以用来进行时间点的恢复,但联机备份的执行过程复杂,并且在进行联机备份时,如果服务器发生故障,如掉电,重新启动服务器时,将无法打开数据库,数据库系统会要求进行介质恢复。另外联机备份可能造成 CPU、I/O 过载,所以应在数据库不太忙时进行。脱机备份和联机备份都是备份物理数据库文件,而导出备份的是数据库对象。导出能执行对象或者恢复,备份和恢复速度更快。但导出只能保护用户或应用错误,不能保护介质失效。

2. 数据库恢复

有了上述几种备份方法,即使计算机发生故障,如介质损坏、软件系统异常等情况时,也可以通过备份进行不同程度的恢复,使数据库系统尽快恢复到正常状态。

(1)数据文件损坏

可以用最近所做的数据库文件备份进行恢复,即将备份中的对应文件恢复到原来位置,重新加载数据库。

(2)控制文件损坏

若数据库系统中的控制文件损坏,则数据库系统将不能正常运行,这种情况需要将数据库系统关闭,然后从备份中将相应的控制文件恢复到原位置,重新启动数据库系统。

(3)整个文件系统损坏

在大型的操作系统中,由于磁盘或磁盘阵列的介质不可靠或损坏是经常发生的,这将导致整个数据库系统崩溃,这种情形需要:

• 将磁盘或磁盘阵列重新初始化,去掉失效或不可靠的坏块;
• 重新创建文件系统;
• 利用备份将数据库系统完整地恢复;
• 启动数据库系统。

(4)介质恢复

当一个文件、一个文件的部分或一磁盘不能读或不能写时数据库管理系统需要介质恢复。完全介质恢复可恢复全部丢失的修改,仅当所有必要的日志可用时才可能,而且决定于毁坏文件和数据库的可用性。如果数据库可运行,必要的日志完整,介质故障的恢复可以将整个数据库恢复到故障之前的一个事务一致状态。当完全介质恢复的条件不具备,例如当用户意外地删除一表;或由于系统故障,一个在线日志文件的部分被破坏,活动的日志文件突然不可使用,实例被中止,此时需要不完全介质恢复。将数据库系统恢复到最近的、未损的日志有效时间点,或者将数据库恢复到数据库发生用户错误之前时刻。

小　　结

系统安全是影响系统安全稳定运行的关键,而系统安全由于涉及操作系统、应用软件系统、数据库系统等多个层面的内容,所以提高并解决系统的安全性,成为信息安全领域中需要考虑的影响因素最多的安全性难题之一。如果影响系统安全的任何一个层面出现问题,都会影响系统整体的安全性。就如木桶效应所阐述的,任何一块木桶板出现问题,水将全部流走。

虽然系统安全问题非常复杂,但是如果将复杂的系统安全问题从整体角度考虑,按照不同的层面进行详细规划,每层都进行具体的安全部署,就可以在每层达到较高安全水平的基础上,实现系统整体的安全性。系统安全的整体划分,可以从基础层面的操作系统,到上层的应用软件系统和支持层面的数据库系统等3个主要层面进行考虑。

操作系统的安全性,需要从加强系统的身份认证机制,增强访问控制机制,实施系统的安全审计机制来实现。实现了上述安全机制,可以有效阻止非法用户的进入,对系统的非法访问行为也可以进行有效的监控,并通过审计机制记录在案,从而实现对非法行为的有据可查。当然操作系统的安全除了上述基本防范措施外,还需要通过及时更新系统补丁,采用杀毒软件增强防范手段,约束计算机用户与外网的连接行为,从而将操作系统的安全性提升到新的水平。

数据库系统的安全性和操作系统相比有相似之处,数据库系统本身具有完整性保障机制、存取控制机制、视图机制等基本安全机制,保证数据库系统的正常运行。除此之外,数据库系统的安全性也和应用系统安全性密切相关,不正确的应用系统调用和不严格的应用系统过滤机制,都可能引狼入室,造成对数据库系统安全性的破坏。为此数据库的安全性,除了考虑自身基本具备的安全性手段之外,也要充分考虑和数据库系统有数据交换行为的外围应用系统的安全性。

应用软件系统的安全性比操作系统和数据库的安全性显得更为复杂,它涉及的软件种类和版本问题更多,所以解决应用软件系统的安全问题需要根据不同系统中运行的不同应用系统来区分对待。当然,每种应用软件系统的安全问题,都要对具体应用软件系统的安全威胁和安全防范技术有具体了解,才能做到有的放矢,有针对性地采取防范措施。当然,从应用软件系统开发之初,就从控制代码安全性角度提高应用系统的安全性,可以一劳永逸地解决应用软件系统的根本安全问题。

备份手段对于系统的安全性来说永远是不可或缺的,它给系统安全提供了最后的屏障。当其他安全防范措施出现问题时,备份的系统为我们及时进行数据恢复提供了一种便捷而又可靠的保障。

思 考 题

1. 操作系统除身份认证机制、访问控制机制、安全审计机制等基本的安全保障机制之外,说明还需要从哪些角度对操作系统安全性进行进一步的提高。

2. 简述针对应用软件系统的几种主要安全威胁。

3. 简述如何有效防止针对数据库的攻击。

4. 说明数据备份对于系统安全性的重要意义。

第9章

网络安全技术

　　网络安全从本质上讲就是网络上的信息安全。计算机网络的发展使信息共享应用日益广泛与深入，但是信息在公共网络上传输会被非法窃听、截取、篡改或破坏，从而造成不可估量的损失。网络安全是指网络系统的硬件、软件及其系统中的数据受到保护，不会由于偶然的或者恶意的原因而遭到破坏、更改、泄露，系统能连续可靠地运行，网络服务不中断。

　　本章介绍了网络安全中的一些常用技术手段，包括防火墙技术、入侵检测技术、安全扫描技术、内外网隔离技术、内网安全技术、反病毒技术、无线通信网络安全技术。

9.1　防火墙技术

　　网络防火墙是一种用来加强网络之间访问控制、防止外部网络用户以非法手段通过外部网络进入内部网络、访问内部网络资源、保护内部网络操作环境的特殊网络互联设备。它对两个或多个网络之间传输的数据包和链接方式按照一定的安全策略进行检查，来决定网络之间的通信是否被允许，并监视网络运行状态。它实际上是一个独立的进程或一组紧密联系的进程，运行于路由器、网关或服务器上来控制经过防火墙的网络应用服务的通信流量。其中被保护的网络称为内部网络（或私有网络），另一方则称为外部网络（或公用网络）。

9.1.1　防火墙的作用

　　防火墙能有效地控制内部网络与外部网络之间的访问及数据传送，从而达到保护内部网络的信息不受外部非授权用户的访问，并过滤不良信息的目的。安全、管理、速度是防火墙的三大要素。

　　一个好的防火墙系统应具备以下3方面的条件。

- 内部和外部之间的所有网络数据流必须经过防火墙，否则就失去了防火墙的主要意义。
- 只有符合安全策略的数据流才能通过防火墙，这也是防火墙的主要功能——审计和过滤数据。

- 防火墙自身应对渗透(penetration)免疫,如果防火墙自身都不安全,就更不可能保护内部网络的安全了。

确保一个单位内的网络与 Internet 的通信符合该单位的安全方针,为管理人员提供下列问题的答案:

- 谁在使用网络;
- 他们在网络上做什么;
- 他们什么时间使用了网络;
- 他们上网去了何处;
- 谁要上网却没有成功。

一般来说,防火墙由四大要素组成。

- 安全策略是一个防火墙能否充分发挥其作用的关键。哪些数据不能通过防火墙、哪些数据可以通过防火墙;防火墙应该如何具体部署;应该采取哪些方式来处理紧急的安全事件;以及如何进行审计和取证的工作等。这些都属于安全策略的范畴。防火墙绝不仅仅是软件和硬件,还包括安全策略,以及执行这些策略的管理员。
- 内部网:需要受保护的网。
- 外部网:需要防范的外部网络。
- 技术手段:具体的实施技术。

一个防火墙从功能上通常由以下几部分组成,如图 9.1.1 所示。

人 机 接 口			
访问控制策略	安全审计	安全管理	数据加密
网络互联设备			

图 9.1.1　防火墙体系结构图

对于防火墙的设置,有两大需求,也就是防火墙必须保证的两个要点。

- 保证内部网的安全。防火墙的基本作用就是对内外网的数据进行过滤和审核,以防止未经授权的访问进出计算机网络。为了保证内部网的安全,所有的通信都必须经过防火墙,而不能有绕过防火墙的情况,否则系统就有安全隐患。而且防火墙只放行经过授权的网络流量;防火墙能经受得起对其本身的攻击。
- 保证内部网和外部网的连通。在对内外网数据进行"缓冲"、保证内网的安全性的同时,防火墙还必须保证内外网的连通,同时防火墙不应对出入数据的速度造成太大的影响。

在内部网和外部网之间设置防火墙可以提高被保护网络的安全性。主要有以下几方面的优点。

- 保护网络中脆弱的服务:防火墙通过过滤存在安全缺陷的网络服务来降低内部网遭受攻击的威胁,因为只有经过选择的网络服务才能通过防火墙。
- 作为网络控制的"要塞点"(Choke Point):防火墙是网络的要塞点,是达到网络安全目的的有效手段。
- 集中安全性:如果一个内部网络的所有或大部分需要改动的程序以及附加的安全程序都能集中地放在防火墙系统中,而不是分散到每个主机中,防火墙的保护范围就相对集中,安全成本也相对便宜了。

- 增强保密性、强化私有权:使用防火墙系统,网络节点可以防止 finger 以及 DNS 域名服务。防火墙也能封锁这类服务,从而使得外部网络主机无法获取这些有利于攻击的信息。通过封锁这些信息,可以防止攻击者从中获得另一些有用信息。
- 审计和告警:作为内外网络间通信的唯一通道,防火墙可以有效地记录各次访问的情况,记录内部网络和外部网络之间发生的一切通信。
- 防火墙可以限制内部网络的暴露程度:防火墙的存在限制了可能产生的网络安全问题,并保护了内部网络的结构不被外部网络攻击者发现,提高了内部网络的安全性。
- 安全政策执行:最后,或许最重要的是,防火墙可提供实施和执行网络访问政策的工具。

虽然防火墙可以提高内部网的安全性,但是防火墙也有它自身的一些缺陷和不足。有些缺陷是目前根本无法解决的。

- 为了提高安全性,限制或关闭了一些存在安全缺陷的网络服务,但这些服务也许正是用户所需要的服务,给用户带来使用的不便。这是防火墙在提高安全性的同时所付出的代价。
- 目前防火墙对于来自网络内部的攻击还无能为力。防火墙只对内外网之间的通信进行审计和"过滤",但对于内部人员的恶意攻击,防火墙无能为力。
- 防火墙不能防范不经过防火墙的攻击,如内部网用户通过 SLIP 或 PPP 直接进入 Internet。这种绕过防火墙的攻击,防火墙无法抵御。
- 防火墙对用户不完全透明,可能带来传输延迟、瓶颈及单点失效。
- 防火墙也不能完全防止受病毒感染的文件或软件的传输,由于病毒的种类繁多,如果要在防火墙处完成对所有病毒代码的检查,防火墙的效率就会降到不能忍受的程度。
- 防火墙不能有效地防范数据驱动式攻击。防火墙不可能对所有主机上运行的文件进行监控,无法预计文件执行后所带来的结果。
- 作为一种被动的防护手段,防火墙不能防范 Internet 上不断出现的新的威胁和攻击。

9.1.2 防火墙技术原理

防火墙的技术主要有:包过滤技术、代理技术、VPN 技术、状态检查技术、地址翻译技术、内容检查技术以及其他技术,本节主要介绍前三者。

1. 包过滤技术

包过滤型防火墙即在网络中的适当位置对数据包实施有选择的通过。选择依据即为系统内设置的过滤规则(通常称为访问控制列表),只有满足过滤规则的数据包才被转发到相应的网络接口,其余数据包则被丢弃。

包过滤一般要检查下面几项:

- IP 源地址;
- IP 目的地址;

- 协议类型(TCP 包、UDP 包和 ICMP 包);
- TCP 或 UDP 的源端口;
- TCP 或 UDP 的目的端口;
- ICMP 消息类型;
- TCP 报头的 ACK 位。

配置包过滤一般包括以下 3 个步骤:
- 必须知道什么是应该和不应该被允许的,必须制定一个安全策略;
- 必须正式规定允许的包类型、包字段的逻辑表达;
- 必须用防火墙支持的语法重写表达式。

包过滤包括按地址过滤和按服务过滤:按地址过滤即包过滤路由器检查包头的信息,与过滤规则进行匹配,决定是否转发该数据包;按服务过滤即根据安全策略决定是允许或者拒绝某一种服务,比如禁止外部主机访问内部的 E-mail 服务器,端口 25。

包过滤技术对用户来说有以下优点。
- 帮助保护整个网络,减少暴露的风险。
- 对用户完全透明,不需要对客户端作任何改动,也不需要对用户作任何培训。
- 很多路由器可以作数据包过滤,因此不需要专门添加设备。

包过滤最明显的缺陷是即使是对于最基本的网络服务和协议,它也不能提供足够的安全保护,包过滤是不够安全的,因为它不能提供防火墙所必需的防护能力。它的缺点主要表现在以下几个方面。
- 包过滤规则难于配置。一旦配置,数据包过滤规则也难于检验。
- 包过滤仅可以访问包头中的有限信息。
- 包过滤是无状态的,因为包过滤不能保持与传输相关的状态信息或与应用相关的状态信息。
- 包过滤对信息的处理能力非常有限。
- 一些协议不适合用数据包过滤,如"r"命令、基于 RPC 的应用等。

2. 代理技术

代理技术又称为应用层网关技术。代理技术与包过滤技术完全不同,包过滤技术是在网络层拦截所有的信息流,代理技术是针对每一个特定应用都有一个程序。代理企图在应用层实现防火墙的功能。代理能提供部分与传输有关的状态,能完全提供与应用相关的状态和部分传输方面的信息,代理也能处理和管理信息,如图 9.1.2 所示。

图 9.1.2　代理技术示意图

代理技术有如下的特点:
- 网关理解应用协议,可以实施更细粒度的访问控制;
- 对每一类应用,都需要一个专门的代理;
- 灵活性不够。

3. 状态检测技术

状态检测技术是防火墙近几年才应用的新技术。传统的包过滤防火墙只是通过检测IP包头的相关信息来决定数据流是通过还是拒绝，基于状态检测技术的防火墙不仅仅对数据包进行检测，还对控制通信的基本状态信息（状态信息包括通信信息、通信状态、应用状态和信息操作性）进行检测。通过状态检测虚拟机维护一个动态的状态表，记录所有的连接通信信息、通信状态，以完成对数据包的检测和过滤。

状态检测技术能获得所有层次和与应用有关的信息，防火墙必须能够访问、分析和利用通信信息、通信状态、来自应用的状态，对信息进行处理。这些信息主要包括以下4种。

① 通信信息：即所有7层协议的当前信息。

② 通信状态：即以前的通信信息。

③ 应用状态：即其他相关应用的信息。如已经通过防火墙认证。

④ 操作信息：即在数据包中能执行逻辑或数学运算的信息。

状态检测技术采用的是一种基于连接的状态检测机制，将属于同一连接的所有包作为一个整体的数据流看待，构成连接状态表，通过规则表与状态表的共同配合，对表中的各个连接状态因素加以识别。因此，与传统包过滤防火墙的静态过滤规则表相比，它具有更好的灵活性和安全性。就状态检测型防火墙与应用层网关相比较而言，由于状态检测引擎了解应用层的情况，因此状态检测型防火墙所具有的安全保护水平与应用层网关基本相同，且状态检测型防火墙更加灵活，比应用层网关具有更好的扩展能力。因为它可以在应用程序一级保证通信的完整性，而不需要代表客户机/服务器在连接的两端对所有连接进行代理处理。所以说，利用状态检测技术设计的防火墙既提供了分组过滤防火墙的处理速度和灵活性，又兼具应用层网关理解应用程序状态的能力与高度的安全性。

4. 网络地址翻译技术

网络地址翻译（Network Address Translation，NAT）的最初设计目的是用来增加私有组织的可用地址空间和解决将现有的私有TCP/IP网络连接到互联网上的IP地址编号问题。RFC 3022描述了NAT的详细细节，互联网网络号分配机构（Internet Assigned Numbers Authority，IANA）规定了私有IP地址空间。

私有IP地址只能作为内部网络号，不能在互联网主干网上使用。NAT技术通过地址映射保证了使用私有IP地址的内部主机或网络能够连接到公用网络。NAT网关被安放在网络末端区域（内部网络和外部网络之间的边界点上），并且在把数据包发送到外部网络之前，将数据包的源地址转换为全球唯一的IP地址。

NAT技术并非为防火墙而设计，它在解决IP地址短缺的同时提供了如下功能：①内部主机地址隐藏；②网络负载均衡；③网络地址交叠。正是由于网络地址翻译技术提供了内部主机地址隐藏的技术，使其成为防火墙实现中经常采用的核心技术之一。

NAT的方式主要有以下3种：

- $M-1$：多个内部网地址翻译到1个IP地址。
- $1-1$：简单的地址翻译。
- $M-N$：多个内部网地址翻译到N个IP地址池。

NAT的地址翻译主要有以下4种。

- 静态翻译：一个指定的内部主机有一个从不改变的固定的翻译表，一般静态翻译将内部地址翻译成防火墙的外网接口地址。

- 动态翻译：为了隐藏内部主机的身份或扩展内部网络的地址空间，一个大的Internet客户群共享一个或一组小的 Internet IP 地址。
- 负载平衡翻译：一个 IP 地址和端口被翻译为多个同等配置的服务器，当请求到达时，防火墙将按照一个算法来平衡所有连接到内部的服务器，这样向一个合法 IP 地址发送请求，实际上是有多台服务器在提供服务。
- 网络冗余翻译：多个 Internet 连接被附加在一个 NAT 防火墙上，而这个防火墙根据负载和可用性对这些连接进行选择和使用。

9.1.3　防火墙的体系结构

在防火墙和网络的配置上，有以下 4 种典型结构：双宿/多宿主机模式、屏蔽主机模式、屏蔽子网模式和一些混合结构模式。其中，堡垒主机是个很重要的概念。堡垒主机是指在极其关键的位置上用于安全防御的某个系统。对于此系统的安全要给予额外关注，还要进行理性地审计和安全检查。如果攻击者要攻击你的网络，那么他们只能攻击到这台主机。堡垒主机起到一个"牺牲主机"的角色。它不是绝对安全的，它的存在是保护内部网络的需要，从网络安全上来看，堡垒主机是防火墙管理员认为最强壮的系统。通常情况下，堡垒主机可作为代理服务器的平台。

1. 双宿/多宿主机模式

双宿/多宿主机防火墙又称为双宿/多宿网关防火墙，它是一种拥有两个或多个连接到不同网络上的网络接口的防火墙，通常用一台装有两块或多块网卡的堡垒主机做防火墙，两块或多块网卡各自与受保护网和外部网相连，其体系结构图如图 9.1.3 所示。这种防火墙的特点是主机的路由功能是被禁止的，两个网络之间的通信通过应用层代理服务来完成的。一旦黑客侵入堡垒主机并使其具有路由功能，那么防火墙将变得无用。

图 9.1.3　双宿/多宿主机模型的示意图

2. 屏蔽主机模式

这种防火墙强迫所有的外部主机与堡垒主机相连接，而不让它们与内部主机直接连接。为了这个目的，专门设置了一个过滤路由器，通过它把所有外部到内部的连接都路由到了堡垒主机。在这种体系结构中，屏蔽路由器介于 Internet 和内部网之间，是防火墙的第一道防线，如图 9.1.4 所示。这个防火墙系统提供的安全等级比包过滤防火墙系统高，因为它实现了网络层安全(包过滤)和应用层安全(代理服务)。在这一方式下，过滤路由器配置得是否正确是这种防火墙安全与否的关键，如果路由表遭到破坏，堡垒主机就可能被越过，使内部网络完全暴露。

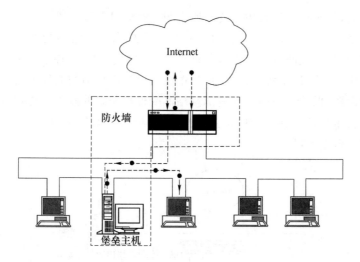

图 9.1.4 屏蔽主机防火墙结构

屏蔽主机型的典型构成是包过滤路由器＋堡垒主机。包过滤路由器配置在内部网和外部网之间,保证外部系统对内部网络的操作只能经过堡垒主机,是保护内部网的第一道防线。堡垒主机配置在内部网络上,是外部网络主机连接到内部网络主机的桥梁,它需要拥有高等级的安全,如图 9.1.5 所示。

图 9.1.5 屏蔽主机型的典型构成图

3. 屏蔽子网模式

屏蔽子网体系结构在本质上与屏蔽主机体系结构一样,但添加了额外的一层保护体系——周边网络,如图 9.1.6 所示。堡垒主机位于周边网络上,周边网络和内部网络被内部路由器分开。增加一个周边网络的原因是,堡垒主机是用户网络上最容易受侵袭的机器,通过在周边网络上隔离堡垒主机,能减少在堡垒主机被侵入的影响。并且万一堡垒主机被入侵者控制,入侵者仍不能直接侵袭内部网络,内部网络仍受到屏蔽路由器的保护。

屏蔽子网型结构的主要构成包括以下几个。

- 周边网络:周边网络是一个防护层,在其上可放置一些信息服务器,它们是牺牲主机,可能会受到攻击,因此又被称为非军事区(DMZ)。周边网络的作用为,即使堡垒主机被入侵者控制,它仍可消除对内部网的攻击。定义了周边网络以后,它支持网络层和应用层安全功能。网络管理员将堡垒主机、信息服务器、Modem 组以及其他公用服务器放在周边网络内。作为牺牲主机,它可能受到攻击,但内部网络是安全的。

- 堡垒主机:放置在周边网络上,是整个防御体系的核心。堡垒主机应该尽可能地简单。并随时做好堡垒主机受损、修复堡垒主机的准备。堡垒主机可被认为是应用层网关,可以运行各种代理服务程序。对于出站服务不一定要求所有的服务经过堡垒主机代理,但对于入站服务应要求所有服务都通过堡垒主机。

- 内部路由器:位于内部网与周边网络之间,保护内部网络不受外部网络和周边网络的侵害,它执行大部分过滤工作。即使堡垒主机被攻占,也可以保护内部网络。实际应用中,应按"最小特权原则"设计堡垒主机与内部网的通信策略。
- 外部路由器:保护周边网络和内部网络不受外部网络的侵犯。它把入站的数据包路由到堡垒主机,防止部分 IP 欺骗,它可以分辨出数据包是否真正来自周边网络,而内部路由器则不可以。

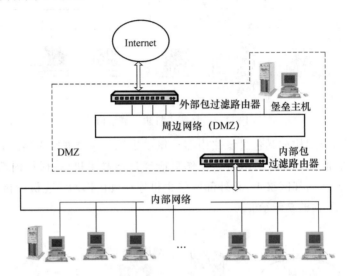

图 9.1.6　屏蔽主机型的典型构成图

4. 混合模式

混合模式是以上一些模式结构的混合使用,主要有以下几种。

(1) 将屏蔽子网结构中的内部路由器和外部路由器合并

只有用户拥有功能强大并且很灵活的路由器时才能将一个网络的内部路由器和外部路由器合并。这时用户仍由周边网连接在路由器的一个接口上,而内部网络连接在路由器的另一个接口上。

(2) 合并屏蔽子网结构中堡垒主机与外部路由器

这种结构是由双宿堡垒主机来执行原来的外部路由器的功能。双宿主机进行路由会缺乏专用路由器的灵活性及性能,但是在网速不高的情况下,双宿主机可以胜任路由器的工作。所以这种结构同屏蔽子网结构相比没有明显的新弱点。但堡垒主机完全暴露在 Internet 上,因此要更加小心地保护它。

(3) 使用多台堡垒主机

出于对堡垒主机性能、冗余和分离数据或者分离服务考虑,用户可以用多台堡垒主机构筑防火墙,比如我们可以让一台堡垒主机提供一些比较重要的服务(SMTP 服务、代理服务等),而让另一台堡垒主机运行由内部网向外部网提供的服务(如匿名 FTP 服务)等。这样,外部网用户对内部网的操作就不会影响内部网用户的操作。即使在不向外部网提供服务的情况下,也可以使用多台堡垒主机来实现负载平衡,提高系统效能。

（4）使用多台外部路由器

将多个外部路由器连接到这样的外部网络上不会带来明显的安全问题。虽然外部路由器受损害的机会增加了,但一个外部路由器受损害不会带来特别的威胁。

（5）使用多个周边网络

用户还可以使用多个周边网络来提供冗余,设置两个(或两个以上)的外部路由器、两个周边网络和两个内部路由器可以保证用户与 Internet 之间没有单点失效的情况,加强了网络的安全和可用性。

9.1.4 基于防火墙的 VPN 技术

1. VPN 工作原理

虚拟专用网指的是依靠 ISP（Internet 服务提供商）和其他 NSP（网络服务提供商）,在公用网络中建立专用的数据通信网络的技术。在虚拟专用网中,任意两个节点之间的连接并没有传统专网所需的端到端的物理链路,而是利用某种公众网的资源动态组成的,如图 9.1.7 所示。

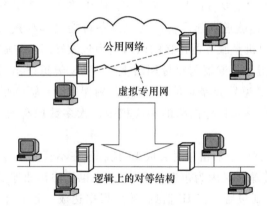

图 9.1.7　VPN 的含义

IETF 草案将基于 IP 的 VPN 理解为:"使用 IP 机制仿真出一个私有的广域网"是通过私有的隧道技术在公共数据网络上仿真一条点到点的专线技术。所谓虚拟,是指用户不再需要拥有实际的长途数据线路,而是使用 Internet 公众数据网络的长途数据线路。所谓专用网络,是指用户可以为自己制定一个最符合自己需求的网络。

通过 VPN 的定义可知,VPN 就是通过共享公用网络在两台机器或两个网络之间建立的专用连接。实际上,VPN 技术使组织可以安全地通过 Internet 将网络服务延伸至远程用户、分支机构和合作公司。换而言之,VPN 把 Internet 变成了模拟的专用 WAN。

VPN 的诱人之处在于,Internet 的触角伸及全球,如今使用网络成了大多数用户和组织的标准惯例。因而,可以快速、经济而安全地建立通信链路。

把 Internet 用作专用广域网,组织就要克服两个主要障碍。首先,网络经常使用多种协议如 IPX 和 NetBEUI 进行通信,但 Internet 只能处理 IP 流量。所以,VPN 就需要提供一种方法,将非 IP 协议从一个网络传送到另一个网络。

其次,网上传输的数据包以明文格式传输。因而,只要看得到 Internet 流量,就能读取包内所含数据。如果公司希望利用 Internet 传输重要的商业机密信息,这显然是一个问题。

VPN 克服这些障碍的办法就是采用了隧道技术:数据包不是公开在网上传输,而是首先进行加密以确保安全,然后由 VPN 封装成 IP 包的形式,通过隧道在网上传输。如图 9.1.8 所示。

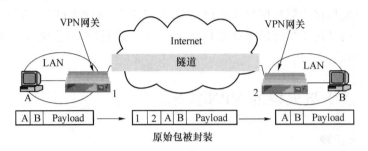

图 9.1.8 VPN 的隧道技术

为了阐述这一概念,不妨假设你在一个网络上运行 NetWare,而该网络上的客户机想连接至远程 NetWare 服务器。

传统 NetWare 使用的主要协议是 IPX,所以,使用普通第 2 层 VPN 模型的话,发往远程网络的 IPX 包就先到达隧道发起设备。这个设备可能是远程接入设备、路由器,甚至是台式机(如果是远程客户机至服务器连接的话),它为包做好网上传输的准备。

源网络上的 VPN 隧道发起器与目标网络上的 VPN 隧道终结器进行通信。两者就加密方案达成一致,然后隧道发起器对包进行加密,确保安全(为了加强安全,应采用验证过程,以确保连接用户拥有进入目标网络的相应权限。大多数现有的 VPN 产品支持多种验证方式)。

最后,VPN 发起器将整个加密包封装成 IP 包。现在不管原先传输的是何种协议,它都能在纯 IP Internet 上传输。又因为包进行了加密,谁也无法读取原始数据。在目标网络这头,VPN 隧道终结器收到包后去掉 IP 信息,然后根据达成一致的加密方案对包进行解密,将随后获得的包发给远程接入服务器或本地路由器,它们再把隐藏的 IPX 包发到网络上,最终发往相应目的地。

2. 基于防火墙的 VPN

基于防火墙的 VPN 很可能是 VPN 最常见的一种实现方式,许多厂商都提供这种配置类型。这并不是暗示与别的 VPN 相比,基于防火墙的 VPN 是一个较好的选择,它只是在已有的基础上的再发展而已。如今很难找到一个连接 Internet 而不使用防火墙的公司。因为这些公司已经连到了 Internet 上,所需要的只是增加加密软件。很可能,如果公司刚购买了一个防火墙,往往它就有实现 VPN 机密技术的能力。

9.2 入侵检测技术

入侵检测系统作为一种积极主动的安全防护手段,在保护计算机网络和信息安全方面发挥着重要的作用。入侵检测是监测计算机网络和系统以发现违反安全策略事件的过程。

入侵检测系统(Intrusion Detection System,IDS)工作在计算机网络系统中的关键节点上,通过实时地收集和分析计算机网络或系统中的信息,来检查是否出现违反安全策略的行为和遭到袭击的迹象,进而达到防止攻击、预防攻击的目的。

9.2.1　入侵检测概述

入侵检测系统通过对网络中的数据包或主机的日志等信息进行提取、分析,发现入侵和攻击行为,并对入侵或攻击做出响应。入侵检测系统在识别入侵和攻击时具有一定的智能,这主要体现在入侵特征的提取和汇总、响应的合并与融合、在检测到入侵后能够主动采取响应措施等方面,所以说,入侵检测系统是一种主动防御技术。

1. IDS 的产生

国际上在 20 世纪 70 年代就开始了对计算机和网络遭受攻击进行防范的研究,审计跟踪是当时的主要方法。1980 年 4 月,James P. Anderson 为美国空军做了一份题为《Computer Security Threat Monitoring and Surveillance》(计算机安全威胁监控与监视)的技术报告,这份报告被公认为是入侵检测的开山之作,报告里第一次详细阐述了入侵检测的概念。他提出了一种对计算机系统风险和威胁的分类方法,并将威胁分为外部渗透、内部渗透和不法行为 3 种,还提出了利用审计跟踪数据、监视入侵活动的思想。

从 1984 年到 1986 年,Dorothy E. Denning 和 Peter Neumann 研究并发展了一个实时入侵检测系统模型,命名为 IDES(入侵检测专家系统),它提出了反常活动和计算机不正当使用之间的相关性,反常被定义为统计意义上的"稀少和不寻常"。该模型由 6 个部分组成:主体、对象、审计记录、轮廓特征、异常记录和活动规则。它独立于特定的系统平台、应用环境、系统弱点以及入侵类型,为构架入侵检测系统提供了一个通用的框架。1987 年,Denning 提出了一个经典的异常检测抽象模型,首次将入侵检测作为一种计算机系统安全的防御措施提出。

1988 年 Morris Internet 蠕虫事件导致了许多 IDS 系统的开发研制。在这一年,SRI International 公司的 Teresa Lunt 等人开发出了一个 IDES 原型系统。该系统包含了一个异常检测器和一个专家系统,异常检测器采用统计技术刻画异常行为,而专家系统采用基于规则的方法来检测已知的攻击行为。同年,为了帮助安全官员发现美国空军 SBLC(Standard Base Level Computers)内部人员的不正当使用,Tracor Applied Sciences 公司和 Haystack 合作开发了 Haystack 系统;同时,几乎出于相同的原因,美国国家计算机安全中心开发了入侵检测和报警系统(Multics Intrusion Detection and Alerting System,MIDAS);Los Alamos 美国国家实验室开发了网络审计执行官和入侵报告者(NADIR),它是 20 世纪 80 年代最成功和最持久的入侵检测系统之一。

1990 年是入侵检测系统发展史上的一个分水岭。这一年,加州大学戴维斯分校的 L. T. Heberlein 等人开发出了 NSM(Network Security Monitor)。该系统第一次监视网络流量并直接将流量作为主要数据源,因而可以在不将审计数据转换成统一格式的情况下监控异种主机。到现在为止,NSM 的总体结构仍然可以在很多商业入侵检测产品中见到。NSM 是入侵检测研究史上一个非常重要的里程碑,从此之后,入侵检测系统发展史翻开了新的一页,两大阵营正式形成:基于网络的 IDS 和基于主机的 IDS。

1991 年,美国空军等多部门联合开展对分布式入侵检测系统(DIDS)的研究,将基于主机和基于网络的检测方法集成到一起。DIDS 是分布式入侵检测系统历史上的一个里程碑式的产品,它的检测模型采用了分层结构。

1994 年,Mark Crosbie 和 Gene Spafford 建议使用自治代理(Autonomous Agents)以便提高 IDS 的可伸缩性、可维护性、效率和容错性,该理念非常符合正在进行的计算机科学其他领域(如软件代理 Software Agent)的研究。

1995 年开发了 IDES 完善后的版本——NIDES(Next-Generation Intrusion Detection System)可以检测多个主机上的入侵。

2. IDS 功能与模型

入侵检测就是监测计算机网络和系统以发现违反安全策略事件的过程。它通过在计算机网络或计算机系统中的若干关键点收集信息并对收集到的信息进行分析,从而判断网络或系统中是否有违反安全策略的行为和被攻击的迹象。完成入侵检测功能的软件、硬件组合便是入侵检测系统。简单来说,IDS 包括 3 个部分:

- 提供事件记录流的信息源,即对信息的收集和预处理;
- 入侵分析引擎;
- 基于分析引擎的结果产生反应的响应部件。

因此,信息源是入侵检测的首要元素,它可以看作是一个事件产生器。事件来自审计记录、网络数据包、应用程序数据或者防火墙、认证服务器等应用子系统。IDS 可以有多种不同类型的引擎,用于判断信息源,检查数据有没有被攻击、有没有违反安全策略。当分析过程产生一个可反应的结果时,响应部件就做出反应,包括将分析结果记录到日志文件,对入侵者采取行动。根据入侵的严重程度,反应行动可以不一样,一种方法是通过预定义严重级别来激发警报。对于级别低的,仅仅在控制台显示一条信息,而对于级别高的,可直接给管理员发送含有警报标志的 E-mail,或者立即采取行动阻止入侵。一般来说,IDS 能够完成下列活动:

- 监控、分析用户和系统的活动;
- 发现入侵企图或异常现象;
- 审计系统的配置和弱点;
- 评估关键系统和数据文件的完整性;
- 对异常活动的统计分析;
- 识别攻击的活动模式;
- 实时报警和主动响应。

IDS 在结构上可划分为数据收集和数据分析两部分。早期入侵检测系统采用了单一的体系结构,在一台主机上收集数据和进行分析,或在邻近收集的节点上进行分析。最早的入侵检测模型由 Dorothy E. Denning 给出,是一个经典的检测模型,如图 9.2.1 所示,它采用主机上的审计记录作为数据源,根据它们生成有关系统的若干轮廓,并监测系统轮廓的变化更新规则,通过规则匹配来发现系统的入侵。

为了提高 IDS 产品、组件及与其他安全产品之间的互操作性,美国国防高级研究计划署(DARPA)和互联网工程任务组(IETF)的入侵检测工作组(IDWG)发起制定了一系列建议草案,DARPA 提出的建议是通用入侵检测框架(Common Intrusion Detection Framework,CIDF),如图 9.2.2 所示。CIDF 根据 IDS 系统的通用需求以及现有的 IDS 系统的结构,将入侵检测系统分为 4 个基本组件:事件产生器(Event Generators)、事件分析器(Event Analyzers)、响应单元(Response Units)和事件数据库(Event Databases)。这种划分体现了入侵检测系统所必须具有的体系结构:数据获取、数据分析、行为响应和数据管理。因此具有通用性。

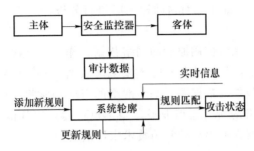

图 9.2.1 IDES 入侵检测模型

(1) 事件产生器

这是入侵检测系统中负责原始数据采集的部分,它对数据流、日志文件等进行追踪,然后将搜集到的原始数据转换为事件,并向系统的其他部分提供此事件。

(2) 事件分析器

事件分析器接收事件信息,然后对它们进行分析,判断是否是入侵行为或异常现象,最后将判断的结果转变为警告信息。

(3) 事件数据库

事件数据库是存放各种中间和最终数据的地方。它从事件产生器或事件分析器接收数据,一般会将数据进行较长时间的保存。它可以是复杂的数据库,也可以是简单的文本文件。

(4) 响应单元

响应单元根据警告信息做出反应,它可以做出切断连接、改变文件属性等强烈反应,也可以只是简单的报警,它是入侵检测系统中的主动武器。

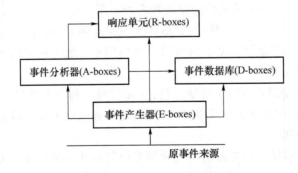

图 9.2.2 通用入侵检测模型

9.2.2 IDS 类型

随着入侵检测技术的发展,到目前为止出现了很多的入侵检测系统,不同的入侵检测系统具有不同的特征。根据不同的分类标准,入侵检测系统可分为不同的类别。按照信息源划分入侵检测系统是目前最通用的划分方法。入侵检测系统主要分为两类,即基于网络的IDS 和基于主机的 IDS。下面主要对这两种 IDS 进行分析。

1. 基于网络的 IDS

基于网络的入侵监测系统使用原始的网络数据包作为数据源,主要用于实时监控网络关键路径的信息。它侦听网络上的所有分组来采集数据,分析可疑现象。基于网络的入侵检测系统使用原始网络包作为数据源。基于网络的 IDS 通常将主机的网卡设成混乱模式,实时监视并分析通过网络的所有通信业务。当然也可能采用其他特殊硬件获得原始网络包。它的攻击识别模块通常使用 4 种常用技术来识别攻击标志:

① 模式、表达式或字节匹配;

② 频率或穿越阈值;

③ 次要事件的相关性;

④ 统计学意义上的非常规现象检测。

一旦检测到攻击行为,入侵检测系统的响应模块就会对攻击采取相应的反应。基于网络的 IDS 有许多仅靠基于主机的入侵检测法无法提供的功能。实际上,许多客户在最初使用 IDS 时,都配置了基于网络的入侵检测。基于网络的检测有以下优点。

(1)实施成本低。一个网段上只需要安装一个或几个基于网络的入侵检测系统,便可以监测整个网段的情况。且由于往往由单独的计算机做这种应用,不会给运行关键业务的主机带来负载上的增加。

(2)隐蔽性好。一个网络上的监测器不像一个主机那样显眼和易被存取,因而也不那么容易遭受攻击。

(3)监测速度快。基于网络的监测器通常能在微秒或秒级发现问题,可以配置在专门的机器上,不会占用被保护的设备上的任何资源。

(4)视野更宽。可以检测一些主机检测不到的攻击,如泪滴攻击(Teardrop),基于网络的 SYN 攻击等。还可以检测不成功的攻击和恶意企图。

(5)操作系统无关性。基于网络的 IDS 作为安全监测资源,与主机的操作系统无关。

(6)攻击者不易转移证据。基于网络的 IDS 使用正在发生的网络通信进行实时攻击的检测。所以攻击者无法转移证据。

基于网络的入侵检测系统的主要缺点是:只能监视本网段的活动,精确度不高;在交换网络环境下无能为力;对加密数据无能为力;防入侵欺骗的能力也比较差;难以定位入侵者。

2. 基于主机的 IDS

基于主机的入侵检测系统通过监视与分析主机的审计记录和日志文件来检测入侵。日志中包含发生在系统上的不寻常和不期望活动的证据,这些证据可以指出有人正在入侵或已成功入侵了系统。通过查看日志文件,能够发现成功的入侵或入侵企图,并很快地启动相应的应急响应程序。当然也可以通过其他手段从所在的主机收集信息进行分析。基于主机的入侵检测系统主要用于保护运行关键应用的服务器。

基于主机的 IDS 可监测系统、事件和 Windows NT 下的安全记录以及 Unix 环境下的系统记录,从中发现可疑行为。当有文件发生变化时,IDS 将新的记录条目与攻击标记相比较,看它们是否匹配。如果匹配,系统就会向管理员报警并向别的目标报告,以采取措施。对关键系统文件和可执行文件的入侵检测的一个常用方法,是通过定期检查校验和来进行的,以便发现意外的变化。此外,许多 IDS 还监听主机端口的活动,并在特定端口被访问时向管理员报警。

基于主机的 IDS 分析的信息来自于单个的计算机系统,这使得它能够相对可靠、精确地分析入侵活动,能精确地决定哪一个进程和用户参与了对操作系统的一次攻击。尽管基于主机的入侵检测系统不如基于网络的入侵检测系统快捷,但它确实具有基于网络的入侵检测系统无法比拟的优点。这些优点包括以下 6 个方面。

(1) 能够检测到基于网络的系统检测不到的攻击。基于主机的入侵检测系统可以监视关键的系统文件和执行文件的更改。它能够检测到那些欲重写关键系统文件,安装特洛伊木马,后门的尝试等,并将它们中断。而基于网络的入侵检测系统有时会检测不到这些行为。

(2) 安装、配置灵活。交换设备可将大型网络分成许多小型网段加以管理。基于主机的入侵检测系统可安装在所需的重要主机上,用户可根据自己的实际情况对其进行配置。

(3) 监控粒度更细。基于主机的 IDS,监控的目标明确,可以检测到通常只有管理员才能实施的非正常行为。它可以很容易地监控系统的一些活动,如对敏感文件、目录、程序或端口的存取。例如,基于主机的 IDS 可以监督所有用户登录及退出登录的情况,以及每位用户在连接到网络以后的行为。

(4) 监视特定的系统活动。基于主机的入侵检测系统监视用户和文件的访问活动,包括文件的访问、改变文件的权限、试图建立新的可执行文件、试图访问特许服务等。

(5) 适用于交换及加密环境。加密和交换设备加大了基于网络 IDS 收集信息的难度,但由于基于主机的 IDS 安装在要监控的主机上,因而不会受这些因素的影响。

(6) 不要求额外的硬件。基于主机的入侵检测系统存在于现有的网络结构中,包括文件服务器、Web 服务器及其他共享资源。不需要在网络上另外安装登记、维护及管理额外的硬件设备。

基于主机的入侵检测系统的主要缺点是:它会占用主机的资源,在服务器上产生额外的负载;缺乏平台支持,可移植性差,应用范围受到严重限制。例如,在网络环境中,某些活动对于单个主机来说可能构不成入侵,但是对于整个网络则是入侵活动。例如"旋转门柄"攻击,入侵者企图登录到网络主机,他对每台主机只试用一次用户 ID 和口令,并不进行暴力口令猜测,如果不成功,便转向其他主机。对于这种攻击方式,各主机上的入侵检测系统显然无法检测到,这就需要建立面向网络的入侵检测系统。

9.2.3 IDS 基本技术

1. 误用检测

误用检测最适用于已知使用模式的可靠检测,这种方法的前提是入侵行为能按照某种方式进行特征编码。如果入侵者的攻击方式恰好匹配上检测系统中的模式库,入侵者即被检测到,如图 9.2.3 所示。入侵特征描述了安全事件或其他误用事件的特征、条件、排列和关系。特征构造方式有多种,因此误用检测方法也多种多样,主要包括以下一些方法。

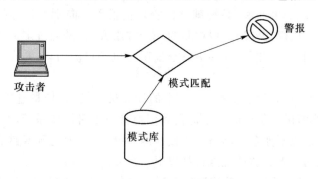

图 9.2.3　误用入侵检测模型

(1) 专家系统

专家系统是指根据一套由专家事先定义的规则推理的系统。入侵行为用专家系统的一组规则描述,事件产生器采集到的可疑事件按一定的格式表示成专家系统的事实,推理机用这些规则和事实进行推理,以判断目标系统是否受到攻击或有受攻击的漏洞等。专家系统的建立依赖于知识库(规则)的完备性,规则的形式是 IF-THEN 结构。IF 部分为入侵特征,THEN 部分为规则触发时采取的动作。

早期的误用检测都采用专家系统,如 IDES、DIDS 等。使用专家系统的优点在于可以把系统的控制推理从问题解决的描述中分离出去,这样就允许用户以特定规则的形式输入攻击信息和动作,而不需要用户理解专家系统的内部功能。但是它也存在一些不足、如不适用于处理大批量数据,特别是规则数量的增加使系统性能下降很快;无法利用连续有序数据之间的关联性;无法处理不确定性。

(2) 状态转移分析

状态转移分析主要使用状态转移表来表示和检测入侵,不同状态刻画了系统某一时刻的特征。初始状态对应于入侵开始前的系统状态,危害状态对应于已成功入侵时刻的系统状态。初始状态与危害状态之间的迁移可能有一个或多个中间状态。每次转移都是由一个断言确定的状态经过某个事件触发转移到下一个状态,该方法类似于有限状态机。攻击者执行一系列操作,使系统的状态发生迁移,因此通过检测系统的状态就可以发现入侵行为。

(3) 基于条件概率的误用检测

基于条件概率的误用检测,是指将入侵方式对应一个事件序列,然后观测事件发生序列,应用贝叶斯定理进行推理,推测入侵行为。设 ES 表示事件序列,先验概率为 $P(\text{Intrusion})$,后验概率为 $P(\text{ES}|\text{Intrusion})$,事件出现概率为 $P(\text{ES})$,则

$$P(\text{Intrusion}|\text{ES})=P(\text{ES}|\text{Intrusion})\frac{P(\text{Intrusion})}{P(\text{ES})}$$

通常网络管理员可以根据自己的经验给出先验概率 $P(\text{Intrusion})$,对入侵报告数据统计计算后得出 $P(\text{ES}|\text{Intrusion})$ 和 $P(\text{ES}|-\text{Intrusion})$,于是可以计算出

$$P(\text{ES})=(P(\text{ES}|\text{Intrusion})-P(\text{ES}|-\text{Intrusion}))P(\text{Intrusion})+P(\text{ES}|-\text{Intrusion})$$

因此,可以通过事件序列的观测推算出 $P(\text{Intrusion}|\text{ES})$ 。基于条件概率的误用检测

方法,是基于概率论的一种通用方法,它是对贝叶斯方法的改进,其缺点是先验概率难以给出,过多地依靠管理人员的水平,而且事件的独立性难以满足。

（4）基于规则的误用检测

基于规则的误用检测方法,是指将攻击行为或入侵模式表示成一种规则,只要匹配相应的规则就认定它是一种入侵行为,它和专家系统有些类似。

2. 异常检测

异常检测的前提是异常行为包括入侵行为。最理想的情况下,异常行为集合等同于入侵行为集合。但事实上,入侵行为集合不可能等同于异常行为集合。如图9.2.4所示,有4种行为:①行为是入侵行为,但不表现异常;②行为是入侵行为,且表现异常;③行为不是入侵行为,却表现异常;④行为既不是入侵行为,也不表现异常。

异常检测的基本思路是构造异常行为集合,将正常用户行为特征轮廓和实际用户行为进行比较,并标识出正常和非正常的偏离,从中发现入侵行为。异常检测依赖于异常模型的建立,它假定用户表现为可预测的、一致的系统使用模式,同时随着事件的迁移适应用户行为方面的变化。不同模型构成不同的检测方法,如何获得这些入侵先验概率就成为异常检测方法是否成功的关键问题。下面介绍几种不同的异常检测方法。

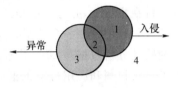

图 9.2.4　入侵和异常的集合

（1）量化分析

量化分析是异常检测中最常用的方法,它将检测规则和属性以数值形式表示,这些结果是误用检测和异常检测统计模型的基础。量化分析通常包括阈值检测、启发式阈值检测、基于目标的集成检查和数据精简。

（2）统计度量

统计分析方法首先给系统对象（如用户、文件、目录和设备等）创建一个统计描述,统计正常使用时的一些测量属性（如访问次数、操作失败次数和延时等）。测量属性的平均值将被用来与网络、系统的行为进行比较,任何观察值在正常值范围之外时,就认为有入侵发生。其优点是可检测到未知的入侵和更为复杂的入侵,缺点是误报、漏报率高,且不适应用户正常行为的突然改变。

（3）非参数统计度量

早期的统计方法都使用参数方法描述用户和其他系统实体的行为模式,这些方法都假定了被分析数据的基本分布。如果一旦假定与实际偏差较大,那么无疑会导致很高的错误率。Lankewica 和 Mark Benard 提出了一种克服这个问题的方法,就是使用非参数技术执行异常检测。这个方法只需要很少的已知使用模式,并允许分析器处理不容易由参数方案确定的系统度量。非参数统计和统计度量相比,在速度和准确性上确实有很大提高,但是如果涉及超出资源使用的扩展特性将会降低分析的效率和准确性。

（4）神经网络

神经网络使用自适应学习技术来描述异常行为,属于非参数分析技术。神经网络由许多称为单元的简单处理元素组成,这些单元通过使用加权的连接相互作用,它具有自适应、自组织、自学习的能力,可以处理一些环境信息复杂、背景知识不清楚的问题。将来自审计日志或正常的网络访问行为的信息,经过处理后产生输入向量,神经网络对输入向量进行处理,从中提取用户正常行为的模式特征,并以此创建用户的行为特征轮廓。这要求系统需要事先对大量实例进行训练,具有每一个用户行为模式特征的知识,从而找出偏离这些轮廓的用户行为。在使用神经网络进行入侵检测时,主要不足是神经网络不能为它们提供任何让人信服的解释,这使它不能满足安全管理需要。

3. 混合型检测

最近出现的一些入侵检测方法不是单纯的属于误用检测或异常检测的范围,它们可以应用于上述两类检测。主要包括下列方法。

（1）基于代理检测

基于代理的入侵检测就是在一个主机上执行某种安全监控功能的软件实体。这些代理自动运行在主机上,并且可以和其他相似结构的代理进行交流和协作。一个代理可以是很简单的(例如,记录在一个特定时间间隔内特定命令触发的次数),也可以很复杂(在一定环境内捕获并分析数据)。基于代理的检测方法是非常有力的,它允许基于代理的入侵检测系统提供异常检测和误用检测的混合能力。具有代表性的基于代理的入侵检测系统原型有AAFID(Autonomous Agents for Intrusion Detection)。AAFID是一个分布式的监视和入侵检测系统,它使用独立的小的代理程序在网络的每个主机上执行监控功能。为了检测到可疑的活动,AAFID采用继承式结构来收集每个代理、主机、主机集合产生的信息。

（2）数据挖掘

数据挖掘是数据库中的一项技术,它的作用就是从大型数据集中抽取知识。对于入侵检测系统来说,也需要从大量的数据中提取出入侵的特征。因此将数据挖掘技术引入到了入侵检测系统中,通过数据挖掘程序处理搜集到的审计数据,为各种入侵行为和正常操作建立精确的行为模式,这是一个自动的过程。挖掘审计数据通常有3种方法,包括分类、连接和顺序分析。数据挖掘方法的关键点在于算法的选取和建立一个正确的体系结构。数据挖掘的优点在于处理大量数据的能力与进行数据关联分析的能力。因此,基于数据挖掘的检测算法将会在入侵预警方面发挥优势。

（3）免疫系统方法

这个方法是由Forrest和Hofmeyr等人提出的,他们注意到了生理免疫系统和系统保护机制之间有着显著的相似性。通过模仿生物有机体的免疫系统工作机制,可以使受保护的系统能够将"非自我"(non-self)的攻击行为与"自我"(self)的合法行为区分开来。两者的关键是有决定执行"自我/非自我"的能力,即一个免疫系统能决定哪些东西是无害实体,哪些是有害因素。该方法综合了异常检测和误用检测两种方法。

（4）遗传算法

遗传算法是一类称为进化算法的一个实例。进化算法吸收达尔文自然选择法则(适者生存)来优化问题解决。这些算法在多维优化问题处理方面的能力已经得到认可,并且遗传算法对异常检测的实验结果也是令人鼓舞的,在检测准确率和速度上有较大的优势,主要的不足就是不能在审计跟踪中精确地定位攻击。

入侵检测系统是一种主动防御技术。由于现在针对系统和网络的入侵行为越来越多,因此入侵检测系统的应用也越来越广泛。入侵检测作为传统计算机安全机制的补充,它的开发应用增大了网络与系统安全的保护纵深,成为目前动态安全工具的主要研究和开发方向。随着系统漏洞不断被发现,攻击不断发生,入侵检测系统在整个安全系统中的地位不断提高,所发挥的作用也越来越大。

9.3　安全扫描技术

安全扫描技术是为使系统管理员能够及时了解系统中存在的安全漏洞,并采取相应的防范措施,从而降低系统的安全风险而发展起来的一种安全技术。利用扫描技术,可以对局域网络、Web 站点、主机操作系统、系统服务以及防火墙系统的安全漏洞进行扫描,系统管理员可以了解在运行的网络系统中存在的不安全的网络服务,在操作系统上存在的可能导致攻击的安全漏洞。扫描技术采用积极的、非破坏性的办法来检验系统是否有可能被攻击崩溃。它利用了一系列的脚本模拟对系统进行攻击的行为,并对结果进行分析。扫描技术与防火墙、安全监控系统互相配合就能够为网络提供很高的安全性。

9.3.1　安全扫描技术概述

安全扫描技术也称为脆弱性评估(Vulnerability Assessment),其基本原理是采用模拟黑客攻击的方式对目标可能存在的已知安全漏洞进行逐项检测,可以对工作站、服务器、交换机、数据库等各种对象进行安全漏洞检测。发现漏洞,有两个不同的出发点:一方面,从攻击者的角度,他们会不断地去发现目标系统的安全漏洞,从而通过漏洞入侵系统;另一方面,从系统安全防护的角度来看,要尽可能地发现可能存在的漏洞,在被攻击者发现、利用漏洞之前就将其修补好。这促使了安全扫描技术的进一步发展。

1. 发展历史

扫描技术是随着网络的普及和黑客手段的逐步发展而发展起来的,扫描技术的发展史也就是一部网络普及史和黑客技术发展史。随着网络规模的逐渐扩大和计算机系统的日益复杂化,更多的系统漏洞和应用程序的漏洞也不可避免地伴随而来。当然漏洞的存在本身并不能对系统安全造成什么损害,关键的问题在于攻击者可以利用这些漏洞引发安全事件。漏洞的发现者主要是程序员、系统管理员、安全服务商组织、黑客以及普通用户。其中,程序员、系统管理员和安全服务商组织主要是通过测试不同应用系统和操作系统的安全性来发现漏洞。而黑客主要是想发现并利用漏洞来进行攻击活动。普通用户偶尔也会在不经意中发现漏洞,但概率比较小。

早在 20 世纪 80 年代,当时网络还没有普及,上网的好奇心驱使很多年轻人通过 Modem 拨号进入到 Unix 系统中。这时候的攻击手段需要大量的手工操作。由于需要进行大量的手工编程、编译和运行测试,然后通过分析所取得的数据了解系统提供了哪些服务、开放了哪些端口以及系统其他的配置信息。这种纯粹的手工劳动不仅费时费力,而且对操作者的编程能力和经验提出了很高的要求。在这种情况下出现了第一个扫描器——War Dialer,它采用几种已知的扫描技术实现了自动扫描,并且以统一的格式记录下扫描的结果。

1992 年,计算机科学系学生 Chris Klaus 在做 Internet 安全试验时编写了一个扫描工具 ISS(Internet Security Scanner),ISS 是 Internet 上用来进行远程安全评估扫描的最早的工具之一,它能识别出几十种常见的安全漏洞,并将这些漏洞做上标记以便日后解决。虽然有些人担心该工具的强大功能可能会被用于非法目的,但多数管理员对这个工具却很欢迎。

1995 年 4 月,Dan Farmer(写过网络安全检查工具 COPS)和 Wietse Venema(TCP_Wrapper 的作者)发布了 SATAN(Security Administrator Tool for Analyzing Networks),引起了轰动。SATAN 本质上与 ISS 相同,但更加成熟。SATAN 基于 Web 界面,并能进行分类检查。当时许多人甚至担心 SATAN 的发布会给 Internet 带来混乱。从那时起,安全评估技术就不断地发展并日趋成熟。今天,业界已经出现了十几种扫描器,每种都有其优点,也有其弱点;但自从 ISS 和 SATAN 问世以来,相关的基本理论和基本概念却没有改变多少。

安全扫描技术在保障网络安全方面起到了越来越重要的作用。借助于扫描技术,人们可以发现网络和主机存在的对外开放的端口、提供的服务、某些系统信息、错误的配置、已知的安全漏洞等。系统管理员利用安全扫描技术,借助安全扫描器,就可以发现网络和主机中可能会被黑客利用的薄弱点,从而想方设法对这些薄弱点进行修复以加强网络和主机的安全性。同时,黑客也可以利用安全扫描技术,目的是探查网络和主机系统的入侵点。但是黑客的行为同样有利于加强网络和主机的安全性,因为漏洞是客观存在的,只是未被发现而已,而只要一个漏洞被黑客所发现并加以利用的话,那么人们最终也会发现该漏洞。

2. 功能

安全扫描技术能够有效地检测网络和主机中存在的薄弱点,提醒用户打上相应的补丁,有效防止攻击者利用已知的漏洞实施入侵;但是无法防御攻击者利用脚本漏洞和未知漏洞入侵。安全扫描技术也存在一定的错误报告率,比如检测 RPC(远程过程调用)服务溢出漏洞的时候,往往只能做到检测 RPC 服务是否存在,并告知用户该 RPC 服务可能有漏洞,而不能确定该 RPC 服务是否就是有漏洞的版本。

安全扫描器是一个对扫描技术进行软件化、自动化实现的工具,更确切地说,是一种通过收集系统的信息来自动检测远程或者本地主机安全性脆弱点的程序。扫描技术主要体现在对安全扫描器的使用方面。安全扫描器采用模拟攻击的形式对目标可能存在的已知安全漏洞进行逐项检查。通过使用安全扫描器,可以了解被检测端的大量信息,例如,开放端口、提供的服务、操作系统版本、软件版本等。安全扫描器会根据扫描结果向系统管理员提供周密可靠的安全性分析报告。

一般来说,安全扫描器具备下面的功能。

(1)信息收集

信息收集是安全扫描器的主要作用,也是安全扫描器的价值所在。信息收集包括远程操作系统识别、网络结构分析、端口开放情况以及其他敏感信息搜集等。

(2)漏洞检测

漏洞检测是漏洞安全扫描器的核心功能,包括已知安全漏洞的检测、错误配置的检测、弱口令检测。

在网络安全体系的建设中,安全扫描工具具有花费低、效果好、见效快、使用方便等优点。一个优秀的安全扫描器能对检测到的数据进行分析,查找目标主机的安全漏洞并给出相应的建议。

3. 分类

到目前为止,安全扫描技术已经发展到很成熟的地步。安全扫描技术主要分为两类:基于主机和基于网络的安全扫描技术。相应地可以将安全扫描器分为以下两类:

(1) 主机型安全扫描器;

(2) 网络型安全扫描器。

主机型安全扫描器用于扫描本地主机,查找安全漏洞,查杀病毒、木马、蠕虫等危害系统安全的恶意程序,主要是针对操作系统的扫描检测,通常涉及系统的内核、文件的属性、操作系统的补丁等问题,还包括口令解密等。网络型安全扫描器通过网络来测试主机安全性,它检测主机当前可用的服务及其开放端口,查找可能被远程恶意访问者试图攻击的大量众所周知的漏洞、隐患及安全脆弱点。

由于各种安全扫描器的功能及特点都不一样,不同的使用者使用安全扫描器的目的也不尽相同,因此用户在使用安全扫描器的时候必须根据自身的实际需要选择合适的安全扫描器,执行合适的扫描功能。

安全扫描是一个比较综合的过程,包括以下几个方面:

(1) 找到网络地址范围和关键的目标机器 IP 地址,发现 Internet 上的一个网络或者一台主机;

(2) 找到开放端口和入口点,发现其上运行的服务类型;

(3) 能进行操作系统辨别、应用系统识别;

(4) 通过对这些服务的测试,可以发现存在的已知漏洞,并给出修补建议。

按照上面的扫描过程的不同方面,扫描技术又可分为 4 大类:

(1) ping 扫描技术;

(2) 端口扫描技术;

(3) 操作系统探测扫描技术;

(4) 已知漏洞的扫描技术。

在上面的 4 种安全扫描技术中,端口扫描技术和漏洞扫描技术是网络安全扫描技术中的两种核心技术,目前许多安全扫描器都集成了端口和漏洞扫描的功能。

9.3.2　端口扫描和漏洞扫描

对目标计算机进行端口扫描,能得到许多有用的信息。通过端口扫描,可以得到许多有用的信息,从而发现系统的安全漏洞。它使系统用户了解系统目前向外界提供了哪些服务,从而为系统用户管理网络提供了一种手段。

1. 端口扫描技术及原理

一个端口就是一个潜在的通信通道,也就是一个入侵通道。端口扫描技术是一项自动探测本地和远程系统端口开放情况的策略及方法。端口扫描技术的原理是端口扫描向目标主机的 TCP/IP 服务端口发送探测数据包,并记录目标主机的响应。通过分析响应来判断服务端口是打开还是关闭,就可以得知端口提供的服务或信息。端口扫描也可以通过捕获本地主机或服务器的流入流出 IP 数据包来监视本地主机的运行情况,通过对接收到的数据进行分析,帮助我们发现目标主机的某些内在弱点。

端口扫描技术可以分为许多类型,按照端口连接的情况主要可分为全连接扫描、半连接扫描、秘密扫描和其他扫描。

全连接扫描是 TCP 端口扫描的基础,现有的全连接扫描有 TCP connect()扫描和 TCP 反向 ident 扫描等。

半连接扫描指端口扫描没有完成一个完整的 TCP 连接。在扫描主机和目标主机的一个指定端口建立连接时只完成了前两次握手,在第三步时,扫描主机中断了本次连接,使连接没有完全建立起来,这样的端口扫描称为半连接扫描,也称为间接扫描。现有的半连接扫描有 TCP SYN 扫描和 IP ID 头 dumb 扫描等。

秘密扫描指端口扫描容易被在端口处监听的服务日志记录:这些服务看到一个没有任何数据的连接进入端口,就记录一个日志错误。而秘密扫描是一种不被审计工具所检测的扫描技术。现有的秘密扫描有 TCP FIN 扫描、TCP ACK 扫描、NULL 扫描、XMAS 扫描、TCP 分段扫描和 SYN/ACK 扫描等。

其他扫描主要指对 FTP 反弹攻击和 UDP ICMP 端口不可到达扫描。

FTP 反弹攻击指利用 FTP 协议支持代理 FTP 连接的特点,可以通过一个代理的 FTP 服务器来扫描 TCP 端口,即能在防火墙后连接一个 FTP 服务器,然后扫描端口。若 FTP 服务器允许从一个目录读写数据,则能发送任意的数据到开放的端口。FTP 反弹攻击是扫描主机通过使用 PORT 命令,探测到 USER-DTP(用户端数据传输进程)正在目标主机上的某个端口监听的一种扫描技术。

UDP ICMP 端口不可到达扫描指扫描使用的是 UDP 协议。扫描主机发送 UDP 数据包给目标主机的 UDP 端口,等待目标端口的端口不可到达的 ICMP 信息。若这个 ICMP 信息及时接收到,则表明目标端口处于关闭的状态;若超时也未能接收到端口不可到达 ICMP 信息,则表明目标端口可能处于监听的状态。

端口扫描技术包含的全连接扫描、半连接扫描、秘密扫描和其他扫描都是基于端口扫描技术的基本原理,但由于在和目标端口采用的连接方式的不同,使得各种技术在扫描时各有优缺点。

其中全连接扫描的优点是扫描迅速、准确而且不需要任何权限;缺点是易被目标主机发觉而被过滤掉。半连接扫描的优点是一般不会被目标主机记录连接,有利于不被扫描方发现;缺点是在大部分操作系统下,扫描主机需要构造适用于这种扫描的 IP 包,而通常情况下,构造自己的 SYN 数据包必须要有 root 权限。秘密扫描的优点是能躲避 IDS、防火墙、包过滤器和日志审计,从而获取目标端口的开放或关闭的信息,由于它不包含 TCP 三次握手协议的任何部分,所以无法被记录下来,比半连接扫描要更为隐蔽;缺点是扫描结果的不可靠性增加,而且扫描主机也需要自己构造 IP 包。其他扫描(FTP 反弹攻击)的优点是能穿透防火墙,难以跟踪;缺点是速度慢且易被代理服务器发现并关闭代理功能。UDP ICMP 端口不可到达扫描的优点是可以扫描非 TCP 端口,避免了 TCP 的 IDS;缺点是因为基于简单的 UDP 协议,扫描相对困难,速度很慢而且需要 root 权限。

2. 漏洞扫描技术及原理

漏洞扫描技术是建立在端口扫描技术的基础之上的。从对黑客攻击行为的分析和收集的漏洞来看,绝大多数都是针对某一个网络服务,也就是针对某一个特定的端口的。所以漏洞扫描技术也是按照与端口扫描技术同样的思路来开展扫描的。漏洞扫描技术的原理是主要通过以下两种方法来检查目标主机是否存在漏洞：在端口扫描后得知目标主机开启的端口以及端口上的网络服务，将这些相关信息与网络漏洞扫描系统提供的漏洞库进行匹配，查看是否有满足匹配条件的漏洞存在；通过模拟黑客的攻击手法，对目标主机系统进行攻击性的安全漏洞扫描，如测试弱势口令等。若模拟攻击成功，则表明目标主机系统存在安全漏洞。

基于网络系统漏洞库，漏洞扫描大体包括 CGI 漏洞扫描、POP3 漏洞扫描、FTP 漏洞扫描、SSH 漏洞扫描、HTTP 漏洞扫描等。这些漏洞扫描基于漏洞库，将扫描结果与漏洞库相关数据匹配比较得到漏洞信息；漏洞扫描还包括没有相应漏洞库的各种扫描，比如 Unicode 遍历目录漏洞探测、FTP 弱势密码探测、OPENreply 邮件转发漏洞探测等，这些扫描通过使用插件（功能模块技术）进行模拟攻击，测试出目标主机的漏洞信息。

基于网络系统漏洞库的漏洞扫描的关键部分就是它所使用的漏洞库。通过采用基于规则的匹配技术，即根据安全专家对网络系统安全漏洞、黑客攻击案例的分析和系统管理员对网络系统安全配置的实际经验，可以形成一套标准的网络系统漏洞库，然后在此基础之上构成相应的匹配规则，由扫描程序自动地进行漏洞扫描的工作。

插件是由脚本语言编写的子程序，扫描程序可以通过调用它来执行漏洞扫描，检测出系统中存在的一个或多个漏洞。添加新的插件就可以使漏洞扫描软件增加新的功能，扫描出更多的漏洞。插件编写规范化后，甚至用户自己都可以用 perl、C 或自行设计的脚本语言编写的插件来扩充漏洞扫描软件的功能。这种技术使漏洞扫描软件的升级维护变得相对简单，而专用脚本语言的使用也简化了编写新插件的编程工作，使漏洞扫描软件具有较强的扩展性。

现有的安全隐患扫描系统基本上采用上述的两种方法来完成对漏洞的扫描，但是这两种方法在不同程度上也各有不足之处。

一是关于系统配置规则库的问题。网络系统漏洞库是基于漏洞库的漏洞扫描的核心所在，但是，如果规则库设计得不准确，预报的准确度就无从谈起；它是根据已知的安全漏洞进行安排和策划的，而对网络系统的很多危险的威胁却是来自未知的漏洞，这样，如果规则库更新不及时，预报准确度也会逐渐降低；受漏洞库覆盖范围的限制，部分系统漏洞也可能不会触发任何一个规则，从而不被检测到。系统配置规则库应能不断地被扩充和修正，这也是对系统漏洞库的扩充和修正。

二是关于漏洞库信息的要求。漏洞库信息是基于网络系统漏洞库的漏洞扫描的主要判断依据。如果漏洞库信息不全面或得不到及时的更新，不但不能发挥漏洞扫描的作用，还会给系统管理员以错误的引导，从而对系统的安全隐患不能采取有效措施并及时消除。所以，漏洞库信息不但应具备完整性和有效性的特点，也应具有简易性的特点，这样即使用户自己也易于对漏洞库进行添加配置，从而实现对漏洞库的及时更新。

9.3.3　安全扫描器的原理和结构

1. 安全扫描器的原理

安全扫描器发展到现在，已经从初期的功能单一、结构简单的系统，发展到目前功能众多、结构良好的综合系统。虽然不同的扫描器功能和结构差别比较大，但是其核心原理是相同的。

（1）主机型安全扫描器的原理

主机型安全扫描器主要是针对操作系统的扫描检测，通常涉及系统的内核、文件的属性、操作系统的补丁等问题，还包括口令解密等。主机型安全扫描器通过扫描引擎以 root 身份登录目标主机(也就是本扫描引擎所在的主机)，记录系统配置的各项主要参数，在获得目标主机配置信息的情况下，一方面可以知道目标主机开放的端口以及主机名等信息；另一方面将获得的漏洞信息与漏洞特征库进行比较，如果能够匹配则说明存在相应的漏洞。

（2）网络型安全扫描器的原理

网络型安全扫描器是针对远程网络或者主机的端口、开放的服务以及已知漏洞等。主控台可以对网络中的服务器、路由器以及交换机等网络设备进行安全扫描。对检测的数据进行处理后，主控台以报表形式呈现扫描结果。网络型安全扫描器利用 TCP/IP、UDP 以及 ICMP 协议的原理和缺点。扫描引擎首先向远端目标发送特殊的数据包，记录返回的响应信息，然后与已知漏洞的特征库进行比较，如果能够匹配，则说明存在相应的开放端口或者漏洞。此外，还可以通过模拟黑客的攻击手法，对目标主机系统发送攻击性的数据包。

2. 安全扫描器的结构

目前许多安全扫描器都集成了端口和漏洞扫描的功能，下面首先从体系结构上看主机型安全扫描器和网络型安全扫描器两类安全扫描器的结构特点。

（1）主机型安全扫描器的结构

主机型安全扫描器主要是由两部分组成，即管理端和代理端。其中管理端(manager)管理各个代理端，具备向各个代理端发送扫描任务指令和处理扫描结果的功能；而代理端(agent)是采用主机扫描技术对所在的被扫描目标进行检测，收集可能存在的安全状况。

主机型安全扫描器一般采用 Client/Server 的构架，其扫描过程是：首先在需要扫描的目标主机上安装代理端，然后由管理端发送扫描开始命令给各代理端，各代理端接收到命令后执行扫描操作，然后把扫描结果传回给管理端分析，最后管理端以安全漏洞报表方式给出分析结果。

（2）网络型安全扫描器的结构

网络型安全扫描器也主要由两部分组成，即扫描服务端和管理端，其中服务端是整个扫描器的核心，所有的检测和分析操作都是它发起的；而管理端的功能是提供管理的作用以及方便用户查看扫描结果。

网络型安全扫描器一般也采用 Client/Server 的架构：首先在管理端设置需要的参数并指定扫描目标；然后把这些信息发送给扫描器服务端，扫描器服务端接收到管理端的扫描开始命令后即对目标进行扫描；此后，服务端一边发送检测数据包到被扫描目标，一边分析目标返回的响应信息，同时服务端还把分析的结果发送给管理端。

从逻辑结构上来说，不管是主机型还是网络型安全扫描器，都可以看成是由策略分析、获取检测工具、获取数据、事实分析和报告分析这 5 个主要部分组成。其中策略分析部分用于决定检测哪些主机并进行哪些检测。对于给定的目标系统，获取检测工具部分就可以根据策略分析部分得出的测试级别类，确定需要应用的检测工具。对于给定的检测工具，获取数据部分运行对应的检测过程，收集数据信息并产生新的事实记录。对于给定的事实记录，事实分析部分能产生出新的目标系统、新的检测工具和新的事实记录。新生成的目标系统作为获取检测工具部分的输入,新生成的检测工具又作为获取数据部分的输入,新的事实记录再作为事实分析部分的输入。如此循环直至不再产生新的事实记录为止。报告分析部分则将有用的信息进行整理,便于用户查看扫描结果。

9.4 内外网隔离技术

从前面的关于网络安全技术的介绍中知道即使是最先进的防火墙技术,也不可能100%地保证系统安全。实践也已经证明了这一点。屡次发生的网络入侵及泄密事件,终于使人们认识到:理论上说,只有一种真正安全的隔离手段,那就是从物理上断开连接。有鉴于此,2000年1月,中国国家保密局颁布了《计算机信息系统国际联网保密管理规定》,其第二章保密制度第六条规定:"涉及国家秘密的计算机信息系统,不得直接或间接地与国际互联网或其他公共信息网络相连接,必须实行物理隔离。"与此相似,包括美国在内的许多国家对此都高度重视,并做出了类似的规定。例如,美国在1999年底强制规定军方涉密网络必须与Internet断开。

所谓物理隔离,是指内部网络与外部网络在物理上没有相互连接的通道,两个系统在物理上完全独立。要实现公众信息网(外部网)与内部网络物理隔离的目的,必须保证做到以下几点。

① 在物理传导上使内外网络隔断,确保外部网不能通过网络连接而侵入内部网;同时防止内部网信息通过网络连接泄露到外部网。

② 在物理辐射上隔断内部网与外部网,确保内部网信息不会通过电磁辐射或耦合的方式泄露到外部网。

③ 在物理存储上隔断两个网络环境,对于断电后会逸失信息的部件,如内存、处理器等暂存部件,要在网络转换时做清除处理,防止残留信息串网;对于断电非逸失性设备,如磁带机、硬盘等存储设备,内部网与外部网信息要分开存储。

计算机内外网物理隔离技术的主要应用对象是需要对内部重要数据进行安全保护的国家各级政府部门、军队系统、金融系统等。这些部门由于自身的特点,对网络安全有很高的要求,不但要求严格禁止信息泄露和被篡改,而且出于信息交换的需要,不能够完全隔绝与外部网络的联系。

9.4.1 用户级物理隔离

用户级物理隔离技术自出现至今已经过多次演变,不断地发展成熟。目前已经经历了3个发展阶段。

第一阶段,由于在技术上还不够成熟及对物理隔离技术理解得不够深入透彻,主要采用双机物理隔离系统。主要原理是将两套主板、芯片、网卡和硬盘的系统合并为一台计算机使用。用户通过客户端的开关来选择两套计算机操作系统,切换内外网络的连接。实现比较简单,安全性高,它的最大优点是不需要重新启动系统,可以随时切换内网和外网状态,但使得客户端的成本过高,且要求双网线的布线结构,技术含量不高。这样做的好处仅仅是为用户节省了一台显示器、键盘、鼠标和空间。

第二阶段,主要采用双硬盘物理隔离系统,即客户端增加一块 PCI 卡,客户端的硬盘或其他的存储设备首先连接到该卡,然后再转接到主板上。这样通过该卡控制客户端的硬盘或其他的存储设备的选择。而在选择不同的硬盘时,同时选择了该卡的不同的网络接口,连接到不同的网络。其结构如图 9.4.1 所示。

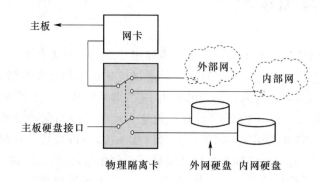

图 9.4.1 双硬盘物理隔离计算机

将双硬盘切换的逻辑控制、双网切换功能以及系统 I/O 的控制集成到了主板上,使系统设计更加紧凑,安装使用更加方便。在技术上较第一阶段有了提高,降低了成本,但是在布线上仍然需要双网线结构。在客户端切换两个网络连接的时候,内外网的存储介质也被交换了,第二阶段在技术上仍然存在安全隐患。

前两代产品对用户的使用来说都不是很方便。用户往往需要通过反复的切换才能在双网内工作,而且还无法在两个工作区内复制文件。

第三阶段,主要采用单硬盘物理隔离系统。即客户端仍然采用类似第二代的双网线安全隔离卡技术,不同的是只采用一个网络接口。通过网线传递不同的电平信号到网络选择端,在网络选择端安装网络选择器,根据不同的电平信号来控制网络的连接。

它的工作原理就是通过对单个硬盘上磁道的读写控制技术,在一个硬盘上分隔出两个独立的工作区间。一个是公共区(Public),另一个是安全区(Secure)。这两个区分别装有两个操作系统。用户可以在本地通过操作系统上的一个切换图标自由选择内外两个网络。用户在任何时间只能与其中的一个网络相连通。这两个区之间无法互相访问,由该卡控制所有进出这两个区的通路。同时该卡可提供一个第三分区,通过读写技术允许数据从外网分区向内网分区单向流动,方便了用户从互联网上下载数据。从而,杜绝了黑客从外网侵入内网的可能性。单硬盘物理隔离卡代表着国际上计算机物理隔离产品最先进的技术,它能在不增加其他任何硬件和软件成本、不用对系统重新设置的情况下,实现单台计算机连接内外两个网络。

9.4.2 网络级物理隔离

1. 隔离集线器

从内部结构来讲,隔离集线器相当于内网和外网两个集线器的集成。7 个网络端口(以 8 口集线器为例,不计 Uplink 端口)的每一个都可以通过电子开关进行切换,从而连接到内网和外网两者之一。如图 9.4.2 所示。

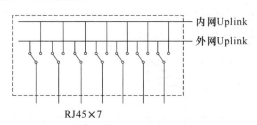

内网Uplink
外网Uplink

RJ45×7

图 9.4.2 隔离集线器

开关的切换,可以采用由计算机发出用于控制的 TCP/IP 数据包,集线器识别后将开关切为相应状态;也可以使用以太网双绞线中未定义的几根线传输控制数据。

隔离集线器只有与其他隔离措施(如物理隔离卡等)相配合,才能实现真正的物理隔离。如果只切换内外网且变更 IP 地址,而不重新启动系统,则不是真正的物理隔离。

2. Internet 信息转播服务器

Internet 资源转播服务器是一种非实时的 Internet 访问方式,它的基本功能框图如图 9.4.3所示。

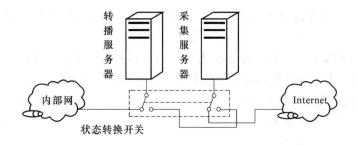

转播服务器 采集服务器

内部网 Internet

状态转换开关

图 9.4.3 信转播服务

这种系统由采集服务器、转播服务器和相应的切换开关构成。采集服务器用于下载指定网站的内容,转播服务器使用采集服务器下载的数据建立网站的镜像站点,向内部网用户提供虚拟的 Internet 站点访问。

系统由一个状态转换开关控制切换不同的工作状态。当采集服务器连接 Internet 下载数据时,转播服务器与它断开并切换到内网状态,向内网提供服务。当网站信息采集完毕后,转换到数据传输状态,此时采集服务器与 Internet 断开,转播服务器与内网断开,两个服务器通过网络相连,将数据传输到转播服务器中。这样就实现了内网和外网的完全物理隔离。

采集服务器与转播服务器之间采用单向数据通道,只允许数据单向流动到转播服务器,这样可以防止内部网络信息向外部泄露。

这种系统的优点是安全性较好,且用户访问特定网站非常方便,因为这种系统实际上建立了特定网站的完整镜像。它的缺点是实时性不好,且访问内容有较大的局限性。同时,因为这种系统在工作时间转播服务器一般连接内网,提供访问服务,而利用夜间的某段时间将数据从采集服务器传输到转播服务器,因此更换内容周期较长,例如一天更新一次。

3. 隔离服务器

隔离服务器是目前比较新的物理隔离技术,一些厂商将其称为"第四代物理隔离技术"。隔离服务器的基本功能框图如图9.4.4所示。

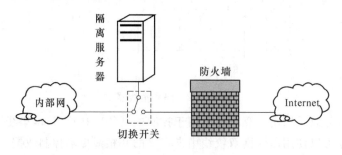

图9.4.4 隔离服务器

系统由隔离服务器和防火墙组成。隔离服务器有内部网络和外部网络两个接口,但不同时连接两个网络,而是利用一个切换开关,使得服务器在连接内网时断开外网,连接外网时断开内网。当内部网用户从外部网下载数据时,隔离服务器首先连接外网,将数据暂存在服务器中,隔一定的时间后断开外网,连接内网,将数据发送到内部网络中。这种内网和外网的切换每秒可以进行数百次,因而对于内网用户来讲,访问外部数据时几乎感觉不到时延。

为防止信息泄露及黑客程序入侵,外部数据进入内网前经过防火墙的过滤。

这种物理隔离系统较好地解决了内网和外网切换时必须重新启动系统后才能转换状态而带来的使用不便、数据不能共享等问题。但由此而产生的问题是安全性能的降低,其安全性将不如完全的物理隔离系统。

9.4.3 单硬盘物理隔离系统

在用户级物理隔离产品中,单硬盘物理隔离系统是目前技术水平最高的产品,代表了将来的发展方向。

单硬盘物理隔离系统的设计目标,就是在一块硬盘上,将硬盘分成两个独立的分区,同时,通过对硬盘读写地址的监视及控制,使两个分区的内容完全独立,不能够相互访问。使用一块插卡插在用户计算机中,将主板与硬盘之间的接口数据线断开,通过该卡转接。通过卡上的逻辑控制芯片监视硬盘的地址访问,从而实现不同分区的访问控制。同时,物理隔离卡提供两个网络接口,分别连接内网和外网,在切换不同的硬盘分区时,同时切换不同的网络。物理隔离卡插在计算机系统的PCI插槽中,电源与时钟由总线提供。系统框图如图9.4.5所示。

单硬盘物理隔离系统的基本特点是,计算机被分成外网和内网两个相互隔离的状态。在外网状态时,计算机连接到外部网络,此时硬盘中对应于内部网络的分区是完全不可访问的;在内网状态时,计算机连接到内部网络,此时硬盘中对应于外部网络的分区是完全不可访问的。

在这个过程中,最关键的问题是两个硬盘分区要实现完全的物理隔离,对不同的硬盘分区（即内网分区和外网分区）进行读写权限控制，而这种控制不能通过计算机软件实现。因为软件不可能完全避免病毒及木马程序的入侵，从而造成信息的泄露或破坏，违背了"物理隔离"的基本原则。

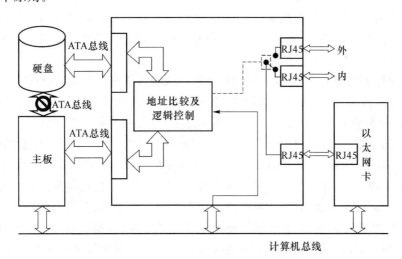

图 9.4.5　单硬盘物理隔离系统

因此，内网和外网分区的数据读写控制只能通过硬件逻辑电路来实现。通过逻辑控制芯片监视硬盘的地址访问，从而实现不同硬盘分区的访问控制。

为了实现单硬盘物理隔离，需要解决几个关键的技术问题：

（1）要在同一硬盘上建立两个独立的操作系统，在应用外网与内网时使用不同的操作系统及数据存储区域，这是实现物理隔离的基础；

（2）要通过分析硬盘接口规程，设计出控制不同硬盘地址数据读写的逻辑电路；

（3）进入内外网的不同命令如何提供给物理隔离卡，以便对控制内容进行设置；

（4）采用何种硬件设计能够达到控制要求，如系统时钟频率、控制芯片等的选择与设计。

硬盘分区功能：在物理隔离技术的实现中，对硬盘的分区是保护用户数据安全的关键。网络安全隔离卡要从最低的物理层上隔断非法用户对重要数据的访问。一般通过软件对硬盘的分区并不能完全隔离两个分区上数据的互访，即使采用了其他的对硬盘的加密、加锁，或者隐藏等手段。但是，硬盘的主引导记录和分区表项仍然在硬盘上，这样总会有错误或漏洞给黑客或恶意攻击者留有后门。攻击者就可以通过向机器的系统里注入木马程序等，篡改或破坏硬盘的分区表，严重时将窃取重要数据。

网络安全隔离卡把硬盘的主引导记录和分区表项写进隔离卡上的非易失性存储芯片中，通过硬件来控制这部分数据的读写，硬盘的主引导记录和分区表不在硬盘上。即使硬盘丢失，由于硬盘主引导记录和分区表项文件信息存储在隔离卡里面，没有硬盘相应的分区信息，硬盘里的数据也就不可读取，数据信息也就不会泄露。

网络安全隔离卡与其他的网络安全软件（如防火墙）不同。防火墙通常设置在安全的内部局域网（LAN）与外界互联网（Internet）之间，通过安全策略和安全规则的设置，分析过滤可疑的通信包和不安全站点，从而提供数据安全。但是，仅仅依靠防火墙并不能完全保证内部网络的安全。因为软件不能保证自身没有安全漏洞和后门留给黑客和恶意的攻击者。

网络安全隔离卡通常在工作站水平,通过低物理层上运行的硬件设备,物理分离提供高级别的数据安全。使用网络安全隔离卡,可以在一个 PC 机上创建两个虚拟操作系统。用户可以通过外网(公共网络)连接到 Internet。这样,在网络安全隔离卡的上层设置防火墙来控制用户访问特定的站点,并过滤掉不良信息的侵入,从而保护公共的 PC,同时网络安全隔离卡保证安全 PC 与组织分类信息的安全。

从前面对各种物理隔离产品的分析看,在用户级物理隔离产品方面,单硬盘物理隔离系统无疑具有很大的优势,在未来的发展中将逐渐占据主流地位。但是,从总体应用方面来讲,目前的各种物理隔离系统还存在一些不足之处,首先物理隔离技术作为一项新兴的技术,产生的时间不长,作为一种安全技术,还没有客观的评价标准。而且,物理隔离技术的应用范围主要是政府、金融、军队等敏感部门,必须有相应的技术标准以及安全性的评价标准。众所周知,安全级别越高的产品,它的成本越高,技术越复杂。物理隔离产品也应像软件产品一样,制定不同的安全级别,以适应不同的用户需要。例如,安全级别低的产品可以对内网和外网进行物理隔离,但对用户的各种操作没有其他限制,如果用户将内外网线接口互换,将会出现信息泄露的情况;而安全级别高的产品有可能识别这种操作并采取预防措施。安全性和使用方便性存在着一定的矛盾。安全性越高的产品,使用方便性越低。这虽然是一种必然的结果,但如何在保证安全的基础上,提高系统的使用方便程度,还有许多工作要做。物理隔离技术的发展趋势必然是研制出完全"透明"的物理隔离系统,用户在几乎感觉不到它的存在的情况下可以方便地使用各种网络资源。需求的推动及技术的成熟将使物理隔离产品不断降低成本。物理隔离技术还是一种被动、孤立的信息保护技术,未来的物理隔离技术应与入侵检测技术、防火墙技术、反病毒技术、加密及数字签名等信息安全技术结合,成为一种综合性、智能性的安全解决方案。

计算机内外网物理隔离技术和防火墙技术都是保证网络安全的技术手段,但它们保护数据的方式及手段不同,不能相互代替。物理隔离技术用于对内部网络的保密数据进行完全的保护,而需要公开的数据由防火墙实施保护。二者协同工作,才能真正保证网络的安全。

9.5 内网安全技术

在当今信息社会中,商业间谍、黑客、不良员工对企业的信息安全形成了巨大的威胁。而网络的普及和 USB 接口的大量使用给企业获取和交换信息带来巨大方便的同时,也给这些威胁大开方便之门。在上面讨论的网络解决方案中,基本上是以防外为主。现有的内网安全解决方案还很不完善。但是必须注意到信息安全事故多为内部人员和内外勾结所为,而且呈上升的趋势。根据美国 FBI 和 CSI 对 484 家企业的信息安全威胁调查结果:

- 内部安全威胁占 85%;
- 内部未授权的存储占 16%;
- 专利信息被窃取占 14%;
- 内部人员的财务欺骗占 12%;

- 资料或网络的破坏占 11%；
- 有 5%是来自黑客的攻击。

调查结果和专家的研究都可表明,要保证计算机信息网络的安全,不能仅仅将目光盯在防范外部对计算机信息网络的各种途径的入侵上面,更需要防范计算机信息网络内部自身的安全。在内网的安全解决方案中,应以数据安全为核心,以身份认证为基础,从信息的源头开始抓安全,对信息的交换通道进行全面保护,从而达到信息的全程安全。

9.5.1　移动存储介质管理

需要对计算机外设的使用进行限制,比如 U 盘的使用、打印机的使用或者拨号 Modem 的使用等,应该采取有效的措施对这些外设的使用进行集中管理,而且能够在需要的时候进行灵活的授权管理。移动存储介质主要包括 U 盘、移动硬盘、软盘、可刻录光盘、手机/MP3/MP4/MD/SD 卡,以及各类 FlashDisk 产品手机、MP3 等。U 盘、移动硬盘等移动存储设备由于使用灵活、方便,迅速得到普及,现在单位内几乎人人都拥有,而且其储存容量也越来越大。但是在使用便利的同时,也给单位机密资料外泄带来严重的隐患和不可估量的危害性。例如,如果不加以限制,外来人员进入本单位就可能使用 U 盘(或移动硬盘、手机/MP3/MP4/MD/SD 卡,以及各类 FlashDisk 产品手机、MP3 等)将机密文件复制出去,一些内部人员(特别是即将离职的员工)使用移动硬盘将大量机密信息复制出去,内部人员外出交流,暂时离开笔记本电脑时,他人使用 U 盘将机密文件复制出去,在无意将 U 盘借给他人使用或信息交换互拷时造成机密信息泄露,存有机密信息的 U 盘或移动硬盘遗失或被盗导致机密信息泄露,U 盘、移动硬盘等移动存储设备外出修理时,导致存储在上面的机密文件被泄露。

为保证内部网络的安全,应该对移动存储介质管理进行全面的管理。

9.5.2　网络行为监控

计算机网络的使用通常关系到整个单位的信息安全和网络稳定性。为了部门内部管理的需要和网络安全稳定的需要,必须对用户的行为进行有效管理,比如禁止用户使用可能带来危害的应用程序等。对网络中所有计算机进行有效的集中监管,能够及时发现计算机的实时环境,包括发现用户计算机应用程序、硬件设备、用户账号、网络状况等用户信息。在对每台计算机的网络状况进行实时监控的基础上,实现对每个计算机网络使用情况的有效管理。比如基于访问的站点、IP 地址和应用端口等因素的控制,以及对访问网络的内容进行记录等,这对单位的信息安全将提供有效的管理手段。对用户违反管理规则的行为进行记录,对用户的文件操作进行记录,以及对用户在网络上的行为进行记录等,以便日后为追查用户责任提供有力证据。网络监控主要是对邮件发送、聊天内容、文件传输、网页浏览等进行监控,对远程登录和 P2P 下载、端口与流量进行管理。

网络监控系统可以采用 C/S 模式,在每台计算机安装一个安全的隐形监控代理,从而获取 Windows 操作系统的各种详细信息,提供详细的计算机环境信息,进而对网络上的计算机进行集中的管理监控。监控服务器是网络中的监控管理中心,存放所有的监控策略,并实时接受监控代理的违规记录和其他日志记录。监控服务器由安全管理员或网络管理员通过监控管理中心进行远程管理。

9.5.3　内网安全的解决方案

防止局域网内所有计算机终端各种途径的非授权信息泄密(如 U 盘复制、邮件发送、文件打印等),防止局域网内所有计算机终端各种途径的非授权 Internet 访问(如违规拨号上网、访问非法网页等),主动对计算机网内机密进行高强度加密,防止机密文件丢失造成泄密。对局域网内的网络行为进行记录、审计、分析、预警,并在必要时进行追溯、取证和查处(如截取计算机终端屏幕图片用于取证等)。

随着单位网络技术的普及,基于网络的应用越来越多,其中有些应用对于安全性、可靠性的要求较高,而另一些应用则更强调使用的方便性。将这些不同安全级别的应用运行在同一个网络上,允许它们共享网络上的所有资源的做法已经不能满足人们对安全的需求。局域网开放共享的特点,使得分布在各台主机中的重要信息资源处于一种高风险的状态,这些数据很容易受到非法监听、非法复制、非法访问等各种恶意的攻击。针对这样的情况,就需要把一个物理网络划分为多个逻辑网络,需要有一套完善的局域网安全管理解决方案,便捷、安全、有效地控制网络资源的共享及传递,保护部门内部重要数据的安全。可将局域网中的计算机按照安全等级、信任关系等标准划分成多个逻辑网络,同一个逻辑网络内的所有主机是一个信息共享的整体。管理员根据实际情况决定逻辑网络之间的信任关系,控制不同逻辑网络之间的主机是否能够实现网络互访。对逻辑网络内运行的数据可进行加密处理,当主机脱离了原有的网络环境后,其上的数据将不能被非授权用户访问。同时,逻辑网络还应支持对存储设备的认证和注册,设定磁盘读写权限,加密磁盘文件;当有磁盘接入逻辑网络时需要得到管理员的认证方可使用,确保在没有管理员的许可下,任何外接设备都会被拒绝接入网络,以免重要信息泄露出去。管理员可以根据情况随时更改逻辑网络的分布及相关策略,实现对局域网的方便有效的管理。同时应对企业的所有重要信息服务资源,如OA、Mail 和文件服务器等进行有效保护,防止非法接入计算机的攻击。

随着单位对网络安全要求的不断提高,内网控制技术受到重视,已经有多家公司推出了相应的产品,以满足不同的需求。

面对当前的网络安全形势,应该以"防内为主、内外兼防"的模式,从提高使用节点自身的安全着手,构筑积极、综合的安全防护系统。

9.6　反病毒技术

计算机病毒对计算机系统所产生的破坏效应,使人们清醒地认识到其所带来的危害性。现在,每年的新病毒数量都是以指数级在增长,而且由于近几年传输媒质的改变和 Internet 的大面积普及,导致计算机病毒感染的对象开始由工作站(终端)向网络部件(代理、防护和服务器设置等)转变,病毒类型也由文件型向网络蠕虫型改变。现今,世界上很多国家的科研机构都在深入地对病毒的实现和防护进行研究。

9.6.1 病毒概论

病毒是一段具有自我复制能力的代理程序,它将自己的代码写入宿主程序的代码中,以感染宿主程序。每当运行受感染的宿主程序时病毒就自我复制,然后其副本感染其他程序,如此周而复始。它一般隐藏在其他宿主程序中,具有潜伏能力、自我繁殖能力、被激活产生破坏能力。

计算机病毒不是天然存在的,是某些人利用计算机软、硬件所固有的脆弱性,编制具有特殊功能的程序。自从 Fred Cohen 博士于 1983 年 11 月成功研制了第一种计算机病毒(Computer Virus)以来,计算机病毒技术正以惊人的速度发展,不断有新的病毒出现。从广义上定义,凡是能够引起计算机故障,破坏计算机数据的程序统称为计算机病毒。依据此定义,诸如逻辑炸弹、蠕虫等均可称为计算机病毒。

蠕虫也是一段独立的可执行程序,它可以通过计算机网络把自身的复制品传给其他的计算机。蠕虫像细菌一样,它可以修改删除别的程序,也可以通过疯狂的自我复制来占尽网络资源,从而使网络资源瘫痪。同时蠕虫又具有病毒和入侵者的双重特点:像病毒那样,它可以进行自我复制,并可能被当作假指令去执行,像入侵者那样,它以穿透网络系统为目标。蠕虫利用网络系统中的缺陷或系统管理中的不当之处进行复制,将其自身通过网络复制传播到其他计算机上,造成网络的瘫痪。蠕虫是最近几年才流行起来的一种计算机病毒,由于它与以前出现的计算机病毒在机理上有很大的不同(与网络结合),一般把非蠕虫病毒叫作传统病毒;把蠕虫病毒简称为蠕虫。

木马(Trojan Horse)又称特洛伊木马,是一种通过各种方法直接或者间接与远程计算机之间建立起连接,使远程计算机能够通过网络控制本地计算机的程序。通常木马并不被当成病毒,因为它们通常不包括感染程序,因而并不自我复制,只是靠欺骗获得传播。现在,随着网络的普及,木马程序的危害变得非常大,如今它常被用作在远程计算机之间建立连接,像间谍一样潜入用户的计算机,使远程计算机通过网络控制本地计算机。

从 2000 年开始,计算机病毒与木马技术相结合成为病毒新时尚,使病毒的危害更大,防范的难度也更大。

那么究竟病毒是如何产生的呢? 其过程可分为:程序设计—传播—潜伏—触发—运行—实行攻击。其产生的原因不外乎以下几种。

(1) 开个玩笑,一个恶作剧。某些爱好计算机并对计算机技术精通的人士为了炫耀自己的高超技术和智慧,凭借对软硬件的深入了解,编制这些特殊的程序。这些程序通过载体传播出去后,在一定条件下被触发。如显示一些动画,播放一段音乐,或提一些智力问答题目等,其目的无非是自我表现一下。这类病毒一般都是良性的,不会有破坏操作。

(2) 产生于个别人的报复心理。每个人都处于社会环境中,但总有人对社会不满或受到不公正的待遇。如果这种情况发生在一个编程高手身上,那么他有可能会编制一些危险的程序。在国外有这样的事例:某公司职员在职期间编制了一段代码隐藏在其公司的系统中,一旦检测到他的名字在工资报表中删除,该程序立即发作,破坏整个系统。类似案例在国内亦出现过。

(3) 用于版权保护。计算机发展初期,由于在法律上对于软件版权保护还没有像今天这样完善。很多商业软件被非法复制,有些开发商为了保护自己的利益制作了一些特殊程序,附在产品中。如巴基斯坦病毒,其制作者是为了追踪那些非法复制他们产品的用户。用于这种目的的病毒目前已不多见。

(4)用于特殊目的。某组织或个人为达到特殊目的,对政府机构、单位的特殊系统进行宣传或破坏,或用于军事目的。

9.6.2　病毒的特征

一般来说,病毒这种特殊程序有以下几种特征。

① 传染性是病毒的基本特征。在生物界,通过传染病毒从一个生物体扩散到另一个生物体。在适当的条件下,它可得到大量繁殖,并使被感染的生物体表现出病症甚至死亡。同样,计算机病毒也会通过各种渠道从已被感染的计算机扩散到未被感染的计算机,在某些情况下造成被感染的计算机工作失常甚至瘫痪。与生物病毒不同的是,计算机病毒是一段人为编制的计算机程序代码,这段程序代码一旦进入计算机并得以执行,就会搜寻其他符合其传染条件的程序或存储介质,确定目标后再将自身代码插入其中,达到自我繁殖的目的。只要一台计算机染毒,如不及时处理,那么病毒会在这台机器上迅速扩散,其中的大量文件(一般是可执行文件)会被感染。而被感染的文件又成了新的传染源,再与其他机器进行数据交换或通过网络接触,病毒会继续进行传染。正常的计算机程序一般是不会将自身的代码强行连接到其他程序之上的。而病毒却能使自身的代码强行传染到一切符合其传染条件的未受到传染的程序之上。计算机病毒可通过各种可能的渠道(如软盘、计算机网络)去传染其他的计算机。

② 未经授权而执行。一般正常的程序是由用户调用的,再由系统分配资源,完成用户交给的任务。其目的对用户是可见的、透明的。而病毒具有正常程序的一切特性,它隐藏在正常程序中,当用户调用正常程序时窃取到系统的控制权,先于正常程序执行,病毒的动作、目的对用户是未知的,是未经用户允许的。

③ 隐蔽性。病毒一般是具有很高的编程技巧、短小精悍的程序。通常附在正常程序或磁盘中比较隐蔽的地方,也有个别的以隐含文件的形式出现。目的是不让用户发现它的存在。如果不经过代码分析,病毒程序与正常程序是不容易区别开来的。一般在没有防护措施的情况下,计算机病毒程序取得系统控制权后,可以在很短的时间里传染大量程序。而且受到传染后,计算机系统通常仍能正常运行,使用户不会感到任何异常。正是由于它的隐蔽性,计算机病毒才得以在用户没有察觉的情况下扩散到上百万台计算机中。大部分病毒的代码之所以设计得非常短小,也是为了隐藏。病毒一般只有几百或一千字节,而 PC 机对DOS 文件的存取速度可达每秒几百千字节以上,所以病毒转瞬之间便可将这短短的几百字节附着到正常程序之中,使人非常不易被察觉。

④ 潜伏性。大部分的病毒感染系统之后一般不会马上发作,它可长期隐藏在系统中,只有在满足其特定条件时才启动其表现(破坏)模块。只有这样它才可以进行广泛地传播。如"PETER-2"在每年 2 月 27 日会提 3 个问题,答错后会将硬盘加密。著名的"黑色星期五"在每逢 13 号的星期五发作。当然,最令人难忘的便是 26 日发作的 CIH。这些病毒在平时会隐藏得很好,只有在发作日才会露出本来面目。

⑤ 破坏性。任何病毒只要侵入系统,都会对系统及应用程序产生程度不同的影响。轻者会降低计算机工作效率,占用系统资源,重者可导致系统崩溃。由此特性可将病毒分为良性病毒与恶性病毒。良性病毒可能只显示些画面或播放点音乐、无聊的语句,或者根本没有任何破坏动作,但会占用系统资源。这类病毒较多,如 GENP、小球、W-BOOT 等。恶性病毒则有明确的目的,或破坏数据、删除文件,或加密磁盘、格式化磁盘,有的对数据造成不可挽回的破坏。这也反映出病毒编制者的险恶用心。

从对病毒的检测方面来看,病毒还有不可预见性。不同种类的病毒,它们的代码千差万别,但有些操作是共有的(如驻留内存,修改中断)。有些人利用病毒的这种共性,制作了声称可查所有病毒的程序。这种程序的确可查出一些新病毒,但由于目前的软件种类极其丰富,且某些正常程序也使用了类似病毒的操作甚至借鉴了某些病毒的技术。使用这种方法对病毒进行检测势必会造成较多的误报情况。而且病毒的制作技术也在不断地提高,病毒相对于反病毒软件而言永远是超前的。

9.6.3　计算机病毒的分类

1. 按感染对象分类

根据感染对象的不同,病毒可分为 3 类,即引导型病毒、文件型病毒和混合型病毒。

引导型病毒的感染对象是计算机存储介质的引导区。病毒用自身的全部或部分逻辑取代正常的引导记录,而将正常的引导记录隐藏在介质的其他存储空间中。由于引导区是计算机系统正常启动的先决条件,所以此类病毒可在计算机运行前获得控制权,其传染性较强,如 Bupt、Monkey、CMOS dethroner 等。

文件型病毒的感染对象是计算机系统中独立存在的文件。病毒将在文件运行或被调用时驻留内存,进行传染、破坏,如 Dir II、Honking、宏病毒 CIH 等。

混合型病毒感染对象是引导区或文件,该病毒具有复杂的算法,采用非常规办法侵入系统,同时使用加密和变形算法,如 One half、V3787 等。

2. 按感染系统分类

根据针对的系统不同,病毒分为 3 类,即 DOS 病毒、宏病毒和 Windows 病毒。

DOS 病毒是侵入 DOS 系统环境,针对 DOS 内核而编制的病毒,如 Stone、大麻、Dir II、黑色星期五、米开朗琪罗等。

宏病毒可跨越 DOS、Windows 3.X、Windows 95/98/Me/NT/2000/XP 和 Mactosh 多种系统环境,感染 Office 文件,如 Tw No.1、Setm、Cap 等。

Windows 病毒侵入 Windows 95/98/Me 系统环境,感染 PE 格式文件,如 CIH 病毒。

3. 按感染方式分类

根据病毒的感染方式不同,可以分为源码型病毒、入侵型病毒、操作系统型病毒和外壳型病毒。

源码型病毒因为非常难以编写,比较少见。它主要攻击由高级语言编写的源程序,在源程序编译之前插入其中,并随源程序一起编译、连接成可执行文件,因此刚生成的可执行文件编译文件已经带毒了。

入侵型病毒是用自身代替正常程序中的部分模块或堆栈区。因此这类病毒只攻击某些特定的程序,针对性比较强。一般情况下难以被发现,清除起来也比较困难。

操作系统型病毒可用其自身部分加入或替代操作系统的部分功能。因其直接感染操作系统,所以此类病毒危害较大。

外壳型病毒将自身附在正常程序的开头或结尾,相当于给正常程序加了一个外壳。大部分的文件型病毒都属于此类。

按照病毒恶意操作的类型,病毒可以分为:分区表(Partition Sector)病毒、引导区(Boot sector)病毒、文件感染(File Infecting)病毒、变形(Polymorphic)病毒、复合型(Multi-Partite)病毒、特洛伊木马(Trojan)病毒、蠕虫(Worm)病毒和宏(Macro)病毒。

9.6.4 反病毒技术

根据计算机病毒的特点,人们找到了许多检测计算机病毒的方法。但是由于计算机病毒与反病毒是互相对抗发展的,任何一种检测方法都不可能是万能的,综合运用这些检测方法并在此基础上根据病毒的最新特点不断改进或发现新的方法才能更准确地发现病毒。检测计算机病毒的基本方法有以下几种。

1. 外观检测法

外观检测法是在病毒防治过程中起着重要辅助作用的一个环节。病毒侵入计算机系统后,会使计算机系统的某些部分发生变化,引起一些异常现象,如屏幕显示的异常现象、系统运行速度的异常、打印机并行端口的异常、通信串行口的异常等。可以根据这些异常现象来判断病毒的存在,尽早地发现病毒,并作适当处理。

2. 特征代码法

将各种已知病毒的特征代码串组成病毒特征代码数据库。这样,可以在通过各种工具软件检查、搜索可疑计算机系统(可能是文件、磁盘、内存等)时,用特征代码数据库中的病毒特征代码逐一比较,就可以确定被检计算机系统感染了何种病毒。

在很多著名的病毒检测工具中广泛使用特征代码法。国外专家认为特征代码法是检测已知病毒的最简单、开销最小的方法。

一种病毒可能感染很多文件或计算机系统的多个地方,而且在每个被感染的文件中,病毒程序所在的位置也不尽相同。但是计算机病毒程序一般都具有明显的特征代码,这些特征代码,可能是病毒的感染标记特征代码,不一定是连续的,也可以用一些"通配符"或"模糊"代码来表示任意代码。只要是同一种病毒,在任何一个被该病毒感染的文件或计算机中,总能找到这些特征代码。

3. 虚拟机技术

多态性病毒或多型性病毒即俗称的变形病毒。多态性病毒每次感染后都改变其病毒密码,这类病毒的代表是幽灵病毒。多态和变形病毒的出现让传统的特征值查毒技术无能为力。之所以造成这种局面,是因为特征值查毒技术是对于静态文件进行查杀的,而多态和变形病毒只有开始运行后才能够显露原形。

一般而言,多态性病毒采用以下几种操作来不断变换自己。采用等价代码对原有代码进行替换;改变与执行次序无关的指令的次序;增加许多垃圾指令;对原有病毒代码进行压缩或加密。但是,无论病毒如何变化、每一个多态病毒在其自身执行时都要对自身进行还原。为了检测多态性病毒,反病毒专家研制了一种新的检测方法——虚拟机技术。虚拟机技术又称为软件模拟法,它是一种软件分析器,在机器的虚拟内存中用软件方法来模拟和分析不明程序的运行,而且程序的运行不会对系统各部分起到实际的作用(仅是"模拟"),因而不会对系统造成危害。在执行过程中,从虚拟机环境内截获文件数据,如果含有可疑病毒代码,则杀毒后将其还原到原文件中,从而实现对各类可执行文件内病毒的查杀。它的运行机制是:一般检测工具纳入软件模拟法,这些工具开始运行时,使用特征代码法检测病毒,如果发现隐蔽式病毒或多态性病毒嫌疑时,即启动软件模拟模块,监视病毒的运行,待病毒自身的密码译码以后,再运用特征代码法来识别病毒的种类。

4. 启发式扫描技术

病毒和正常程序的区别可以体现在许多方面,比较常见的区别有:通常一个应用程序最初的指令是检查命令行输入有无参数项、清屏和保存原来屏幕显示等,而病毒程序则从来不会这样做,它通常最初的指令是直接写盘操作、解码指令,或搜索某路径下的可执行程序等相关操作指令序列。这些显著的不同之处,对于有病毒调试经验的专业人士来说,在调试状态下只需一瞥便可一目了然。启发式代码扫描技术实际上就是把这种经验和知识移植到一个查病毒软件中的具体程序体现。因此,在这里启发式是指"自我发现的能力"或"运用某种方式或方法去判定事物的知识和技能"。一个运用启发式扫描技术的病毒检测软件,实际上就是以特定方式实现的动态高度器或反编译器,通过对有关指令序列的反编译逐步理解和确定其蕴藏的真正动机。

在具体实现上,启发式扫描技术是相当复杂的。通常这类病毒检测软件要能够识别并探测许多可疑的程序代码指令序列,如格式化磁盘类操作、搜索和定位各种可执行程序的操作、实现驻留内存的操作、发现异常的或未公开的系统功能调用的操作等。所有上述功能操作将被按照安全和可疑的等级进行排序,根据病毒可能使用的和具备的特点授以不同的加权值。例如,格式化磁盘的功能操作几乎从不出现在正常的应用程序中,而在病毒程序中出现的概率则极高,于是这类操作指令序列可获得较高的加权值。而驻留内存的功能不仅病毒要使用,很多应用程序也要使用,于是应当给予较低的加权值。如果对于一个程序的加权值的总和超过一个事先定义的阈值,那么,病毒检测程序就可以声称"发现病毒!"。仅仅一项可疑的功能操作远不足以触发"病毒报警"的装置,为减少谎报,最好把多种可疑功能操作同时并发的情况定为发现病毒的报警标准。

另外,目标代码的前后逻辑关系也是启发式扫描需要注意的问题。举个简单的例子,某人从一座桥上通过,第一次他在桥上放了几桶汽油,过了不久,他将一个火把扔了过去。应该说,如果将这两个事件分开来看,此人的行为并没有什么不妥。但是,前后结合在一起后,其产生的后果是非常严重的。在黑客对目标进行攻击时,采用这种方法可以有效地逃避检测。在程序中同样存在这种问题,并且程序代码中无处不存在这种逻辑关系。对人来说,正确把握这种逻辑关系并不困难,而要让反病毒软件来做这个工作,这就与人工智能技术的发展有很大关系了。从某种程度上说,人工智能技术的发展状况直接影响到了启发式扫描技术的水平。应该说,目前人工智能的技术水平还是远远达不到要求的。

对于蠕虫病毒来说,蠕虫的传播技术是其本质。一个蠕虫病毒可以以文件的形式独立存在,清除这样的蠕虫病毒比较简单,只需要删除其可执行文件就可以了。当然蠕虫病毒也可以感染文件,但那是与传统病毒技术相结合的产物。清除技术并不只是删除蠕虫可执行文件那么简单,要把蠕虫病毒对系统所做的修改尽量恢复回来。对于已知病毒,人们可以通过对其详细剖析来得知蠕虫所做的修改行为,再把系统恢复过来,但这仅限于已知蠕虫。对于未知蠕虫病毒,各种关键技术还不成熟。要对系统进行恢复,就要知道蠕虫究竟对系统做了些什么。以前都是通过人工的方法,由反病毒工程师完成这项工作。现在如果改由程序自动实现,其难度可想而知。其中涉及多项前沿技术,而这些技术大多还处在研究阶段。

对蠕虫进行防治是一项艰巨的工作,单凭一两个扫毒引擎是很难完全完成这项工作的。可以采用网络蠕虫预警机制,采取有效措施阻止网络蠕虫的大规模探测、渗透和自我复制。要借助于一切现有的软、硬件条件和技术才能在最大程度上对蠕虫进行防治。

木马程序具有不需要服务端用户的允许即可获得系统的使用权、体积小、易于在网络上传播的特征,运行隐蔽、用户不易察觉。防止特洛伊木马的主要方法有:① 时刻打开杀毒软件,大多数反病毒工具软件几乎都可检测到所有的特洛伊木马,但值得注意的是应及时更新反病毒软件;② 安装特洛伊木马删除软件;③ 建立个人防火墙,当木马试图进入计算机时,防火墙可以进行有效的保护;④ 不要执行来历不明的软件和程序,因为木马的服务端程序只有在被执行后才会生效,对通过网络下载的文件、通过 QQ 或 MSN 传输的文件、通过从别人那里复制来的文件,以及对电子邮件附件,在没有十足把握的情况下,千万不要将它打开,最好是在运行之前,先用反病毒软件对它进行检查;⑤ 经常升级系统,给系统打补丁,减少因系统漏洞带来的安全隐患。

目前反病毒的主流技术还是以传统的"特征码技术"为主,以新的反病毒技术为辅。因为新的反病毒技术还不成熟,在查杀病毒的准确率上,与传统的反病毒技术还有一定的差距。特征码技术是传统的反病毒技术,但是"特征码技术"只能查杀已知病毒,对未知病毒则毫无办法。所以很多时候都是计算机已经感染了病毒并且对机器或数据造成很大破坏后才去杀毒。基于这些原因,在反病毒技术中,最重要的就是"防杀结合,防范为主"。

防范计算机病毒的基本方法有以下几种。

① 不轻易上一些不正规的网站。在浏览网页的时候,很多人有猎奇心理,而一些病毒、木马制造者正是利用人们的猎奇心理,引诱大家浏览他的网页,甚至下载文件,殊不知这样很容易使机器染上病毒。

② 千万提防电子邮件病毒的传播。能发送包含 ActiveX 控件的 HTML 格式邮件可以在浏览邮件内容时被激活,所以在收到陌生可疑邮件时尽量不要打开,特别是对于带有附件的电子邮件更要小心。很多病毒都是通过这种方式传播的,甚至有的是从你的好友发送的邮件中传到你机器上感染你的计算机的。

③ 对于渠道不明的光盘、软盘、U 盘等便携存储器,使用之前应该查毒。对于从网络上下载的文件同样如此。因此,计算机上应该装有杀毒软件,并且及时更新。

④ 经常关注一些网站、BBS 发布的病毒报告,这样可以在未感染病毒的时候做到预先防范。

⑤ 对于重要文件、数据做到定期备份。

⑥ 不能因为担心病毒而不敢使用网络,那样网络就失去了意义。只要思想上高度重视,时刻具有防范意识,就不容易受到病毒侵扰。

9.6.5　邮件病毒及其防范

1. 邮件病毒特点

随着 Internet 上使用 E-mail 的日益增多,各种各样的电子邮件病毒也不断出现。这些通过网络和 E-mail 方式传播的病毒有各种表现形式,其中许多还带有欺骗性的主题,网络病毒通过 E-mail 传播有下列特点:

- 感染速度快。在单机环境下,病毒只能通过软盘从一台计算机带到另一台,而在网络中则可以通过网络通信机制进行迅速扩散。只要有一台工作站有病毒,就可能在几十分钟内将网上的数百台计算机全部感染。
- 扩散面广。由于病毒在网络中扩散非常快,扩散范围很大,不但能迅速传染局域网内所有计算机,还能通过远程工作站将病毒在一瞬间传播到千里之外。
- 传播的形式复杂多样。计算机病毒在网络上一般是通过"工作站→服务器→工作站"的途径进行传播的,但传播的形式复杂多样。
- 难以彻底清除。单机上的计算机病毒有时可通过删除带毒文件、低级格式化硬盘等措施将病毒彻底清除,而网络中只要有一台工作站未能彻底清除病毒就可能使整个网络重新被病毒感染,甚至刚刚完成清除工作的一台工作站就又可能被网上另一台带毒工作站所感染。因此,仅对工作站进行病毒杀除,并不能解决病毒对网络的危害。
- 破坏性大。网络上的病毒将直接影响网络的工作,轻则降低运行速度、影响工作效率,重则使网络崩溃、破坏服务器信息,使多年工作毁于一旦。

2. 邮件病毒防范

一般邮件病毒的传播是通过附件进行的,如 Happy99、Mellissa(美丽杀手)等。在收到的邮件中会看到带病毒的附件,如名为 happy99.exe 的文件时,不要运行它,直接删掉就可以了。

有些是潜伏在 Word 文件中的宏病毒,因此对 Word 文件形式的附件,也应当小心。

另一种病毒是利用 ActiveX 来传播的。由于一些 E-mail 软件如 Outlook 等可以发送 HTML 格式的邮件,HTML 文件可包含 ActiveX 控件,而 ActiveX 在某些情况下又可以拥有对硬盘的读写权,因此带有病毒的 HTML 格式的邮件,可以在浏览邮件内容时被激活。但这种情况仅限于 HTML 格式的邮件。在一些邮箱配置中,选择"使用嵌入式 IE 浏览器查看 HTML 邮件"时,如果选择了"使用"的话,系统将调用 IE 的功能来显示 HTML 邮件,病毒有机会被激活。但如果没有选择此开关,则以文本方式显示邮件内容,这种状况下不用担心潜伏在 HTML 中的病毒。

3. 电子邮件炸弹

电子邮件炸弹指的是发件者以不明来历的电子邮件地址,不断重复地将电子邮件寄给同一个收件人。称为 E-mail Bomber。另外一个与邮件有关的名词是 Spaming,它是指同一发件者在同一时间内将同一电子邮件寄出给千万个不同的用户(或寄到新闻组),例如一些公司用来宣传其产品的广告方式。但 Spaming 不会对收件人造成太大的伤害,而电子邮件炸弹则会干扰到你的电子邮件,是杀伤力强大的网络武器。

电子邮件炸弹之所以可怕,是因为它可以大量消耗网络资源。一般网络用户的户头容量都有限,而这有限的容量除了让你处理电子邮件,还得用来卸载一些软件,浏览或设计网页。如果你在短时间内收到上千封电子邮件,而每封电子邮件又占据了一定的容量,一个电子邮件炸弹的总容量很容易就超过你的网络户头所能够承受的负荷。在这样的情况下,你的电子邮件库不仅不能够再接收其他人寄给你的电子邮件,也随时会因为"超载",导致整个电脑瘫痪。

如果想用电子邮件中的 Reply 和 Forward 的功能"回礼",将整个炸弹"反丢"回给发件人,有可能让自己的机器进一步瘫痪。因为对方可能将电子邮件中的 From 和 To 的两个栏目都改换成你的电子邮件地址,你的回发行动不仅不能够成功,还会置你自己和你的网络接入服务提供者于死地。当你的电子邮件库爆满,不能容许任何电子邮件进入时,你所寄出的电子邮件就会永无止境地"反弹"回给你自己,因为这个时候你的"发件人"和"收件人",已被改为你自己!

另一方面,如果情况严重的话(又或者这个炸弹有病毒的话),你的网络接入服务提供者在忙着处理你大量的电子邮件的来往时,会导致其他用户的电子邮件处理速度缓慢了下来,延迟了整个过程。网络接入服务提供者可能承受不了这些服务,而整个网络随时也都会瘫痪。

比较有效的防御方式有:在电子邮件中安装一个过滤器(比如说 E-mail notify),在接收任何电子邮件之前预先检查发件人的资料,如果觉得有可疑之处,可以将之删除,不让它进入你的电子邮件库。

9.7 无线通信网络安全技术

近年来,无线通信技术发展迅速,无线网络越来越融入人们的生活,将移动通信和互联网二者结合起来形成的移动互联网对我们的生活带来前所未有的影响。伴随着移动终端价格的下降及 WIFI 的广泛铺设,移动网民呈现爆发趋势。但是无线网络在给我们带来便利的同时,其安全问题也日益突显,由于无线传输介质的开放性,无线通信网络面临传输、终端和信息等多个层面的安全威胁,因而实现无线通信网络及其应用的安全成为当前无线通信网络快速发展的关键。

9.7.1 无线通信网络的安全威胁

无线技术起源于 19 世纪晚期马可尼(Marconi)发明无线电报的时候,这项技术能够使无线电波穿越很远的距离。但是,Marconi 的技术仅仅能传送摩尔斯电码的点和划,无法传送语音波形。Marconi 的发明展示了无线技术的潜能,使得后来的许多个人和公司竞相发展在空中传送语音波形,之后就开始了最早的真正意义上的无线产业,调幅广播飞速发展,并带动了一系列相关产业。到二战后,人们为了进行卫星通信又开始研制新型无线通信系统。

在无线技术飞速发展的同时,因特网也作为另一种新技术迅速发展,可以说因特网不仅改变人们的通信方式,也在改变人们的生活方式,人们已经把因特网当作生活的一部分。这时人们考虑通过使用普遍存在的无线设备来访问因特网。无线通信的主流技术的发展历程和未来的趋势如图 9.7.1 所示。

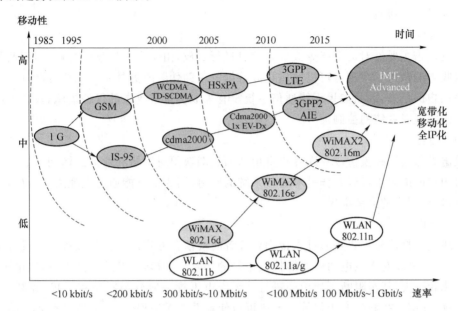

图 9.7.1　无线通信网络

移动通信系统由第一代模拟移动通信系统,发展到第二代数字移动通信系统,从 2000 年后 3G 开始快速发展,同时,无线局域网技术也开始成熟起来。WiMAX(全球微波互联接入)的提出和推进,E3G 的标准化的启动和加速,使得无线移动通信领域呈现明显的宽带化和移动化发展趋势,即宽带无线接入向着增加移动性方向发展,而移动通信则向着宽带化方向发展。

1. 无线网络的常见攻击形式

无线通信网络通常由无线接入网(RAN)和有线核心网(CN)组成,接入网基于不同的无线通信技术为用户提供网络接入服务,核心网将业务提供者与接入网,或将接入网与其他接入网连接在一起。无线通信网络安全威胁根据无线通信网络架构,主要存在于三个位置:移动终端、无线链路、接入网络和核心网络的有线连接。

无线网络可能受到的攻击可以分为两类:一类是对于网络访问控制、数据保密性和完整性保护等进行的攻击,这类攻击在有线网络下也会发生;另一类则是根据无线介质本身的特点进行的攻击。无线网络的常见攻击形式主要有:

(1) 窃听

由于移动通信系统的无线特性,导致在空中接口中对信息进行窃听相对简单。任何人都可以使用数字无线接口的扫描设备在空中监视用户的数据,或者伪装成无线接口某一侧的一个实体来获得敏感数据。攻击者通过技术侦查手段获取无线电信号波形,然后通过设置相应的接收机参数实现对信号的实时监听。尽管系统无法通过使用安全机制来检测和避免对数据进行侦听,但可以通过使用加密机制使截获的信息只能够被合法的接收者所理解,可以通过使用鉴权机制防止伪装攻击。

（2）篡改

主要是指信息的非法修改,无线信号的篡改是对无线信号特定协议字段进行修改而实施的一种攻击,通过以较高的功率发射压制信号,覆盖对方传送数据的特定字段,使得接收方误以为是正常接收。

（3）重放

重发攻击主要针对关键指令或管理信息进行重放,由于未对信息进行修改,因此很容易得到接收方的认可。攻击者可以通过重放数据的帮助伪装成另外一个用户(或终端)来接收发给该用户的信息,因而如果无线通信系统没有采取抗重放攻击的保护措施,攻击者可通过重放攻击实现对系统的控制。

（4）假冒

攻击者通过选择模仿或克隆客户身份从而试图获得对网络和业务的访问。假冒可以看作是对用户的威胁也可以看作是对通信系统的威胁,因为他可能通过克隆用户身份,非法使用网络,造成用户的经济损失。

（5）干扰

无线电干扰信号主要是通过直接耦合或者间接耦合方式进入接收设备信道或者系统的电磁能量,它可以对无线电通信所需接收信号的接收产生影响,导致性能下降,质量恶化,信息误差或者丢失,甚至阻断了通信的进行。无线电干扰一般分为同频率干扰、邻频道干扰、带外干扰、互调干扰和阻塞干扰等。干扰可以使得系统无法提供服务,造成对系统的拒绝服务攻击。

（6）资源的非授权访问

资源的非授权访问是指使用禁用资源或越权使用无线信道、设备、服务或系统数据库等系统资源。

禁用资源是指用户根本不允许使用的资源。例如,攻击者伪装成其他用户,执行该用户的访问权力,企图访问禁止使用的资源;攻击者使用偷来的或未被认可的设备;攻击者了解系统的内部工作,可能获得附加的访问权限或绕开访问控制机制等。防止这类威胁的主要手段是对用户和操作员进行身份鉴别、合理设计管理员的访问权限和实施强制的访问控制技术等。

越权使用资源是指该用户允许使用一些资源,但是该用户所访问的资源超过了其权限范围。可能的攻击手段包括:攻击者滥用某些信息,例如,网络运行人员或服务提供商可能滥用用户的个人信息;攻击者越权使用借用的设备,如基站等;攻击者企图独占系统资源,例如,总是首先强占信道等。除了鉴权和访问控制措施外,系统对关键事件的全面审计也能有效防止这种威胁。

（7）恶意软件

智能手机的迅速发展,出现了大量的各类应用 APP,这些应用 APP 为移动市场带来繁荣的同时,也引入了很多安全问题。用户的移动终端很容易感染恶意软件,同时由于软件自身设计和实现上的缺陷,导致软件本身存在脆弱性的安全隐患,即应用软件漏洞。一旦感染恶意软件或安装存在安全漏洞的软件,即可能造成信息泄露,甚至是移动终端被盗用或控制。

2. 无线网络安全威胁的特点

无线网络由于其媒体的开放性、终端的移动性、动态变化的网络拓扑结构以及没有明确的防线等特点,使得无线网络与有线网络相比更容易受到恶意攻击,具体体现在以下几个方面。

(1) 使用无线介质。无线网络由于使用了无线传输信道这种开放的公共资源,所以,任何人都可以利用它来发送和接收信息,这本身对安全构成了重大的威胁。

(2) 终端的移动性。无线网络终端可以在较大的范围内移动,因而攻击者可以在任何位置通过移动设备实施攻击,而且很难跟踪定位。

(3) 动态拓扑结构。在无线网络环境中,拓扑结构动态变化,缺乏集中管理机制,使得安全技术更加复杂。

(4) 有限的带宽。由于可利用的无线频谱资源有限,因此,如何合理利用现有的频谱资源就显得比较突出,各种无线应用,包括各种安全协议必须要考虑所占用的频谱都限定在一定的带宽之内。

(5) 有限的终端资源。在移动网络中的终端设备,一般为了携带方便,都要求体积小,而它的能源都来自于轻型的电池。考虑到供电方面,要求终端上的应用所占用的计算和存储也是有限度的。

这些都给无线网络的安全设计提出了更高的难度;大部分已存在的安全技术、协议和标准是为有线环境设计的,在许多情况下因为它们有太多开销而且超时设定太严格,所以不太适合无线环境。

9.7.2　无线通信网络的安全防护

随着无线通信性能不断提升和服务不断丰富,无线接入已经成为接入互联网的主要方式之一,并且快速增长,无线通信网络的迅速发展给安全技术提出了较大的挑战。

目前无线接入网络的方式较多,主流的接入方式主要包括 WLAN、WiMAX、GPRS、WAP、EDGE、3G、4G 等,且接入性能不断提升,接入方式的增多也使得安全威胁风险不断增加。无线接入终端的种类繁多,从原来的单一笔记本电脑发展成为包括智能手机、PDA等在内的多种形式,由于目前移动终端可以进行网上支付、网上购物、文件传送等,涉及敏感信息的网络应用越来越多,移动终端种类和应用的扩展在给用户带来便利的同时,也加大了信息泄露的可能性。因此,加强无线通信网络的防护成为当务之急。

1. 无线网络的安全防护措施

无线通信网络较有限通信网络具有媒体介质开放、终端移动性强、网络拓扑动态变化、以及终端计算能力弱、存储能力和能量受限、易丢失等提点,无线网络的安全防护措施应重点考虑以下几个方面。

(1) 防护系统组成。无限通信网络一般由移动终端、接入网络、核心网络等组成,从接口上既有本系统内部有线和无线接口,又有各种边界接口。在安全防护上要针对系统各个组成部分以及接口的安全防护需求进行,任何一个环节的缺失都可能给系统带来安全隐患。

(2) 防护协议层次。无限通信网络根据组网和应用的方式不同,其协议层次分别有应用层、网络层、链路层和物理层,应根据安全防护的需要选择合适的防护层次或防护层次的组合。

(3) 防护数据类型。无限通信网络支持的主要业务类型包括语音、短信、图像、视频等,信令数据包括公共信道信令、专用信道信令等,应根据安全防护的需要选择数据类型,满足不同业务和信令数据的安全防护需求。

无线网络的安全防护措施大致包括以下几种。

(1) 数据机密性

机密性保护是防止无线通信、有限传输以及终端存储信息被窃听、获取的有效方法,防护手段为对信息进行加密。加密可以防止信息被未经授权泄露、篡改和破坏,同时还可以防止对通信业务进行分析。数据加密通常可以在 3 个层次上实现。

① 链路加密。保护网络节点之间的链路信息的安全。实现时,每个中间节点对接收到的信息先解密,再使用下一链路的密钥对消息进行加密。优点:包括路由信息在内的链路上所有的数据均为密文,从而可以防止对通信业务进行分析。

② 节点加密。其目的是对源节点到目的节点之间的传输链路提供保护。节点加密在操作方式上与链路加密是类似的,但节点加密要求报头和路由信息以明文形式传输,以便中间节点能得到如何处理消息的信息。因此,这种加密方法对于防止攻击者分析通信业务是脆弱的。

③ 端到端加密。目的是对源端用户到目的端用户的数据提供保护,每个报文包均是独立被加密的,所以一个报文包所发生的传输错误不会影响后续的报文包。同时,端到端加密使得消息在整个传输过程中均受到保护,所以即使所有节点被破坏也不会使信息泄露。但是,端到端加密同样不能够掩盖被传送消息的源点和终点,因此对于攻击者分析通信业务也是脆弱的。

(2) 数据完整性

数据完整性检验是防止数据在传输过程中某些违反安全策略的行为对数据进行的改变。一般通过算法校验的方式检验所接收的数据是否被修改。根据保护方式和对象将完整性保护分为以下 4 种类型:

① 连接完整性。对连接中所有数据进行完整性保护,验证整个数据流传输过程中是否被修改。

② 无连接完整性。对于某个无连接数据项中的所有数据进行完整性保护,验证所传送数据项是否被修改。

③ 选域完整性。对某个数据单元所指定的区域进行完整性保护,仅对部分字段内容进行完整性检验。

④ 数据文件完整性。对所存储数据单元或文件是否修改进行检验。

(3) 认证

认证的目的有两个,一个是验证信息的发送者/接收者或用户身份是真实的,另一个是验证信息的完整性,保证信息未被篡改、重放或延迟等。无线通信中的鉴权是对网络中的接入主体进行认证的过程。认证是访问控制的基础。

① 实体认证。即鉴别通信双方实体的合法性,防止伪装、假冒等攻击。在移动通信系统的接入中,根据实际需要,鉴权可以是双向的,也可以是单向的,根据认证对象不同分为移动用户身份认证和服务网络身份认证等。实体认证一般通过多次协议交互的方式实现。

② 数据源认证。指数据接收方对所接收数据的来源进行验证,数据源认证一般通过数据随路验证信息进行判断,通常与完整性校验相结合。

（4）访问控制

目的是为防止对网络资源进行非授权的访问,是保护网络免受侵害的第一道保护措施。访问控制一般通过身份认证技术来实现,其功能有三种:阻止非法用户进入系统;允许合法用户进入系统;使合法用户按照各自的权限,进行各项信息活动。

（5）不可否认性

又称抗抵赖性,是对付事后抵赖的有效方法。人们不能否认自己发送信息的行为和信息的内容。可以通过数字证书机制进行的数字签名和时间戳,保证信息的抗抵赖。不可否认性是保护通信用户抵御来自系统内部其他合法用户的欺诈,而不是防止来自外部未知攻击者的威胁。

上述安全防范措施基本涵盖了无线通信网络所提供的安全业务,在具体应用环境中需要根据安全需要采取上面不同组合的安全防护措施。

2. 无线通信中的安全体系

随着移动终端技术的不断发展,小型化、智能化无线终端已经得到广泛应用,终端的协议模型日趋复杂,已经基本与计算机网络相同。因此基于开放系统互连参考模型（OSI/RM）,参考 3G 安全域结构给出移动通信系统安全体系的三维框架结构,如图 9.7.2 所示。

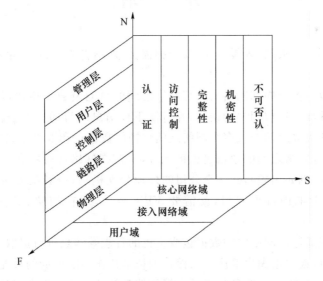

图 9.7.2 移动通信系统安全体系结构

安全服务轴 S 参照 OSI/RM 定义的 5 组安全服务,包括认证（鉴权）、访问控制、数据完整性、数据保密性和不可否认性 5 个方面;安全需求轴 N 参照接口协议栈的分层和 OSI/RM 的分层模型,分为物理层、链路层、控制层、用户层和管理层。安全域轴 F 由不同的安全域组成,安全域的划分由具体的安全策略确定,参照无线通信网组成一般由移动终端、接入网、核心网络等组成部分,将安全域初步划分为核心网络域、网络接入域和用户域。

系统的任何安全措施都可以映射为这个三维空间上的一点,每个安全措施都是在某个安全域内,为满足某个层次上的安全需求而提供的某种安全服务。

移动通信系统的安全需求中管理层位于安全需求的最上层,对所有的信息的安全负责,包括对安全威胁的管理和指定合理的管理标准;用户层安全提供事物处理的端到端安全,实现端到端安全的保护,只有通信的端用户知道所用的密钥,如不可否认服务只能在用户层实现;控制层负责网络过程,鉴权等安全服务在该层的网络接入功能实现;链路层主要保证数据在无线电线路上传输的正确性和安全性,一般采用 TDMA 帧同步、交织/去交织、信道编码、差错保护、空中接口加密等技术来实现;物理层主要是防止物理通路的窃听、干扰等攻击,防止机房、电源等场地设施的损坏。

在安全域中,用户域主要提供移动终端的安全服务模块与用户间的认证以及移动终端安全服务模块与移动终端间的认证;网络接入域主要提供安全接入服务,包括用户身份机密性、用户认证、在网络接入信道和设备间传输数据的机密性和完整性、移动设备的鉴定;核心网络域主要提供核心网络实体间的认证、数据传输机密性和完整性等。

针对不同层次的无限通信网络安全需求,在相应的安全域上采取前面的不同组合的安全防护措施。在提供无线通信网络安全服务时,还应结合无线通信网络存在通信资源紧张、时延敏感以及计算能力、存储能力和续航能力受限等特点,通过优化设计,尽量减少对通信系统各项性能的影响。

小　　结

本章详细介绍了防火墙、入侵检测、安全扫描、内外网隔离、内网安全和反病毒技术的基本原理。

防火墙能有效地控制内部网络与外部网络之间的访问及数据传送,从而达到保护内部网络的信息不受外部非授权用户的访问,并过滤不良信息的目的。安全、管理、速度是防火墙的三大要素。防火墙对两个或多个网络之间传输的数据包和链接方式按照一定的安全策略进行检查,来决定网络之间的通信是否被允许,并监视网络运行状态。当一个公司、企业的内部员工在外地(例如出差),某一个公司的外地分支机构,或者某公司、企业和商业伙伴想共享该公司、企业的内部网络时,就需要 VPN 技术,现在的防火墙一般都带有 VPN 功能。

入侵检测系统通过对网络中的数据包或主机的日志等信息进行提取、分析,发现入侵和攻击行为,并对入侵或攻击做出响应。入侵检测技术是作为防火墙的补充技术,和防火墙一起构建一个安全网络体系,这两种技术具有较强的互补性。防火墙有很强的阻断功能,但其策略都是事先设置好的,无法动态设置策略。通常情况下,入侵检测系统总是位于防火墙的后面,首先由防火墙做最基本的过滤,再由入侵检测系统对数据包做深度检测,根据入侵检测的结果对防火墙的安全策略做动态的调整。安全扫描技术的基本原理是采用模拟黑客攻击的方式对目标可能存在的已知安全漏洞进行逐项检测,可以对工作站、服务器、交换机、数据库等各种对象进行安全漏洞检测,从而能在被攻击者发现、利用漏洞之前就将其修补好。

物理隔离是指内部网络与外部网络在物理上没有相互连接的通道,两个系统在物理上完全独立。计算机内外网物理隔离技术的主要应用对象是对网络安全有很高要求的部门,不但要求严格禁止信息泄露和被篡改,而且出于信息交换的需要,不能够完全隔绝与外部网络的联系。要保证计算机信息网络的安全,不能仅仅将目光盯在防范外部对计算机信息网络的各种途径的入侵上面,更加需要防范计算机信息网络内部自身的安全,因而内网安全技术受到重视。

随着计算机的使用越来越广泛,计算机网络的普及程度越来越高,网络病毒和邮件病毒也经常侵袭用户,本章介绍了计算机病毒和邮件病毒的基本知识。

近年来,无线通信技术的迅速发展使得移动互联网越来越融入人们的生活,本章最后一节介绍了无线通信网络安全技术,希望通过介绍使读者了解无线通信网络安全防护的一些基本方法。

思　考　题

1. 什么是防火墙,它应具有的基本功能是什么?
2. 防火墙有哪几种体系结构,它们的优缺点是什么,如何合理地选择防火墙体系结构?
3. 通过调查和网络搜索,列举一些防火墙的实际产品,以及它们的一些主要参数。
4. 简述 VPN 的工作原理,为什么要使用 VPN 技术?
5. 什么是入侵检测,它是否可以作为一种安全策略单独使用?
6. 试描述入侵检测系统如何和防火墙协调工作。
7. 简述安全扫描技术的原理。
8. 什么是网络的物理隔离?
9. 内外网隔离技术主要分为哪几类?
10. 内网安全的主要内容包括哪些?
11. 检测计算机病毒的方法主要有哪些?
12. 试给出防范计算机病毒的一些方法。
13. 无线网络安全威胁的特点有哪些?
14. 无线网络的安全防护措施包括哪些?

第 **10** 章

信息安全的管理

信息系统的安全管理目标是管好信息资源安全,信息安全管理是信息系统安全的重要组成部分,管理是保障信息安全的重要环节,是不可或缺的。实际上,大多数安全事件和安全隐患的发生,与其说是技术上的原因,不如说是由于管理不善而造成的。因此说,信息系统的安全是"三分靠技术,七分靠管理",可见管理的重要性。

信息安全管理贯穿于信息系统规划、设计、建设、运行、维护等各个阶段。安全管理的内容十分广泛。

10.1 信息安全的标准与规范

信息技术安全方面的标准化,兴起于20世纪70年代中期,80年代有了较快的发展,90年代引起了世界各国的普遍关注。特别是随着信息数字化和网络化的发展和应用,信息技术的安全技术标准化变得更为重要。因此,标准化的范围在拓展,标准化的进程在加快,标准化的成果也在不断地涌现。

下面介绍一些有关标准方面的基础知识,包括标准的形成过程、发展、标准的分类、安全评估准则、一些标准化组织简介和我国的信息安全标准。

10.1.1 信息安全标准的产生和发展

在席卷全球的信息化浪潮中,网络已经渗透到各行各业和人们的生活之中,网络正逐步改变着人们的生产和生活方式。但随之而来的计算机和网络犯罪也不断出现,网络信息安全问题日益凸显出来,信息网络的安全一旦遭受破坏,其影响或损失将十分巨大。因此信息安全越来越受到重视,世界各大厂商都在推出自己的安全产品。下面几个方面推动了安全标准的发展。

1. 安全产品间互操作性的需要

加密与解密、签名与认证、网络之间安全的互相连接,都需要来自不同厂商的产品能够顺利地进行互操作,统一起来实现一个完整的安全功能。这就导致了一些以"算法""协议"

形式出现的安全标准。典型的有美国数据加密标准 DES(Data Encryption Standard)。

2. 对安全等级认定的需要

近年来对于安全水平的评价受到了很大的重视,产品的安全性能到底怎么样,网络的安全处于什么样的状态,这些都需要一个统一的评估准则,对安全产品的安全功能和性能进行认定,形成一些"安全等级",每个安全等级在安全功能和性能上有特定的严格定义,对应着一系列可操作的测评认证手段。例如美国国防部(Department of Defence,DoD)在 1985 年公布了可信赖计算机系统评估准则(Trusted Computer System Evaluation Criteria,TC-SEC)。

3. 对服务商能力衡量的需要

现在信息安全已经逐渐成长为一个产业,发展越来越快,以产品提供商和工程承包商为测评对象的标准大行其道,同以产品或系统为测评认证对象的测评认证标准形成了互补的格局。网络的普及,使以网络为平台的网络信息服务企业和使用网络作为基础平台传递工作信息的企业,比如金融、证券、保险和各种电子商务企业纷纷重视安全问题。因此,针对使用网络和信息系统开展服务的企业的信息安全管理标准应运而生。

对广大产品提供商来说,生产符合标准的信息安全产品、参与信息安全标准的制定、通过相关的信息安全方面的认证,对于提高厂商形象、扩大市场份额具有重要意义;对用户而言,了解产品标准有助于选择更好的安全产品,了解评测标准则可以科学地评估系统的安全性;了解安全管理标准则可以建立实施信息安全管理体系。

10.1.2 信息安全标准的分类

1. 互操作标准

现在各种密码、安全技术和协议广泛地应用于 Internet,而 TCP/IP 协议是 Internet 的基础协议,在四层模型中的每一层都提供了安全协议,整个网络的安全性比原来大大加强。链路层的安全协议有 PPTP、L2F 等;网络层有 IPSec;传输层有 SSL/TLS/SOCK5;应用层有 SET、S-HTTP、S/MIME、PGP 等。下面只简单介绍其中的一些安全协议。

(1) IP 安全协议标准 IPSec

1994 年 IETF 专门成立 IP 安全协议工作组,并由其制定 IPSec。1995 年 IETF 公布了相关的一系列 IPSec 的建议标准,1996 年 IETF 公布了下一代 IP 的标准 IPv6,IPSec 成为其必要的组成部分。1999 年底,IETF 完成了 IPSec 的扩展,在下列协议中加入了 IPSec,ISAKMP(Internet Security Association and Key Management Protocol)协议、密钥分配协议 IKE、Oakley。

IPSec 提供 3 种不同的形式来保护通过公有或私有 IP 网络来传送的私有数据。

① 认证——可以确定所接受的数据与所发送的数据是一致的,同时可以确定申请发送者实际上是真实发送者,而不是伪装的。

② 数据完整——保证数据从原发地到目的地的传送过程中没有任何不可检测的数据丢失与改变。

③ 机密性——使相应的接收者能获取发送的真正内容,而无意获取数据的接收者无法获知数据的真正内容。

在 IPSec 中由 3 个基本要素来提供以上 3 种保护形式:认证协议头(AH)、安全加载封装(ESP)和互联网密钥管理协议(IKMP)。认证协议头和安全加载封装可以通过分开或组合使用来达到所希望的保护等级。

IPSec 为用户在 LAN、WAN 和 Internet 上进行通信提供了安全性与机密性。IPSec 的主要特征在于它可以对所有 IP 级的通信进行加密和认证,正是这一点才使 IPSec 可以确保包括远程登录、客户/服务器、电子邮件、文件传输及 Web 访问在内的多种应用程序的安全,可以增强所有分布式应用的安全。

(2) 传输层加密标准 SSL/TLS

1994 年 Netscape 公司开发了安全套接层(Secure Socket Layer,SSL)协议,1996 年发布了 3.0 版本。1997 年传输层安全协议 TLS1.0(Transport Layer Security,也被称为 SSL3.1)发布,1999 年 IETF 发布 RFC 2246(TLS v1.0)。

SSL 主要是使用公开密钥体制和 X.509 数字证书技术保护信息传输的机密性和完整性,它不能保证信息的不可抵赖性,主要适用于点对点之间的信息传输,现已成为网络用来鉴别网站和网页浏览者身份,以及在浏览器使用者及网页服务器之间进行加密通信的全球化标准。

(3) 安全电子交易标准 SET

安全电子交易协议(Secure Electronic Transaction,SET)是由 Visa 和 MasterCard 两大信用卡组织联合开发的电子商务安全协议。它是在 Internet 上进行在线交易的电子付款系统规范,目前已成为事实上的工业标准。它提供了消费者、商家和银行之间的认证,确保交易的保密性、可靠性和不可否认性,保证在开放网络环境下使用信用卡进行在线购物的安全。

2. 技术与工程标准

(1) 信息产品通用测评准则(CC/ISO 15408)

ISO/IEC15408 — 1999《信息技术安全性评估准则》(简称 CC)是国际标准化组织统一现有多种评估准则的努力结果,是在美国和欧洲等国分别自行推出并实践测评准则的基础上,通过相互间的总结和互补发展起来的。它起源于两个标准:ITSEC,欧洲标准,20 世纪 90 年代早期开发;TCSEC(也被称为“橘皮书”),美国标准和 CTCPEC 加拿大标准。

CC 的目的是允许用户指定他们的安全需求,允许开发者指定他们产品的安全属性,并且允许评估者决定产品是否确实符合他们的要求。CC(Common Criteria)标准是第一个信息技术安全评价国际标准,它的发布对信息安全具有重要意义,是信息技术安全评价标准以及信息安全技术发展的一个重要里程碑。

CC 定义了一个通用的潜在安全要求的集合,它把安全要求分为功能要求和保证要求。CC 也定义了两种类型的文档,它们可以用这个通用集合来建立下面两种文档

- 保护轮廓 PP(Protection Profiles),一个 PP 是由一个用户或者用户团体创建的文档,它确定了用户的安全要求。
- 安全目标 ST(Security Targets),一个 ST 是一个文档,典型地由系统开发者创建,它确定了一个特定产品的安全性能。一个 ST 可以主张去实现零个或多个 PP。

用户经常想要一个产品的独立的评价(被称为 Target of Evaluation,或者 TOE)去展示这个产品事实上满足 ST 的要求,CC 明确支持这种独立的评价。CC 也预定义了保证要求

的集合,称作评价保证水平(Evaluation Assurance Levels,EAL)。这些 EAL 编号为 1~7,较高的 EAL 需要增加评价努力的层次,这意味着较高的 EAL 水平得到较大的保证,但要花费较多的时间和金钱去独立地评价。EAL 水平比较高并不一定意味着"较好的安全",它们仅仅表明 TOE 的安全声称已经被广泛地证实了。

功能和保证要求以"类—子类—组件"的结构表述,组件作为安全功能的最小构件块,可以用于保护轮廓 PP、安全目标 ST 和包(Package)的构建。另外,功能组件还是连接 CC 与传统安全机制和服务的桥梁,以及解决 CC 同已有准则如 TCSEC 、ITSEC 的协调关系,如功能组件构成 TCSEC 的各级要求。

CC 分为有明显区别又有联系的 3 个部分。

第一部分"简介和一般模型",是 CC 的介绍。它定义了 IT 安全评价的一般概念和原理,并且提出了一个评价的大体模型。第一部分也提出了这些方面的构造,表达 IT 安全目标、选择和定义 IT 安全要求,书写产品和系统的高层说明书。另外,按照每一个读者对象,它描述了 CC 每一部分的有效性。

第二部分"安全功能要求",阐述了一组安全功能的构成,进而作为一个对评价目标 TOE 表达安全功能要求的标准方式。它按目录分为功能组件、系列和种类的集合。

第三部分"安全保证要求",阐述了一组保证的构成,进而作为一个对 TOE 表达保证要求的标准方式。它按目录分为保证组件、系列和种类的集合。第三部分也对 PP 和 ST 定义了评价标准,并且引入了评价保证水平。评价保证水平为 TOE 的保证评定预定义了 CC 的刻度,称之为 EAL。

CC 标准的核心思想有两点:一是信息安全技术提供的安全功能本身与对信息安全技术的保证承诺之间独立;二是安全工程的思想,即通过对信息安全产品的开发、评价、使用全过程的各个环节实施安全工程来确保产品的安全性。CC 标准强调在 IT 产品和系统的整个生命周期确保安全性,因此,CC 标准可以同时面向消费者、开发者、评价者 3 类用户,同时支持他们的应用。对应 3 种不同的用户,CC 标准有 3 种主要应用方式:定义安全需求、辅助安全产品开发、评价产品安全性。

(2) 安全系统工程能力成熟度模型(SSE-CMM)

系统安全工程能力成熟模型(SSE-CMM)的开发源于 1993 年 5 月美国国家安全局发起的研究工作。这项工作是在用 CMM 模型研究现有的各种工作时,发现安全工程需要一个特殊的 CMM 模型与之配套。1995 年 1 月举办了第一次安全工程研讨会,有超过 60 个机构的代表参与讨论,并在同年 3 月开始了工作小组的第一次工作会议,在系统安全工程 SSE (Systems Security Engineering)的起草者,应用工作群(Application Working Groups)与 SSE-CMM 指导委员会(SSE-CMM Steering)的共同努力下,1996 年 10 月公布了 SSE-CMM 模型第一版;1997 年 4 月公布了 SSE-CMM 的评定方法(Appraisal Method)第一版;在 1999 年 4 月 1 日公布了 SSE-CMM 模型第二版,同年 4 月 16 日公布了 SSE-CMM 模型第二版的评定方法第二版。

SSE-CMM 确定了一个评价安全工程实施的综合框架,提供了度量与改善安全工程学科应用情况的方法。SSE-CMM 项目的目标是将安全工程发展为一整套有定义的、成熟的及可度量的学科。SSE-CMM 模型及其评价方法可达到以下几点目的。

• 将投资主要集中于安全工程工具开发、人员培训、过程定义、管理活动及改善等方面。

- 基于能力的保证,也就是说这种可信性是建立在对一个工程组的安全实施与过程成熟性的信任之上的。
- 通过比较竞标者的能力水平及相关风险,可有效地选择合格的安全工程实施者。

SSE-CMM 以系统工程 CMM(SE-CMM)为基础,同时将以程序为基础的方法带进信息系统安全建置程序。SE-CMM 的方法和计量制度被复制到 SSE-CMM。SSE-CMM 定义了两个用来测量组织完成指定工作能力的维度,这两个维度是领域(Domain)和能力(Capability)。领域维度由所有共同定义的安全工程准则组成,这些准则称为基本准则(Basic Practices,BP);能力维度指出指示程序管理和制度化能力的准则,因为它们的应用领域很广,这些准则称为通用的准则(Generic Practices,GP),GP 代表应该要完成的工作(如同执行 BP 的一部分)。关于领域维度,SSE-CMM 指定了 11 个安全技术程序领域(Process Areas,PA)以及来自 SE-CMM 的 11 个组织和企业的 PA 组成的 BP。BP 是满足特定 PA 之前必须在实际安全技术程序中存在的强制性指标。PA 如下所述。

① 安全工程(技术)

a. PA01 管理安全控制

b. PA02 评估影响

c. PA03 评估安全风险

d. PA04 评估威胁

e. PA05 评估弱点

f. PA06 建立保证论据

g. PA07 协调安全

h. PA08 监督安全状态

i. PA09 提供安全输入

j. PA10 指定安全需求

k. PA11 验证与确认安全

② 安全专案(企业和组织的任务)

a. PA12 确保品质

b. PA13 管理组态

c. PA14 管理计划风险

d. PA15 监督和控管技术工作

e. PA16 规划技术工作

f. PA17 定义组织系统工程程序

g. PA18 改善组织系统工程程序

h. PA19 管理产品线的评估

i. PA20 管理系统工程支援环境

j. PA21 提供先进的技巧和知识

k. PA22 与供应者协调

GPs 依照成熟度排序并分为 5 种不同等级的安全技术能力成熟度,5 种等级如下:

等级 1 非正式的执行过程

等级 2 计划和跟踪的过程

等级 3 良好定义的过程

等级 4 定量控制的过程

等级 5 持续改善的过程

SSE-CMM 描述的是为确保实施较好的安全工程、过程必须具备的特征，描述的对象不是具体的过程或结果，而是工业中的实施规范。这个模型是安全工程实施的标准，它主要包括以下内容。

- 它强调的是分布于整个安全工程生命周期中各个环节的安全工程活动，包括概念定义、需求分析、设计、开发、集成、安装、运行、维护及更新。
- 它应用于安全产品开发者、安全系统开发者及集成者，还包括提供安全服务与安全工程的组织。
- 它适用于各种类型、各种规模的安全工程组织，如商业、政府及学术界。

尽管 SSE-CMM 模型是一个用于改善和评估安全工程能力的独特的模型，但这并不意味着安全工程将游离于其他工程领域之外实施。SSE-CMM 模型强调的是一种集成，它认为安全性问题存在于各种工程领域之中，同时也包含在模型的各个组件之中。目前，SSE-CMM 已经成为西方发达国家政府、军队和要害部门组织和实施安全工程的通用方法，是系统安全工程领域里成熟的方法体系，在理论研究和实际应用方面具有举足轻重的作用。

关于信息安全管理体系标准 BS 7799 将在下一节中做详细介绍。

10.1.3　标准化组织简介

ISO：国际标准化组织

International Organization for Standardization

国际标准化组织始建于 1946 年，是世界上最大的非政府性标准化专门机构，它在国际标准化中占主导地位。ISO 的主要活动是制定国际标准，协调世界范围内的标准化工作，组织各成员国和技术委员会进行交流，以及与其他国际性组织进行合作，共同研究有关标准问题。随着国际贸易的发展，对国际标准的要求日益提高，ISO 的作用也日趋扩大，世界上许多国家对 ISO 也越加重视。

ISO 的目的和宗旨是：在世界范围内促进标准化工作的开展，以利于国际物资交流和互助，并扩大在知识、科学、技术和经济方面的合作。

IEC：国际电工委员会

International Electrotechnical Commission

IEC 是世界上成立最早的非政府性国际电工标准化机构，是联合国经社理事会（ECOSOC）的甲级咨询组织。目前 IEC 成员国包括了大多数的工业发达国家及一部分发展中国家。这些国家拥有世界人口的 80%，其生产和消耗的电能占全世界的 95%，制造和使用的电气、电子产品占全世界产量的 90%。

IEC 的宗旨：促进电工标准的国际统一，电气、电子工程领域中的标准化及有关方面的国际合作，增进国际的相互了解。

IEEE：美国电气电子工程师学会

Institute of Electrical and Electronics Engineers

IEEE 于 1963 年由美国电气工程师学会（AIEE）和美国无线电工程师学会（IRE）合并而成，是美国规模最大的专业学会。它由大约十万名从事电气工程、电子和有关领域的专业人员组成，分设 10 个地区和 206 个地方分会，设有 31 个技术委员会。

IEEE 的标准制定内容有：电气与电子设备、试验方法、元器件、符号、定义以及测试方法等。

ITU：国际电信联盟

International Telecommunication Union

国际电信联盟于 1865 年 5 月在巴黎成立，1947 年成为联合国的专门机构。ITU 是世界各国政府的电信主管部门之间协调电信事务的一个国际组织，它研究制定有关电信业务的规章制度，通过决议提出推荐标准，收集有关情报。ITU 的目的和任务是：维持和发展国际合作，以改进和合理利用电信，促进技术设施的发展及其有效运用，以提高电信业务的效率，扩大技术设施的用途，并尽可能使之得到广泛应用，协调各国的活动。

NBS：美国国家标准局

National Bureau of Standards

美国国家标准局（现在是国家技术标准研究院 National Institute of Standards Technology，NIST）属于美国商业部的一个机构，发布销售美国联邦政府的设备的信息处理标准，是 ISO 和 IUT-T 的代表。

NBS 有 4 个研究机构：

（1）计量基准研究所；

（2）国家工程研究所；

（3）材料研究所；

（4）计算科学技术中心。

NBS 上述 4 个主要机构的工作大都与标准有关，是美国标准化活动的强大技术后方。它的工作一般以 NIST 出版物（FIPS PUB）和 NIST 特别出版物（SPEC PUB）等形式发布。

ANSI：美国国家标准学会

American National Standards Institute

美国国家标准学会是非营利性质的民间标准化团体，但它实际上已成为美国国家标准化中心，美国各界标准化活动都围绕它进行。通过它，使政府有关系统和民间系统相互配合，起到了政府和民间标准化系统之间的桥梁作用。

ANSI 协调并指导美国全国的标准化活动，给标准制定、研究和使用单位以帮助，提供国内外标准化情报，同时又起着行政管理机关的作用。

BSI：英国标准学会

British Standards Institution

英国标准学会（BSI）是世界上最早的全国性标准化机构，它受政府控制但得到了政府的大力支持。BSI 不断发展自己的工作队伍，完善自己的工作机构和体制，把标准化和质量管理以及对外贸易紧密结合起来开展工作。

BSI 的宗旨是：

（1）为增产节约努力协调生产者和用户之间的关系，促进生产，达到标准化（包括简化）；

（2）制定和修订英国标准，并促进其贯彻执行；

（3）以学会名义，对各种标志进行登记，并颁发许可证；

（4）必要时采取各种行动，保护学会利益。

DIN：德国标准化学会

Deutsches Institute fur Normung

DIN 是德国的标准化主管机关，作为全国性标准化机构参加国际和区域的非政府性标准化机构。

DIN 是一个经注册的私立协会，大约有 6 000 个工业公司和组织为其会员。目前设有 123 个标准委员会和 3 655 个工作委员会。DIN 于 1951 年参加国际标准化组织。由 DIN 和德国电气工程师协会（VDE）联合组成的德国电工委员会（DKE）代表德国参加国际电工委员会。DIN 还是欧洲标准化委员会、欧洲电工标准化委员会（CENELEC）和国际标准实践联合会（IFAN）的积极参加国。

AFNOR：法国标准化协会

Association Francaise de Normalisation

1926 年，法国标准化协会成立。它是一个公益性的民间团体，也是一个被政府承认、为国家服务的组织。1941 年 5 月 24 日颁布的一项法令确认 AFNOR 接受法国政府的标准化管理机构——标准化专署局——领导，按政府指导开展工作，并定期向标准化专员汇报工作。

AFNOR 负责标准的制定、修订工作，以及宣传、出版、发行标准。

10.2 信息安全管理标准

20 世纪 80 年代末，ISO 9000 质量管理标准的出现及随后在全世界广泛被推广应用，系统管理的思想在其他管理领域也被借鉴与采用，如后来的 ISO 14000 环境体系管理标准、OHSAS18000 职业安全卫生管理体系标准。

信息是一种资产，与其他资产一样，应受到保护。信息安全的作用是保护信息不受大范围威胁的干扰，使机构业务能够顺畅，减少损失及提供最大的投资回报和商机。但传统管理模式采用的是静态的、局部的、少数人负责的、突击式的、事后纠正式的管理方式，单独依靠技术手段来实现安全，安全技术没有适当的管理和程序来支持，信息安全管理主要通过赋予安全技术手段与不成体系的管理规章来实现。20 世纪 90 年代，信息安全管理步入了标准化与系统化管理的时代。1995 年，英国率先推出了 BS 7799 信息安全管理标准，并于 2000 年被国际标准化组织认可为国际标准 ISO/IEC 17799 标准。

在信息安全管理领域，还有其他一些标准，如澳大利亚的 AS/NZS 4360，德国的联邦技术安全局 2001 年 7 月颁布并不断更新的《信息技术基线保护手册》（IT Baseline Protection Manual，ITBPM）等。下面只介绍两个国际标准 ISO/IEC 17799 和 13355，其中重点介绍 ISO/IEC 17799（BS 7799）。

10.2.1　BS 7799 的发展历程

BS 7799 最初是由英国贸工部(DTI)立项的,是业界、政府和商业机构共同倡导的,旨在开发一套可供开发、实施和测量有效安全管理惯例并提供贸易伙伴间信任的通用框架。负责标准开发和管理工作的 BSI-DISC Committee BDD/2 是由来自贸易和工业部门的众多代表共同组成的,其成员在各自的领域都具有足够的影响力,包括金融业的英国保险协会、渣打会计协会、汇丰银行等,通信行业有大英电讯公司,还有像壳牌、联合利华、毕马威(KPMG)等这样的跨国机构。

1995 年,BS 7799-1:1995《信息安全管理实施细则》首次出版(其前身是 1993 年发布的 PD0005),它提供了一套综合性的、由信息安全最佳惯例构成的实施细则,目的是为确定各类信息系统通用控制提供唯一的参考基准。

在随后一段时间里,由于电子商务的发展,由此引发客户、供应商、贸易伙伴间对各自信息保护能力的信任问题,促使第三方认证成为一个急需解决的问题。信息安全管理遵循一套最佳惯例,但怎样做的、执行程度如何、是否完备,这就需要有一个共同的尺度来进行衡量。

1998 年,BS 7799-2:1998《信息安全管理体系规范》公布,这是对 BS 7799-1 的有效补充,它规定了信息安全管理体系的要求和对信息安全控制的要求,是一个组织信息安全管理体系评估的基础,可以作为认证的依据。至此,BS 7799 标准初步成型。

1999 年 4 月,BS 7799 的两个部分被重新修订和扩展,形成了一个完整版的 BS 7799:1999。

新版本充分考虑了信息处理技术应用的最新发展,特别是在网络和通信领域。除了涵盖以前版本的所有内容之外,新版本还补充了很多新的控制,包括电子商务、移动计算、远程工作等。

由于 BS 7799 日益得到国际认同,使用的国家也越来越多,2000 年 12 月,国际标准化组织 ISO/IEC JTC 1/SC27 工作组认可 BS 7799-1:1999,正式将其转化为国际标准,即所颁布的 ISO/IEC 17799:2000《信息技术——信息安全管理实施细则》。作为一个全球通用的标准,ISO/IEC 17799 并不局限于 IT,也不依赖于专门的技术,它是由长期积累的一些最佳实践构成的,是市场驱动的结果。

2002 年,BSI 对 BS 7799:2-1999 进行了重新修订,正式引入 PDCA 过程模型,以此作为建立、实施、持续改进信息安全管理体系的依据。同时,新版本的调整更显示了与 ISO 9001:2000、ISO 14001:1996 等其他管理标准以及经济合作与开发组织(OECD)基本原则的一致性,体现了管理体系融合的趋势。2004 年 9 月 5 日,BS 7799-2:2002 正式发布。

10.2.2　BS 7799 的主要内容

BS 7799 主要提供了有效地实施 IT 安全管理的建议,介绍了安全管理的方法和程序。在该标准中,信息安全已经不只是传统意义上的安全,即只使用一些简单的安全产品(如防火墙等)就可保证安全,而是成为一种系统和全局的观念。BS 7799 标准基于风险管理的思想,强调遵守国家有关信息安全的法律法规及其他合同方要求,强调全过程和动态控制,本着控制费用与风险平衡的原则合理选择安全控制方式保护机构的关键信息资产,使安全风险的发生概率和结果降低到可接受的水平。用户可以参照这个完整的标准制订出自己的安全管理计划和实施步骤,为企业的发展、实施和估量有效的安全管理实践提供参考依据。

BS 7799 标准包括两部分:BS 7799-1:1999《信息安全管理实施细则》和 BS 7799-2:2002《信息安全管理体系规范》。标准的第一部分为第二部分的具体实施提供了指南。

1. BS 7799-1 主要内容

BS 7799-1:1999(即 ISO/IEC 17799:2000)《信息安全管理实施细则》是机构建立并实施信息安全管理体系的一个指导性的准则,主要为机构制订信息安全策略和进行有效的信息安全控制提供一个通用的方案。这一部分从 10 个方面定义了 127 项控制措施,可供信息安全管理体系实施者参考使用,这 10 个方面如下所示。

(1) 安全政策(Security Policy)

目标在于提供管理的方向来保障信息安全。

(2) 组织安全(Organization Security)

目标包括组织内信息安全的管理、维持处理组织安全的相关设施与信息资产由一个可靠的第三单位所控管,维持当信息处理程序外包给其他组织时的安全。

(3) 资产分类与控制(Asset Classification and Control)

保持对组织资产的恰当的保护,确保信息资产得到适当级别的保护。

(4) 人员安全(Personnel Security)

减少人为错误、偷窃、欺诈或误用设施带来的风险;确保用户意识到信息安全威胁及利害关系,并在其正常工作当中支持组织的安全策略;减少来自安全事件和故障的损失,监督并从事件中吸取教训。

(5) 物理与环境安全(Physical and Environmental Security)

防止进入并非授权访问、破坏和干扰业务运行的安全区边界;防止资产的丢失、损害和破坏,防止业务活动被中断;防止危害或窃取信息及信息处理设施。

(6) 通信和操作管理(Communication and Operation Management)

确保安全信息处理设备的正确运作;把系统的失误降到最低;保护软件和信息的正确性;维持信息处理与通信的正确性与可用性;确保信息在网络上的安全与保护支持的基础建设;避免对资产的损害与中断企业活动;避免信息在组织间传递时的中断、篡改与误用。

(7) 访问控制(Access Control)

控制对信息的访问,应该根据业务要求和安全需求对信息访问与业务流程加以控制,还应该考虑信息传播和授权的策略;防止非授权访问信息系统;防止非授权的用户访问;保护网络服务,对内外网络的服务访问都要进行控制。防止非授权的计算机访问,应该使用操作系统级别的安全设施限制对计算机资源的访问;防止非授权访问信息系统中的信息;检测非授权的活动,应该对系统进行监控,检测与访问控制策略不符的情况,将可以监控的事件记录下来,在出现安全事故时作为证据使用;确保使用移动计算和通信设施时的信息安全。

(8) 系统开发与维护(System Development and Maintenance)

确保安全内建于信息系统中;避免使用者资料在应用系统中被中断、篡改与误用;保护信息的授权、机密性与正确性;确保所有的 IT 项目与相关支持活动都在安全地考核下进行;维护应用系统软件与资料的安全。

(9) 业务连续性管理(Business Continuity Management)企业持续运作规划

减少业务活动的中断,保护关键业务过程;防止关键企业活动受到严重故障或灾害的影响。

(10) 符合性(Compliance)

避免违反任何刑法、民法、法规或者合同义务,以及任何安全要求;确保系统遵循了组织的安全策略和标准;让系统审核过程的效能极大化、影响最小化。

这其中,除了访问控制、系统开发与维护、通信与操作管理这 3 个方面跟信息安全技术关系更紧密之外,其他 7 个方面更侧重于组织整体的管理和运营操作,由此也可以看出,信息安全中所谓"三分靠技术、七分靠管理"的思想还是有所依据的。

2. BS 7799-2 主要内容

BS 7799-2 是建立信息安全管理系统(ISMS)的一套规范(Specification for Information Security Management Systems),其中详细说明了建立、实施和维护信息安全管理系统的要求,指出实施机构应该遵循的风险评估标准。当然,如果要得到 BSI 最终的认证(对依据 BS 7799-2 建立的 ISMS 进行认证),还有一系列相应的注册认证过程。作为一套管理标准,BS 7799-2 指导相关人员怎样去应用 ISO/IEC 17799,其最终目的还在于建立适合企业需要的信息安全管理系统(ISMS)。

表 10.2.1 以标准原文目录格式,列举说明了 BS 7799-2 的主要内容。

表 10.2.1　BS 7799-2 的内容

一级目录	次级目录	内容
前言		发布者,目的,对旧版本的更新,其他说明。
0.简介	0.1 概要	本标准对组织的价值所在。
	0.2 过程方法	对过程方法进行解释,引入 PDCA 模型。
	0.3 与其他管理体系的兼容	强调与 ISO 9001 和 ISO 14001 的一致性。
1. 范围	1.1 概要	本标准规定了 ISMS 建设的要求及根据需要实施安全控制的要求。
	1.2 应用	本标准适用于所有的组织。控制选择与否应根据风险评估和适用法规需求。
2. 标准引用		引用 ISO 9001、ISO 17799 和 ISO Guide 73:2002
3. 术语和定义		CIA,信息安全,ISMS,风险评估与管理等。
4. 信息安全管理体系	4.1 一般要求	在组织全面的业务活动和风险环境中,应该开发、实施、维护并持续改进一个文档化的 ISMS
	4.2 建立并管理 ISMS	4.2.1　建立 ISMS(Plan) • 定义 ISMS 的范围 • 定义 ISMS 策略 • 定义系统的风险评估途径 • 识别风险 • 评估风险 • 识别并评价风险处理措施 • 选择用于风险处理的控制目标和控制 • 准备适用性声明(SoA)

续 表

一级目录	次级目录	内容
4. 信息安全管理体系	4.2 建立管理 ISMS	• 取得管理层对残留风险的承认，并授权实施和操作 ISMS 4.2.2 实施和操作 ISMS(Do) • 制定风险处理计划 • 实施风险处理计划 • 实施所选的控制措施以满足控制目标 • 实施培训和意识程序 • 管理操作 • 管理资源(参见 5.2) • 实施能够激发安全事件检测和响应的程序和控制 4.2.3 监视和复查 ISMS(Check) • 执行监视程序和控制 • 对 ISMS 的效力进行定期复审 • 复审残留风险和可接受风险的水平 • 按照预定计划进行内部 ISMS 审计 • 定期对 ISMS 进行管理复审 • 记录活动和事件可能对 ISMS 的效力或执行力度造成影响 4.2.4 维护并改进 ISMS(Act) • 对 ISMS 实施可识别的改进 • 采取恰当的纠正和预防措施 • 与所有利益伙伴沟通 • 确保改进成果满足其预期目标
	4.3 文件要求	4.3.1 概要——说明 ISMS 应该包含的文件 4.3.2 对文件的控制——ISMS 所要求的文件应该妥善保护和控制 4.3.3 对记录的控制——应该建立并维护记录
5. 管理层责任	5.1 管理层责任 5.2 对资源的管理	说明管理层在 ISMS 建设过程中应该承担的责任。 5.2.1 资源提供——组织应该确定并提供 ISMS 相关所有活动必要的资源 5.2.2 培训、意识和能力——通过培训,组织应该确保所有在 ISMS 中承担责任的人能够胜任其职
6. ISMS 管理复审	6.1 概要	管理层应该对组织的 ISMS 定期进行复审,确保其持续适宜、充分和有效。
	6.2 复审输入	复审时需要的输入资料,包括内审结果。
	6.3 复审输出	复审成果,应该包含任何决策及相关行动。
	6.4 内部 ISMS 审计	组织应该通过定期的内部审计来确定 ISMS 的控制目标、控制、过程和程序满足相关要求。
7. ISMS 改进	7.1 持续改进	组织应该借助信息安全策略、安全目标、审计结果、受监视的事件分析、纠正性和预防性措施、管理复审来持续改进 ISMS 的效力。
	7.2 纠正措施	组织应该采取措施,消除并实施和操作 ISMS 相关的不一致因素,避免其再次出现。
	7.3 预防措施	为了防止将来出现不一致,应该确定防护措施。所采取的预防措施应与潜在问题的影响相适宜。

一级目录	次级目录	内容
附录A 控制目标和控制	A.1 简介 A.2 实施细则指南 A.3 安全策略 A.4 组织安全 A.5 资产分类和控制 A.6 人员安全 A.7 物理和环境安全 A.8 通信和操作管理 A.9 访问控制 A.10 系统开发和维护 A.11 业务连续性管理 A.12 符合性	A.3到A.12所列的控制目标和控制,是直接从ISO/IEC 17799:2000正文3到12那里引用过来的。 此处列举的控制目标和控制,应该被4.2.1规定的ISMS过程所选择。
附录B 标准使用指南	B.1 综述 B.2 计划阶段(Plan) B.3 实施阶段(Do) B.4 检查阶段(Check) B.5 措施阶段(Action)	对PDCA模型的解释。 详细描述计划阶段要做的工作,包括制定策略、范围确定、风险评估、风险处理计划等。 详细描述实施阶段要做的工作,包括培训和意识、风险处理。 详细描述检查阶段要做的工作,包括例行检查、自检程序、从他处了解、ISMS内审、管理复审、趋势分析等。 详细描述措施阶段要做的工作,包括对不符合项的定义、纠正和预防措施、OECD原则与BS 7799-2:2002的对比。
附录C BS EN ISO 9001: 2000,BS ENISO 14001:1996和 BS 7799-2:2002 之间的一致性		以列表方式展示BS 7799-2与ISO 9001、ISO 14001目录(内容)的一致性。
附录D 内部编号的变化		以列表方式展示BS 7799-2:2002对BS 7799-2:1999的更新和改进。

　　BS 7799标准之所以能被广为接受,一方面是它提供了一套普遍适用且行之有效的全面的安全控制措施,而更重要的,还在于它提出了建立信息安全管理体系的目标,这和人们对信息安全管理认识的加强是相适应的。与以往以技术为主的安全体系不同,BS 7799-2提出的信息安全管理体系(ISMS)是一个系统化、程序化和文档化的管理体系,这其中,技术措施只是作为依据安全需求有选择有侧重地实现安全目标的手段而已。

　　BS 7799-2标准指出ISMS用于组织信息资产风险管理、确保组织的信息安全,包括为制定、实施、评审和维护信息安全策略所需的组织机构、目标、职责、程序、过程和资源。

　　BS 7799-2标准要求的建立ISMS框架的过程:制定信息安全策略,确定体系范围,明确管理职责,通过风险评估确定控制目标和控制方式。体系一旦建立,组织应该实施、维护和持续改进ISMS,保持体系的有效性。

BS 7799-2 非常强调信息安全管理过程中文件化的工作，ISMS 的文件体系应该包括安全策略、适用性声明文件（选择与未选择的控制目标和控制措施）、实施安全控制所需的程序文件、ISMS 管理和操作程序，以及组织围绕 ISMS 开展的所有活动的证明材料。

10. 2. 3　ISO 13335

早在 1996 年国际标准化机构就在信息安全管理方面开始制定《信息技术信息安全管理指南》(ISO/IEC 13335)，它分成 5 个部分，已经在国际社会中开发了很多年。5 个组成部分分别如下。

1. ISO/IEC 13335-1:1996《信息安全的概念与模型》

该部分包括了对信息安全和安全管理的一些基本概念和模型的介绍。

2. ISO/IEC 13335-2:1997《信息安全管理和计划制定》

这个部分建议性地描述了信息安全管理和计划的方式和要点，包括：

- 决定信息安全目标、战略和策略；
- 决定组织信息安全需求；
- 管理信息安全风险；
- 计划适当信息安全防护措施的实施；
- 开发安全教育计划；
- 策划跟进的程序，如监控、复查和维护安全服务；
- 开发事件处理计划。

3. ISO/IEC 13335-3:1998《信息安全管理技术》

这个部分覆盖了风险管理技术、信息安全计划的开发以及实施和测试，还包括一些后续的制度审查、事件分析、信息安全教育程序等。

4. ISO/IEC 13335-4:2000《安全措施的选择》

主要探讨如何针对一个组织的特定环境和安全需求来选择防护措施（不仅仅包括技术措施）。

5. ISO/IEC 13335-5:2001《网络安全管理指南》

这部分主要描述了网络安全的管理原则以及各组织如何建立框架以保护和管理信息技术体系的安全性。这一部分将有助于防止网络攻击，把使用信息系统和网络的危险性降到最低。

10.3　信息安全策略和管理原则

10.3.1　信息安全策略

信息系统的安全策略是为了保障在规定级别下的系统安全而制定和必须遵守的一系列准则和规定，它考虑到入侵者可能发起的任何攻击，以及为使系统免遭入侵和破坏而必然采取的措施。实现信息安全,不但靠先进的技术,而且也得靠严格的安全管理、法律约束和安全教育。

不同组织机构开发的信息系统在结构、功能、目标等方面存在着巨大的差别。因而,对于不同的信息系统必须采取不同的安全措施,同时还要考虑到保护信息的成本、被保护信息的价值和使用的方便性之间的平衡。一般地,信息的安全策略的制定要遵循以下几方面的要求。

(1) 选择先进的网络安全技术

先进的网络安全技术是网络安全的根本保证。用户应首先对安全风险进行评估,选择合适的安全服务种类及安全机制,然后融合先进的安全技术,形成一个全方位的安全体系。

(2) 进行严格的安全管理

根据安全目标,建立相应的网络安全管理办法,加强内部管理,建立合适的网络安全管理系统,加强用户管理和授权管理,建立安全审计和跟踪体系,提高整体网络安全意识。

(3) 遵循完整一致性

一套安全策略系统代表了系统安全的总体目标,贯穿于整个安全管理的始终。它应该包括组织安全、人员安全、资产安全、物理与环境安全等内容。

(4) 坚持动态性

由于入侵者对网络的攻击在时间和地域上具有不确定性,因此信息安全是动态的,具有时间性和空间性。所以信息安全策略也应该是动态的,并且要随着技术的发展和组织内外环节的变化而变化。

(5) 实行最小化授权

任何实体只有该主体需要完成其被指定任务所必需的特权,再没有更多的特权,对每种信息资源进行使用权限分割,确定每个授权用户的职责范围,阻止越权利用资源行为和阻止越权操作行为,这样可以尽量避免信息系统资源被非法入侵,减少损失。

(6) 实施全面防御

建立起完备的防御体系,通过多层次机制相互提供必要的冗余和备份,通过使用不同类型的系统、不同等级的系统获得多样化的防御。若配置的系统单一,那么一个系统被入侵,其他的也就不安全了。要求员工普遍参与网络安全工作,提高安全意识,集思广益,把网络系统设计得更加完善。

(7) 建立控制点

在网络对外连接通道上建立控制点,对网络进行监控。实际应用当中在网络系统上建立防火墙,阻止从公共网络对本站点的侵袭,防火墙就是控制点。如果攻击者能绕过防火墙(控制点)对网络进行攻击,那么将会给网络带来极大的威胁。因此,网络系统一定不能有失控的对外连接通道。

(8) 监测薄弱环节

对系统安全来说,任何网络系统中总存在薄弱环节,这常成为入侵者首要攻击的目标。系统管理人员全面评价系统的各个环节,确认系统各单元的安全隐患,并改善薄弱环节,尽可能地消除隐患,同时也要监测那些无法消除的缺陷,掌握其安全态势,必须报告系统受到的攻击,及时发现系统漏洞并采取改进措施。增强对攻击事件的应变能力,及时发现攻击行为,跟踪并追究攻击者。

（9）失效保护

一旦系统运行错误，发生故障时，必须拒绝入侵者的访问，更不能允许入侵者跨入内部网络。

10.3.2 安全管理原则

机构和部门的信息安全是保障信息安全的重要环节，为了实现安全的管理应该具备以下"四有"：

① 有专门的安全管理机构；

② 有专门的安全管理人员；

③ 有逐步完善的安全管理制度；

④ 有逐步提高的安全技术设施。

信息安全管理涉及如下几个方面：

① 人事管理；

② 设备管理；

③ 场地管理；

④ 存储媒体管理；

⑤ 软件管理；

⑥ 网络管理；

⑦ 密码和密钥管理等。

信息安全管理要遵循如下基本原则。

（1）规范原则

信息系统的规划、设计、实现、运行要有安全规范要求，要根据本机构或部门的安全要求制定相应的安全政策。即便是最完善的政策，也应根据需要选择、采用必要的安全功能，选用必要的安全设备，不应盲目开发、自由设计、违章操作、无人管理。

（2）预防原则

在信息系统的规划、设计、采购、集成、安装中应该同步考虑安全政策和安全功能具备的程度，采取以预防为主的指导思想对待信息安全问题，不能心存侥幸。

（3）立足国内原则

安全技术和设备首先要立足国内，不能未经许可，未能消化改造就直接应用境外的安全保密技术和设备。

（4）选用成熟技术原则

成熟的技术提供可靠的安全保证，采用新的技术时要重视其成熟的程度。

（5）重视实效原则

不应盲目追求一时难以实现或投资过大的目标，应使投入与所需要的安全功能相适应。

（6）系统化原则

要有系统工程的思想，前期的投入和建设与后期的提高要求要匹配和衔接，以便能够不断扩展安全功能，保护已有投资。

（7）均衡防护原则

人们经常用木桶装水来形象地比喻应当注意安全防护的均衡性,箍桶的木板中只要有一块短板,水就会从那里泄露出来。设置的安全防护中要注意是否存在薄弱环节。

(8) 分权制衡原则

重要环节的安全管理要采取分权制衡的原则,要害部位的管理权限如果只交给一个人管理,一旦出问题就将全线崩溃。分权可以相互制约,提高安全性。

(9) 应急原则

安全防护不怕一万就怕万一,因此要有安全管理的应急响应预案,并且要进行必要的演练,一旦出现相关的问题马上采取对应的措施。

(10) 灾难恢复原则

越是重要的信息系统越要重视灾难恢复。在可能的灾难不能同时波及的地区设立备份中心。要求实时运行的系统要保持备份中心和主系统的数据一致性。一旦遇到灾难,立即启动备份系统,保证系统的连接工作。

10.3.3 信息安全周期

任何安全过程都是一个不断重复改进的循环过程,它主要包含风险管理、安全策略、方案设计、安全要素实施。信息安全过程如图 10.3.1 所示 。

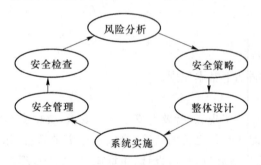

图 10.3.1 信息系统的安全过程

图 10.3.1 中包括下列过程。

- 风险分析:从风险管理的角度,运用科学的方法和手段,系统地分析网络与信息系统所面临的威胁及其存在的脆弱性,获取安全风险的客观数据,为信息安全方案的制定提供依据;
- 安全策略:为信息安全方案提供了框架和衡量标准,明确信息系统安全的尺度;
- 整体设计:参考风险分析的结果,依据安全策略及网络实际的业务状况,进行安全方案设计,为实施安全提供结构化的解决之道;
- 系统实施:包括安全方案设计中的各项安全要素的有效执行,以实现企业的安全计划和目标;
- 安全管理:按照安全策略以及安全方案进行安全管理与维护,包括事件管理、风险管理和配置管理;
- 安全检查:为了保证信息安全方案的有效性,每隔一定时期检测网络环境中的异常或入侵情况,并对信息系统的安全记录、安全策略复审,必要时开始新的风险分析。

10.4 信息安全审计

10.4.1 安全审计原理

从总体上说,安全审计为了保证信息系统安全可靠的运行,是采用数据挖掘和数据仓库技术,实现在不同网络环境中终端对终端的监控和管理,在必要时通过多种途径向管理员发出警告或自动采取排错措施,能对历史数据进行分析、处理和追踪。

10.4.2 安全审计目的

安全审计系统是事前控制人员或设备的访问行为,并能在事后获得直接的电子证据,防止行为抵赖的系统,因此审计系统把可疑数据、入侵信息、敏感信息等记录下来,作为取证和跟踪使用。它包括:
- 辅助辨识和分析未经授权的活动或攻击;
- 帮助保证实体响应行动对异常行为的处理;
- 促进开发更高效的损失控制处理程序;
- 与安全策略一致性的认可;
- 报告那些可能与系统控制不相适应的信息;
- 辨识可能对控制、策略和处理程序的改变。

10.4.3 安全审计功能

安全审计的主要功能是记录和跟踪信息系统状态的变化,监控和捕捉各种安全事件,实现对安全事件的识别、定位并予以响应。它包括:
- 事件辨别器,它提供事件的初始分析,并决定是否把该事件传送给审计记录器或报警处理器;
- 事件记录器,它将接收来的消息生成审计记录,并把此记录存入一个安全审计跟踪;
- 报警处理器,它产生一个审计消息,同时产生合适的行动以响应一个安全报警;
- 审计分析器,它检查安全审计跟踪,生成安全报警和安全审计消息;
- 审计跟踪验证器,它从安全审计跟踪产生出安全审计报告;
- 审计提供器,它按照某些准则提供审计记录;
- 审计归档器,它将安全审计跟踪归档;
- 审计跟踪收集器,它将一个分布式安全审计跟踪的记录汇集成一个安全审计跟踪;
- 审计调度器,它将分布式安全审计跟踪的某些部分或全部传输到该审计调度器。

10.4.4　安全审计系统的特点

- 具有 Client/Server 结构,便于不同级别的管理员通过客户端,针对不同的业务网段进行审计工作。
- 力求得到被审计网络中的硬/软件资源的使用信息,使管理人员以最小的代价、最高的效率得到网络中资源的使用情况,从而制定网络维护和升级方案。
- 审计单元向审计中心汇报工作以及审计中心向下一级部门索取审计数据。
- 提供实时监控功能。动态实时更新审计数据,了解网络资源的使用情况、安全情况,如有异常情况通过报警提示。
- 事后的取证、分析。使用历史记录可以取得特定工作站、时间段或基于其他特定系统参数下,主机、服务器和网络的使用信息;基于这些历史记录可以进行某些统计、分析操作。
- 可自动进行审计工作,降低管理员工作压力。

10.4.5　安全审计分类和过程

按照审计对象分类,安全审计可分为 3 种:

① 网络审计,包括对网络信息内容和协议的分析;

② 主机审计,包括对系统资源,如打印机、Modem、系统文件、注册表文件等的使用进行事前控制和事后取证,形成重要的日志文件;

③ 应用系统审计,对各类应用系统的审计,如对各类数据库系统进行审计。

按照审计方式分类,安全审计可分为 3 种:

① 人工审计,由审计员查看审计记录,进行分析、处理;

② 半自动审计,计算机自动分析、处理审计记录并与审计员最后决策相结合;

③ 智能审计,依靠专家系统做出判断结果,实现自动化审计。

审计过程的实现可分成 3 步:

第一步,收集审计事件,产生审计记录;

第二步,根据记录进行安全事件的分析;

第三步,采取处理措施,审计范围包括操作系统和各种应用程序。

审计的工作流程为:根据相应的审计条件判断事件是否是审计事件。对审计事件的内容按日志的模式记录到审计日志中。对满足报警条件的事件向审计员发送报警信息并记录其内容。当事件在一定时间内频繁发生,满足逐出系统的条件值时,则将引起该事件的用户逐出系统并记录其内容。审计员可以查询、检索审计日志以形成审计报告。

10.5　信息安全与政策法规

信息安全问题涉及计算机安全和密码应用。早期各国立法和管理的重点集中在计算机犯罪方面,陆续地确立了一些有关计算机安全或信息安全的法规。

10.5.1 一些国家的国家法律和政府政策法规

1. 美国

美国作为当今世界第一强国,不仅信息技术具有国际领先水平,有关信息安全的立法活动也进行得较早。因此,与别的国家相比,美国无疑是信息安全方面的法规最多而且较为完善的国家。早在 1987 年就再次修订了计算机犯罪法,该法在 20 世纪 80 年代末至 90 年代初被作为美国各州制定其地方法规的依据,这些地方法规确立了计算机服务盗窃罪、侵犯知识产权罪、破坏计算机设备或配置罪、计算机欺骗罪、通过欺骗获得电话或电报服务罪、计算机滥用罪、计算机错误访问、非授权的计算机使用罪等罪名。美国现已确立的有关信息安全的法规有:

① 信息自由法 (1967 年);

② 个人隐私法 (1974 年);

③ 反腐败行径法;

④ 伪造访问设备和计算机欺骗及滥用法(1984 年);

⑤ 电子通信隐私法;

⑥ 计算机欺骗与滥用法(1986 年)和计算机滥用法修正案(1994 年);

⑦ 计算机安全法 (1987 年);

⑧ 正当通信法(1996 年 2 月确立,于 1997 年 6 月推翻);

⑨ 电讯法(1996 年);

⑩ 国家永久防护工程保护法(1996 年);

⑪ 政府信息安全改革法 2000(2001 年开始实施);

⑫ 计算机安全研究和发展法(2002 年 2 月 7 日通过);

2. 欧洲共同体

欧洲共同体是一个在欧洲范围内具有较强影响力的政府间组织。为在共同体内正常地进行信息市场运作,该组织在诸多问题上建立了一系列法律,具体包括:竞争(反托拉斯)法;产品责任、商标和广告规定;知识产权保护;保护软件、数据和多媒体产品及在线版权;数据保护;跨境电子贸易;税收;司法问题等。这些法律若与其成员国原有国家法律相矛盾,则必须以共同体的法律为准(1996 年公布的"国际市场商业绿皮书",对上述问题有详细表述)。其成员国从 20 世纪 70 年代末到 80 年代初,先后制定颁布了各自有关数据安全的法律。此外,英国还制定了计算机滥用法。

3. 俄罗斯

1995 年俄罗斯颁布了《联邦信息、信息化和信息保护法》,为提供高效益、高质量的信息保障创造条件,明确界定了信息资源开放和保密的范畴,提出了保护信息的法律责任。

1997 年,俄罗斯出台的《俄罗斯国家安全构想》明确提出:"保障国家安全应把保障经济安全放在第一位",而"信息安全又是经济安全的重中之重"。

2000 年,普京总统批准了《国家信息安全学说》,明确了联邦信息安全建设的目的、任务、原则和主要内容。第一次明确指出了俄罗斯在信息领域的利益是什么、受到的威胁是什么以及为确保信息安全首先要采取的措施等。

4. 日本

日本已经制定了国家信息通信技术发展战略,强调"信息安全保障是日本综合安全保障体系的核心",出台了《21世纪信息通信构想》和《信息通信产业技术战略》。

10.5.2 一些国家的安全管理机构

国家信息安全机构是一个国家的最上层安全机构。由于政治制度、社会经济、道德观念等诸多因素的不同,不同国家的信息安全机构格局不尽相同,下面简单地介绍美国、英国、日本的国家安全管理机构及安全体系构成。

1. 美国

1996年7月,美国总统克林顿联合美国联邦政府与工业界,成立了直属于总统的国家关键基础设施防护委员会(President's Commission on Critical Infrastructrue Protection, PCCIP),目的是为了研究并拟定美国对于关键基础设施防护的国家政策,其中8项主要的基础设施是:电力、石油及瓦斯、电信、银行及金融、交通运输、水力供给、急难求助体系、政府部门等。

根据PCCIP,美国政府于1998年5月宣布了PDD63(Presidential Decision Direction 63)的总统行政命令,要求在2003年以前设定一个稳定、安全、可以相互连接的基础设施信息目标,并且立即建立一个国家中心来警告与响应基础设施遭到的攻击。按照PDD63的要求,美国政府建立了国家协调中心(National Coordinator)、国家基础设施防护中心(National Infrastructure Protection Center,NIPC)、信息分享与分析中心(Information Sharing and Analysis Center,ISAC)、国家基础设施保证委员会(National Infrastructure Assurance Council)、国家基础设施保证办公室(National Infrastructure Assurance Office,NIAO)等机构。其中NIPC隶属FBI,联合了FBI、国防部、CIA、能源、运输、国家机密部门与私人企业等的代表,负责协调美国联邦政府各部门对于信息安全基础设施的防护、响应与调查。ISAC由产业界和政府代表组成,并与联邦政府合作进行私人信息的收集、分析与判断,并将相关信息传达给产业界及政府机构。

美国国家计算机应急响应小组(Computer Emergency Response Team,CERT)负责信息安全事件发生时的应对措施与支持方式。联邦审计总署(General Accounting Office,GAO)负责信息安全防护稽核与监理,通过定期对各个政府机构进行安全稽核,确保信息基础设施的正常运作。

2. 英国

英国的信息安全工作主要由几个不同的政府部门来负责,政府通信总部(Government Communications Headquarters,GCH)负责收集世界各地的信息情报,在政府通信总部中设立了通信电子安全小组(Communications Electronic Security Group,CESG),负责国家信息安全保护工作,并且设计及验证政府部门所使用的密码算法。国防部(Ministry of Defense,MOD)负责收集关于军事信息安全的情报,下设DERA(The Defense Evaluation and Research Agency),负责供军方使用的信息安全系统。贸易部(Department of Trade and Industry,DTI)负责信息安全在产业界的相关事宜,如出口管制等。中央计算机及通信局

(The Central Computer and Telecommunicatons Agency，CCTA)负责政府信息安全体系的构建。安全部(The Security Services)负责侦察各种信息安全攻击事件。

以上各部门向内阁部长办公室负责，内阁部长办公室制定国家的信息安全政策，其设有中央信息技术部门(The Central Information Technology Unit，CITU)，负责拟定国家信息安全政策。

3. 日本

日本于 1997 年 1 月 1 日在经济产业省(Ministry of Economic Trade and Industry，METI)的附属组织——"信息技术促进厅"——下面成立了信息安全应急中心(the Information-technology Security Emergency Center，ISEC)，此中心直接对内阁长官办公室(Cabinet Office)负责，统筹全国信息安全的预防、技术开发、标准，促进信息基础设施的构建。

除了 ISEC 外，信息技术厅(ITPA)负责每月全球的计算机病毒感染与信息安全事件的收集；司法省(Ministry of Justice，MOJ)负责信息安全相关刑事法的修正；经济产业省(METI)负责推行密码技术的国际标准化和加强计算机病毒对策；警政厅(National Police Agency，NPA)负责信息安全与隐私保护，与各国合作打击网络犯罪；防卫厅(Japan Defense Agency，JDA)负责信息技术的开发及人才的培训。

民间组织 JPCERT 提供并协助处理信息安全问题，JIPDC 促进民间信息建设、电子商务发展和人员的培训，另外还有许多大学、实验室等机构从事信息安全技术的研究。

10.5.3 国际协调机构

目前国际上出现了一些在信息安全方面起到了协调作用的机构。

1. 计算机应急响应小组(CERT CC)

1988 年 11 月底，在发生"莫里斯病毒事件"的背景下，在卡内基梅农大学(CMU)的软件工程研究所(SEI)应运而生了计算机应急响应小组(CERT CC)。CERT CC 是一个以协调 Internet 安全问题解决方案为目的的国际性组织。该组织的作用是解决 Internet 上存在的安全问题，调查 Internet 的脆弱性和发布信息。CERT CC 的工作分 3 类。

① 提供问题解决方案。CERT CC 通过热线了解网络安全问题，通过建立并保持与受影响者和有关专家的对话来促使问题得到解决。

② 在向 Internet 用户收集脆弱性问题报告并对其进行确认的基础上，建立脆弱性问题数据库以保证成员在解决问题的过程中尽快获得必要的信息。

③ 进行信息反馈。CERT CC 曾将进行调查分析作为服务内容之一，绝大多数调查是为了获得必要的信息。但是，由于这些调查多由软件或硬件销售商进行，与网络的安全问题和脆弱性并无关系，这项服务将逐步被淘汰。

CERT CC 构成了 SEI 的一个相对独立的部门，为 Internet 用户提供相关的产品和服务。这些成员分为运行组、教育与培训组和研究与发展组。运行组是 CERT CC 与网络安全唯一的联系点，负责提供针对安全问题的 24 小时在线技术帮助，进行脆弱性咨询以及联系销售业务等事项；教育与培训组负责对用户进行培训以促进网络安全性的提高；研究与发展组负责鼓励可信系统的发展。

2. 事件响应与安全组织论坛(FIRST)

事件响应与安全组织论坛(FIRST)成立于 1990 年 11 月。这是一个非营利性的国际组织。它作为包括 CERT CC 在内的众多计算机网络安全问题小组进行合作的中介,既加强在防范网络安全方面的合作与协调,又刺激高水平产品和服务的发展,促使问题尽快解决。

FIRST 的具体作用是:为各成员提供解决问题所需的技术信息、工具、方法、援助和指导;协调成员间的联系;使信息在各成员间以及所有网络用户中共享;增进政府、私人企业、学术团体和个人的信息安全;提高各安全问题小组(IRST)的地位。它的总体策略目标有两个,一是从内部改善 FIRST 的运作能力和组织情况以迎合环境变化的要求,二是不断地发展壮大。

我国于 2000 年 10 月成立了国家计算机网络应急技术处理协调中心(CNCERT/CC),2002 年 8 月成为国际权威组织"事件响应与安全组织论坛(FIRST)"的正式成员。CNCERT/CC 参与组织成立了亚太地区的专业组织 APCERT,是 APCERT 的指导委员会委员。CNCERT/CC 有条件及时与国外应急小组和其他相关组织进行交流与合作,是中国处理网络安全事件的对外窗口。

10.5.4　我国的信息安全管理与政策法规

我国党和国家领导人非常重视国家信息化。党中央和国务院在大力提倡和推动国家信息化高速发展的同时,对信息安全也给予了高度关注,认为这是信息化建设过程中必须解决好的重大问题,直接关系到我们国家的安全和主权、社会的稳定、民族文化的继承和发扬。2014 年 2 月 27 日成立了中央网络安全和信息化领导小组,提出"没有网络安全,就没有国家安全",将网络安全的重要性提升到了国家安全的层面。

1. 管理机构和基本方针

我国的信息安全已经形成了如下格局。

成立国务院信息化工作领导小组,对国际互联网络安全中的重大问题进行管理和协调,国务院信息化领导小组办公室负责组织、协调有关部门制定国际联网安全、经营、资费、服务等规定和标准工作,并对执行情况进行检查监督。

政府有关信息安全的其他管理和执法部门,如公安部、国家安全部、国家密码管理委员会、国家保密局、国务院新闻办公室等部门各依其职能和权限进行管理和执法。例如,国家密码管理委员会办公室负责密码算法的审批;公安部计算机安全监察局负责计算机信息系统安全专用产品的生产销售认证许可;国务院新闻办公室负责信息内容的监察;有关信息安全技术的检测和网上技术侦察则由国家授权的部门进行。

国家计算机网络应急技术处理协调中心(简称 CNCERT/CC)是在信息产业部互联网应急处理协调办公室的直接领导下,负责协调我国各计算机网络安全事件应急小组(CERT)共同处理国家公共互联网上的安全紧急事件,为国家公共互联网、国家主要网络信息应用系统以及关键部门提供计算机网络安全的监测、预警、应急、防范等安全服务和技术支持,及时收集、核实、汇总、发布有关互联网安全的权威性信息,组织国内计算机网络安全应急组织进行国际合作和交流的组织。

对于网络实行分类分级管理。网络类别分为:与国际上互联网络连接的国际网络(Internet）；与国际专业计算机信息网络连接的国际网络（如国际金融计算机网络、国际气象计算机网络等）；通过专线与国际联网的企业内部网络。网络级别分为互联网络、接入网络、用户网络（个人、法人、其他组织）3级。

我国的信息安全管理的基本方针是：兴利除弊、集中监控、分级管理、保障国家安全。对于密码的管理政策实行"统一领导、集中管理、定点研制、专控经营、满足使用"的发展和管理方针。

密码管理的基本政策要求是：全国的商用密码由国家密码管理委员会统一领导，国家密码管理委员会办公室具体管理。研制、生产和经营商用密码必须经国家主管部门批准。未经国家密码主管部门批准，任何单位和部门不得研制、生产和经销密码。需要使用密码技术手段加密保护信息安全的单位和部门，必须按照国家密码管理规定，使用国家密码管理委员会指定单位研制、生产的密码，不得使用自行研制的密码，也不得使用从国外引进的密码。

在国家机构及职能改革与调整的过程中，以上格局也会在调整、确立和变革中发展与加强。

2. 标准和规范

信息安全标准是我国信息安全保障体系的重要组成部分，是政府进行宏观管理的重要依据。信息安全标准关系到国家的安全及经济利益，标准往往成为保护国家利益，促进产业发展的一种重要手段，信息安全标准化是一项涉及面广，组织协调任务重的工作，需要各界的支持和协作。

相比国外，国内的信息安全领域的标准起步较晚，但随着2000年全国信息安全标准化技术委员会的成立，信息安全相关标准的建设工作开始走向了规范化管理和快速发展的轨道。

我国从20世纪80年代开始，在全国信息技术标准化技术委员会信息安全分技术委员会和各界的努力下，本着积极采用国际标准的原则，转化了一批国际信息安全基础技术标准，为我国信息安全技术的发展做出了很大的贡献。同时，公安部、国家保密局、国家密码管理委员会等相继制定、颁布了一批信息安全的行业标准，为推动信息安全技术在各行业的应用和普及发挥了积极的作用。

信息安全标准化是一项涉及面广、组织协调任务重的工作，需要各界的支持和协作。因此，国家标准化管理委员会批准成立全国信息安全标准化技术委员会。该技术委员会的成立标志着我国信息安全标准化工作，步入了"统一领导、协调发展"的新时期。该标委会是在信息安全的专业领域内，从事信息安全标准化工作的技术工作组织。它的工作任务是向国家标准化管理委员会提出本专业标准化工作的方针、政策和技术措施的建议。

我国的信息安全标准有：

1995年，GB/T 9387-2—1995——相当于ISO 7498-2-1989（最早1984年提出）

1999年，GB 17859—1999 计算机系统安全特性等级划分准则

GB 4943—1995 信息技术设备的安全（IEC 950）

GB 9254—1988 信息技术设备的无线电干扰限值和测量方法

GB 9361—1988 计算机场地安全

GB/T 15277—1994 信息处理64位块加密算法 ISO 8372：1987

GB/T 15278—1994 信息技术——数据加密，物理层互操作性要求 ISO 9160：1988

GB 15851—1995 信息技术——安全技术,带消息恢复的数字签名方案 ISO/IEC 9796:1991

GB 15852—1995 信息技术——安全技术,用块加密算法校验函数的数据完整性 ISO/IEC 9797:1994

GB 15853.1—1995 信息技术——安全技术,实体鉴别机制Ⅰ部分:一般模型 ISO/IEC 9798.1:1991

GB 15853.2—1995 信息技术——安全技术,实体鉴别机制Ⅱ部分:对称加密算法的实体鉴别 ISO/IEC 9798.2:1994

GB 15853.3 信息技术——安全技术,实体鉴别机制Ⅲ部分:非对称签名技术机制 ISO/IEC 9798.3:1997

GB 15853.7 信息技术——开放系统连接-系统管理-安全报警功能 ISO/IEC 10164—7:1992

GB 15853.8 信息技术——开放系统连接-系统管理-安全审计跟踪 ISO/IEC 10164—8:1993

3. 法律法规

关于"信息化"的立法,特别是信息安全的立法,在我国尚处于起步阶段,还没有形成一个具备完整性、适用性、针对性的法律体系。这个法律体系的形成一方面要依赖我国国家信息化进程的深化,构成了国家经济发展的经济基础,另一方面要依赖信息化和信息安全的深刻认识和技术及法学意义上的超前研究,最终才能反映到以国家意志方式体现的上层建筑的立法。

在我国已有的法律法规中,从以下几个层次对信息安全做出法律政策意义上的约束管理。

第一个层次虽然没有直接描述信息安全,但是从国家宪法和其他法律法规的高度对个人、法人和其他组织的有关信息活动涉及国家安全的权利义务进行规范和提出法律,例如宪法、国家安全法、国家保密法等约束。

第二个层次是直接约束计算机安全、国际互联网安全的法规,如《中华人民共和国计算机系统安全保护条例》、《中华人民共和国计算机信息网络国际联网管理暂行规定》、《中华人民共和国计算机信息网络国际互联网络安全保护管理办法》等。

第三个层次是针对信息内容、信息安全技术、信息安全产品的授权审批的规定,如《电子出版物管理暂行规定》、《中国互联网络域名注册暂行管理办法》、《计算机信息系统安全检测和销售许可证管理办法》等。

在宪法中规定了"中华人民共和国公民的通信自由和通信秘密受到法律的保护,除因国家安全或追查刑事犯罪的需要,由公安机关或者检察机关依照法律规定的程序对通信进行检查外,任何组织和个人不得以任何理由侵犯公民的通信自由和通信秘密"。同时也规定了公民必须遵守宪法和法律、保守国家秘密、爱护公共财产、遵守劳动纪律,遵守公共秩序,尊重社会公德的义务和维护祖国的安全、荣誉和利益的义务。这是在信息化高度发展成为社会新的生存空间以后也必须要遵循的基本原则,也是保障信息安全的最根本的依据。

1993 年 2 月 22 日第七届全国人民代表大会常务委员会第三十次会议通过、同日中华人民共和国主席令第 68 号公布的《中华人民共和国国家安全法》中对公民对维护祖国的安

全、荣誉和利益的义务,不得有危害国家的安全、荣誉和利益的行为作出了更具体的规定。这些行为如下:

　　① 阴谋颠覆政府,分裂国家,推翻社会主义制度的;

　　② 参加间谍组织或者接受间谍组织及其代理人的任务的;

　　③ 窃取、刺探、收买、非法提供国家秘密的;

　　④ 策动、勾引、收买国家工作人员叛变的;

　　⑤ 进行危害国家安全的其他破坏活动的。

　　《国家安全法》对国家安全机关在国家安全工作中的职权、公民和组织维护国家安全的义务和权利以及违法行为的法律责任提出了具体的法律要求。

　　1988 年 9 月 5 日第七届全国人民代表大会常务委员会第三次会议通过、同日中华人民共和国主席令第 6 号公布的《中华人民共和国保守国家秘密法》,对国家秘密的范围和密级、保密制度和法律责任提出了法律界定。

　　1994 年 2 月 18 日中华人民共和国国务院令第 147 号发布的《中华人民共和国计算机信息系统安全保护条例》,针对计算机信息系统,对信息的采集、加工、存储、传输、检索等提出了安全保密制度。

　　为了实行这一制度,公安部于 1997 年 4 月 21 日颁布了于 1997 年 7 月 1 日实施的中华人民共和国公共安全行业标准《计算机信息系统安全专用产品分类原则》(GA 163－1997),该标准适用于保护计算机信息系统安全专用产品,涉及实体安全、运行安全和信息安全 3 个方面。

　　1996 年 2 月 1 日颁布的已经在 1996 年 1 月 23 日国务院第 42 次常务会议通过的《中华人民共和国计算机信息网络国际联网管理暂行规定》,规定了“国家对国际联网实行统筹规划、统一标准、分级管理、促进发展的原则”。

　　1997 年 12 月 11 日经国务院批准,1997 年 12 月 30 日公安部发布了《计算机信息网络国际联网安全保护管理办法》。指出任何单位和个人不得利用国际联网危害国家安全,泄露国家秘密,不得侵犯国家、社会、集体的利益和公民的合法利益,不得从事违法犯罪活动。

　　2004 年 8 月 28 日第十届全国人民代表大会常务委员会第十一次会议通过了《中华人民共和国电子签名法》,并于 2005 年 4 月 1 日起施行。它的颁布将对我国的电子商务和电子政务的发展产生深远的影响。制定这部法律的目的是使电子签名与手写签名或印章具有同等法律效力,它的适应范围是适用我国的电子商务及电子政务。

　　下面列出我国与信息安全相关的法律法规,详细的资料,请查阅相关的法律书籍。

- 中华人民共和国国家安全法
- 中华人民共和国保守国家秘密法
- 中华人民共和国计算机系统安全保护条例
- 中华人民共和国计算机信息网络国际联网管理暂行规定
- 中华人民共和国计算机信息网络国际互联网络安全保护管理办法
- 中华人民共和国标准化法
- 中国互联网络域名注册暂行管理办法
- 中国互联网络域名注册实施细则
- 中国公用计算机互联网国际联网管理办法

- 中国互联网络域名管理办法
- 中国公众多媒体通信管理办法
- 全国人大常委会关于维护互联网安全的决定
- 全国国有资产管理计算机网络信息系统管理办法
- 科学技术保密规定
- 商用密码管理条例
- 计算机信息系统集成资质管理办法(试行)
- 计算机病毒防治管理办法
- 计算机软件保护条例
- 计算机信息网络国际联网出入信道管理办法
- 计算机信息网络国际联网安全保护管理办法
- 计算机信息系统国际联网保密管理规定
- 计算机信息系统安全专用产品检测和销售许可证管理办法
- 互联网上网服务营业场所管理条例
- 互联网信息服务管理办法
- 互联网文化管理暂行规定
- 互联网出版管理暂行规定
- 互联网医疗卫生信息服务管理办法
- 联网单位安全员管理办法(试行)
- 软件产品管理办法
- 公用电信网间互联管理规定
- 电子出版物管理规定
- 中华人民共和国电子签名法

小　　结

　　许多组织对其信息系统不断增长的依赖性,加上在信息系统上运作业务的风险、收益和机会,使得信息安全管理成为企业管理越来越关键的一部分。本章从应用的角度把标准分为互操作、技术与工程、网络与信息安全管理3类,分别介绍了一些重要的标准,对较新的CC和SSE-CMM标准进行了介绍,并介绍了国际上知名的标准化组织以及信息安全管理体系标准。从信息安全的角度来看,任何信息系统都是有安全隐患的,都有各自的系统脆弱性和漏洞,因此在实际应用中,网络信息系统成功的标志是风险的最小化和可控性,并非是零风险。信息安全的策略是为了保障系统一定级别的安全而制定和必须遵守的一系列准则和规定,它考虑到入侵者可能发起的任何攻击,以及为使系统免遭入侵和破坏而必然采取的措施。为了保证信息系统安全可靠地运行,安全审计是采用数据挖掘和数据仓库技术,实现在不同网络环境中终端对终端的监控和管理,在必要时通过多种途径向管理员发出警告或自动采取排错措施,能对历史数据进行分析、处理和追踪。安全审计系统能获得直接电子证据,防止行为抵赖的系统。审计系统把可疑数据、入侵信息、敏感信息等记录下来,作为取证和跟踪使用。信息安全过程包括风险分析、制定安全策略、整体设计、系统实施、安全管理、安全检查。安全过程都是一个不断重复改进的循环过程。实现信息安全,不但靠先进的技术,而且也得靠严格的安全管理、法律约束和安全教育。

思　考　题

1. 简述信息安全标准制定的必要性。
2. 查阅信息安全资料,了解最新的信息安全标准信息。
3. 制定信息系统的安全策略通常采用哪些原则?
4. 对信息系统进行安全审计的步骤有哪些? 依据的原理是什么?
5. 你认为对信息安全进行立法有何作用?
6. 没有绝对安全的信息系统,为了保证信息系统的安全风险最小,我们应该怎样去做?

参 考 文 献

[1] 钟义信. 信息科学原理(第三版). 北京:北京邮电大学出版社,2002.

[2] 戴宗坤,罗万伯,等. 信息系统安全. 北京:电子工业出版社,2002.

[3] 王育民,刘建伟. 通信网的安全——理论与技术. 西安:西安电子科技大学出版社,1999.

[4] 周学广,刘艺. 信息安全学. 北京:机械工业出版社,2003.

[5] 汪小帆,戴跃伟,茅耀斌. 信息隐藏技术——方法与应用. 北京:机械工业出版社,2001.

[6] 赵战生,冯登国,戴英侠,荆继武. 信息安全技术浅谈. 北京:科学出版社,1999.

[7] 张红旗,等. 信息网络安全. 北京:清华大学出版社,2002.

[8] Scott Barman. 信息安全策略. 段海新,刘彤,译编. 中国教育和科研计算机网紧急响应组(CCERT). 北京:人民邮电出版社,2002.

[9] 袁津生,吴砚农. 计算机网络安全基础. 北京:人民邮电出版社,2002.

[10] 卢开澄. 计算机密码学——计算机网络中的数据保密与安全. 北京:清华大学出版社,1998.

[11] 杨义先,林晓东,邢育森. 信息安全综述. 电信科学,1997,13(12):2-5.

[12] 陈彦学. 信息安全理论与实务. 北京:中国铁道出版社,2001.

[13] 吴文玲,冯登国. 分组密码的设计与分析. 北京:科学出版社,2001.

[14] 杨义先,孙伟,钮心忻. 现代密码学新理论. 北京:科学出版社,2002.

[15] 冯登国,裴定一. 密码学导引. 北京:科学出版社,2001.

[16] 施莱尔. 应用密码学——协议、算法与 C 源程序. 吴世忠,等,译. 北京:机械工业出版社,2000.

[17] 丁存生,肖国镇. 流密码学及其应用. 北京:国防工业出版社,1994.

[18] 余勇. 常用的信息安全标准研究. 信息技术与应用,2003(7):15-18.

[19] Joel Scambray,Stuart McClure. Windows 2000 黑客大曝光:网络安全机密与解决方案. 杨洪涛,译. 北京:清华大学出版社,2002.

[20] 范红,冯登国,吴亚非. 信息安全风险评估方法与应用. 北京:清华大学出版社,2006.